MIMO 雷达阵列设计及稀疏稳健信号处理算法研究

杨　杰　著

西北工業大學出版社

西　安

【内容简介】 MIMO雷达是近年来雷达领域的研究热点，本书围绕集中式MIMO雷达开展研究，主要内容包括嵌套MIMO雷达稀疏测向算法设计、互质MIMO雷达稀疏测向算法设计、MIMO雷达稳健波束形成算法以及稀疏成像算法设计等。

本书可作为高等学校信号与信息处理专业的研究生教材，同时可供科研院所的工程技术人员参考。

图书在版编目(CIP)数据

MIMO雷达阵列设计及稀疏稳健信号处理算法研究/杨杰著.—西安：西北工业大学出版社，2018.8

ISBN 978-7-5612-6198-9

Ⅰ.①M… Ⅱ.①杨… Ⅲ.①多变量系统—雷达—研究 Ⅳ.①TN95

中国版本图书馆CIP数据核字(2018)第183828号

MIMO LEIDA ZHENLIE SHEJI JI XISHU WENJIAN XINHAO CHULI SUANFA YANJIU

MIMO雷达阵列设计及稀疏稳健信号处理算法研究

策划编辑：梁　卫

责任编辑：李阿盟　朱辰浩

出版发行：西北工业大学出版社

通信地址：西安市友谊西路127号　　邮编：710072

电　　话：(029)88493844　88491757

网　　址：www.nwpup.com

印 刷 者：陕西向阳印务有限公司

开　　本：727 mm×960 mm　　1/16

印　　张：11.375

字　　数：203千字

版　　次：2018年8月第1版　　2018年8月第1次印刷

定　　价：68.00元

前　言

MIMO 雷达是在 MIMO 通信技术基础上发展起来的一种新体制雷达，并以其在目标检测、跟踪、识别和参数估计等方面所具有的巨大性能优势，成为近年来雷达研究领域的热点。本书围绕集中式 MIMO 雷达，着重针对该雷达系统中的阵列结构优化、稀疏波达方向估计算法设计、稳健自适应波束形成算法设计、稀疏成像算法设计等问题开展研究。

全书分为 6 章。第 1 章介绍 MIMO 雷达信号处理的研究背景和发展概况；第 2 章针对均匀 MIMO 雷达可分辨目标数受限于虚拟阵元数的问题，介绍了一种基于嵌套阵的 MIMO 雷达阵列结构设计新方法并阐述了相应的稀疏 DOA 估计算法，应用该新型 MIMO 雷达阵列结构，可分辨的独立目标数大于虚拟阵元数；第 3 章将互质阵的概念引入 MIMO 雷达收发天线的配置选择问题中，通过优化 MIMO 雷达的收发阵列结构，使该系统的虚拟阵元位置满足互质阵的空间分布形式，从而充分利用互质阵在相关域的自由度扩展特性，以突破虚拟阵元数目对 MIMO 雷达最大可分辨目标数的限制，同时将稀疏贝叶斯学习的思想推广到互质 MIMO 雷达的 DOA 估计问题中；第 4 章介绍 MIMO 雷达稳健自适应波束形成技术，其核心思想在于有效重构干扰-噪声协方差矩阵和精确预估目标导向矢量，其中干扰-噪声协方差矩阵可通过将接收数据协方差矩阵投影到干扰-噪声子空间或将目标分量从接收数据协方差矩阵中消去得到；目标真实导向矢量可通过解一组新构建的优化问题(此优化问题的目标函数为最小化波束形成器敏感度)得到；第 5 章介绍基于压缩感知的 MIMO 雷达稀疏成像技术，针对线性调频和跳频两种波形分集方式，建立相应集中式 MIMO 雷达系统的回波模型，并从模糊函数的角度分析两种发射波形对成像效果的影响，同时从校正连续成像场景的离散化网格与真实目标散射点之间存在的网格失配误差的角度出发，将基于泰勒近似技术的改进型 SLIM 算法引入 MIMO 雷达稀疏成像领域，该算法减轻经典稀疏重构算法对离散网格的依赖性，有效改善成像质量；第 6 章对全书内容进行总结，并指明今后的研究方向。

本书内容是笔者在雷达领域研究工作的一个小结。在本书出版之际，特别感谢廖桂生教授在笔者攻读博士学位期间的指点与培养，没有他的悉心指导，要完成本书的写作是不可能的。同时，还特别感谢杨益新教授的支持与帮助，以及西北工业大学航海学院声学与信息工程系领导的关怀。

写作本书曾参阅了相关文献、资料，在此，谨向其作者深表谢忱。

由于水平有限，加之这一领域仍处于迅速发展之中，书中不妥之处，敬请读者批评指正。

著　者

2018年5月

符号对照表

符号	符号名称
$\otimes$	Kronecker 积
$\odot$	Khatri－Rao 积
$\oplus$	Hadamard 积
$\mathrm{tr}(\cdot)$	矩阵迹
$\mathrm{rank}(\cdot)$	矩阵秩
$\mathrm{Krank}(\cdot)$	矩阵条件秩
$\mathrm{diag}(\cdot)$	对角矩阵
$\mathrm{CN}(\cdot)$	复高斯概率分布
$(\cdot)^{-1}$	矩阵求逆运算
$\mathrm{Re}(\cdot)$	求复数量实部
$\mathrm{Im}(\cdot)$	求复数量虚部
$\mathrm{E}[\cdot]$	统计平均(数学期望)
$(\cdot)^*$	复共轭运算
$(\cdot)^{\mathrm{H}}$	转置复共轭运算
$(\cdot)^{\mathrm{T}}$	矩阵转置运算
$\\|\cdot\\|_0$	矢量 l_0 范数
$\\|\cdot\\|_1$	矢量 l_1 范数
$\\|\cdot\\|_2$ 或 $\\|\cdot\\|$	矢量 Euclidean 范数
$\vert\cdot\vert$	绝对值/矩阵行列式/集合的势
$\mathrm{vec}(\cdot)$	矩阵向量化操作
$\mathrm{argmin}(\cdot)$	求函数的最小值
$\mathbf{R}$	实数集合
$\mathbf{C}$	复数集合
$\boldsymbol{I}_N$	$N\times N$ 阶单位矩阵
j	虚数单位
$\langle\cdot\rangle$	内积运算
$\boldsymbol{z}_p$	向量 $\boldsymbol{z}$ 的第 p 个元素
$\boldsymbol{Z}_{p,:}$	矩阵 $\boldsymbol{Z}$ 的第 p 个行向量
$\boldsymbol{Z}_{:,p}$	矩阵 $\boldsymbol{Z}$ 的第 p 个列向量
$\boldsymbol{Z}_{p_1,p_2}$	矩阵 $\boldsymbol{Z}$ 的第(p_1,p_2)个元素

缩略语对照表

缩略语	英文全称	中文对照
RADAR	Radio Detection And Ranging	无线电探测与测距
MIMO	Multiple - Input Multiple - Output	多输入多输出
SIAR	Synthetic Impulse and Aperture Radar	综合脉冲孔径雷达
SBL	Sparse Bayesian Learning	稀疏贝叶斯学习
DOF	Degrees Of Freedom	自由度
CRB	Cramer - Rao Bound	克拉美-罗界
DOA	Direction Of Arrival	波达方向
MUSIC	Multiple Signal Classification	多重信号分类算法
ESPRIT	Estimation of Signal Parameter via Rotational Invariance Technique	旋转不变子空间算法
EVD	Eigen Value - Decomposition	特征值分解
SS - MUSIC	Spatial Smoothing - based Multiple Signal Classification	基于空间平滑技术的多重信号分类算法
RVM	Relevance Vector Machine	关联向量机
CS	Compressed Sensing	压缩感知
RIP	Restricted Isometry Property	限制等容属性
SMV	Single Measurement Vector	单测量矢量
MMV	Multiple Measurement Vector	多测量矢量
MVDR	Minimum Variance Distortionless Response	最小方差无失真响应
RMSE	Root Mean Square Error	均方根误差
SNR	Signal - to - Noise Ratio	信噪比
SINR	Signal - to - Interference - plus - Noise Ratio	信干噪比
SVD	Singular Value Decomposition	奇异值分解
CMSR	Covariance Matrix Sparse Representation	协方差矩阵稀疏表示
ULA	Uniform Linear Array	均匀线阵
SLIM	Sparse Learning via Iterative Minimization	基于迭代最小化的稀疏学习

目 录

第1章 绪 论

本章首先以雷达技术的发展历史为背景阐述本书的研究意义，然后概述多输入多输出(Multiple - Input Multiple - Output, MIMO)雷达的相关知识及国内外热点研究领域，接着对本书所涉及的阵列自由度(Degrees - Of - Freedom, DOF)扩展、稀疏重构以及稳健自适应波束形成等理论作简要介绍，最后厘清本书的组织架构。

1.1 研究背景与意义

雷达(RADAR)是英文词组“Radio Detection And Ranging”缩写的音译，意为“无线电探测与测距”，它是一种利用电磁波探测目标，并对目标特征信息(如距离、波达方向和速度)进行提取的电子系统[1-5]。雷达系统的组成要素如图1.1所示。由图1.1可知，雷达的工作原理可概括为以下过程：首先，由发射机向待探测区域发射一串电磁波信号；然后，电磁波经空间传输到达目标所在位置，并被目标反射；最后，由接收机接收目标回波信号，并借助相应的信号处理算法输出检测估计结果。虽然不同应用背景下的雷达系统结构千差万别，但万变不离其宗，所有雷达系统均是围绕如图1.1所示的基本架构所组建的，即各类雷达系统均包含发射机、天线、接收机和信号处理机这几类基本组成模块。相比传统探测手段，雷达具有可全天候、全天时工作的优点，因而使其在过去的一百多年中得到了迅猛的发展。同时，现代电子科学的先进成果也推动了雷达在技术上的创新，使其不仅成为军事上必不可缺的电子装备，并且广泛应用于众多民用领域中。

作为一种战争的产物，战场态势感知、国土安全防卫是催生雷达技术的重要诱因[6]。雷达概念的提出可追溯至1888年，由德国物理学家 Heinrich Hertz 首次用实验验证了 Maxwell 电磁场理论并展示了雷达基本工作原理[7,8]。此后，雷达领域的相关研究进展缓慢，直到第二次世界大战(简称“二战”，下同)爆发，由于传统预警手段已无法适应交战各国骤然增加的防空压力，因而迫切需要新技术、新理论的出现。雷达理论实用化的雏形——Robert Watson于1937年在英国设计的Chain Home雷达[9]，便在此背景下应运而生。早期雷达主要提供领空警戒、船只避险等功能，且其通常采用收发天线分置（可归类于当前雷达理论中的双基雷达范畴）、连续波（波长通常大于60 cm）等工作模式。由于理论和技术水平所限，该时期的雷达仅能提供基本的判断目标有无功能，更复杂的测距、测速功能则无法实现。然而，由于在战场信息获取、远程警戒等方面所具有的无可比拟的优势，雷达自诞生之日起便吸引了众多学者和工程技术专家的关注，进而推动了雷达理论和硬件设备的飞速发展。

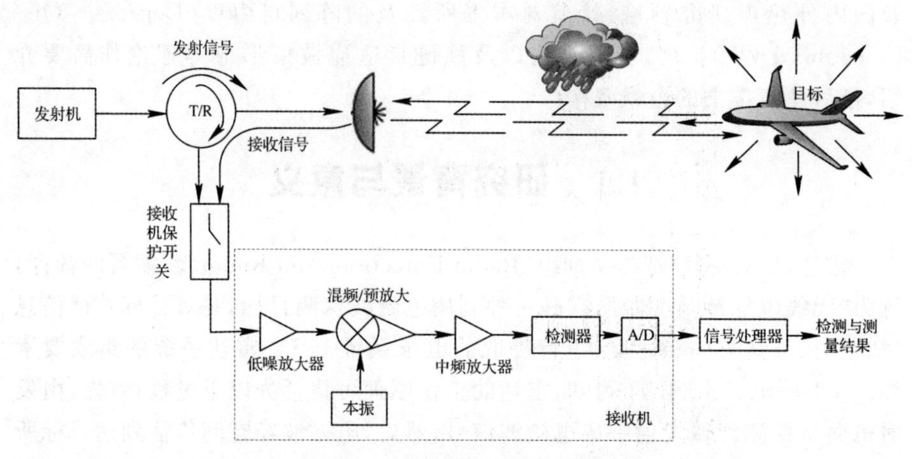

图1.1 雷达系统的组成要素

如前所述，对探测目标距离信息、速度信息的迫切需求刺激了新体制雷达的产生，这也是二战后雷达系统从相参连续波工作模式向非相参脉冲工作模式转变的根本原因。对目标多普勒频移信息的充分利用可有效估计各类运动参数，有利于将目标回波从相对"静止"的杂波背景中分离出来。经过半个多世纪的发展，脉冲-多普勒工作模式已被现代雷达系统广泛采用。根据不同的应用背景，可将现代雷达系统简要归纳为战术雷达、情报侦察雷达和特殊用途雷达三类[10]。战术雷达中的典型代表包括连续波雷达[11]，主要应用于导弹导引头系统；毫米波雷达，主要应用于战场火控系统和汽车防碰撞系统；机载脉冲-多普勒雷达[12,13]；大型复杂相控阵雷达[14]，具备搜索、跟踪和定位等多重功能；弹道导弹拦截雷达等。情报侦察雷达中的典型代表包括地面动目标显示雷达[15]，主要用于检测、监视地面运动目标；星载遥测雷达，主要应用于地球资源勘探、敌方军事设施识别等方面。特殊用途雷达中的典型代表包括民航交通管制雷达[16]；气象雷达[17]；农作物生长态势评估雷达[18]；穿地雷达[19]等。除此之外，现代雷达体制还可依据发射端与接收端之间的距离远近划分为单基雷达、双基雷达和多基雷达[20]；或可根据工作平台之不同划分为地基雷达、舰载雷达、机载雷达和星载雷达[21，22]。

早期雷达主要采用机械扫描工作模式，然而随着电磁应用环境的日益复杂和新型雷达对抗技术的不断涌现，该体制雷达所面临的挑战越发严峻。我们知道，雷达波束宽度与天线孔径成反比关系，为了提高目标探测精度，势必要增大天线尺寸；同时，对高速机动目标的有效检测也依赖于较快的天线扫描速度。这些需求增加了机械扫描雷达的工程实现难度，限制了该体制雷达在现代战场环境中的应用范围。自 20 世纪 60 年代起发展至今的相控阵雷达[23]在一定程度上解决了传统机械扫描雷达所面临的技术难题。相控阵雷达一般集成了多个天线单元，各个天线辐射完全相关的电磁波信号，同时通过移相器来自适应调整各发射信号的相位，从而在空间形成多个具有指向性的波束，提高了波束的空间利用率。与机械扫描雷达相比，相控阵雷达所具有的性能优势显而易见，如：①波束指向灵活可控（通过改变各移相器的相位实现），从而无须转动天线本身，缩短了雷达反应时间；②通过对各个发射信号进行相参积累，可有效增加雷达的功率-孔径积；③可在探测空间同时形成相互独立的多个波束，从而提高了雷达系统对多目标的处理能力；通过灵活划分子阵并使各个子阵处于不同的工作模式，可使雷达系统具备跟踪、检测和监视等多种功能；④结合各类自适应信号处理技术，可使相控阵雷达具备较强的干扰抑制能力，从而提高相控阵雷达对复杂场景的适应能力。然而，随着各种反雷达技术的发展，相控阵雷达固有的性能弊端也日益凸显出来。例如：①为了满足日益严苛的性能指标，相控阵雷达的构造愈加复杂，增加了制造成本；②相控阵雷达通常利用大功率-孔径积和高峰值功率来提高对目标的探测能力，增大了雷达信号被截获概率，易于受到各类反辐射武器的攻击；③相控阵雷达的波束扫描范围有限，为了实现全空域覆盖，通常需配置多个天线阵面，不利于系统结构的小型化、机动化。为此，雷达设计者必须寻找新的技术解决途径来应对相控阵雷达所面临的严峻挑战。MIMO 雷达就是近年来所提出的新体制雷达中的典型代表。

从本质上来说，MIMO 雷达系统可视为传统相控阵雷达系统的自然扩展。这两类雷达体制的主要区别是相控阵雷达的各个发射天线发射完全相干的信号，以便在空间形成具有特定指向的波束；MIMO 雷达的各个发射天线发射完全正交的信号，并且通过在各个接收天线处串联一组匹配滤波器来分离各发射通道。换言之,MIMO 雷达的发射信号能量在空间全向均匀分布,不形成特定指向,因而降低了雷达信号的被截获概率,满足了现代战场环境中对雷达系统的隐蔽化要求。正是由于 MIMO 雷达采用了关键的波形分集技术,使其具备传统相控阵雷达所不具有的多种性能优势,如:①提高雷达系统对隐身目标的探测能力[24];②提高雷达系统对慢速运动目标的检测能力[25];③通过虚拟阵元技术增大阵列孔径,由此带来系统自由度增加、可检测目标数增多和角分辨率提高等益处[26];④发射方向图可灵活设计[27];⑤改善强杂波背景下雷达系统对微弱目标的检测能力[28],等等。

综上所述,MIMO 雷达作为近年来提出的一种全新体制雷达,以其巨大的性能优势吸引了越来越多科技工作者的关注。由于 MIMO 雷达与传统体制雷达在工作机理上的相似性,波达方向估计、稳健波束形成和目标成像等传统体制雷达所重点关注的领域,也成为 MIMO 雷达的主要研究内容。然而,MIMO 雷达所特有的多发多收体制虽然使其便于融合多个通道所获取的信息,提升雷达整体性能,却无可避免地增加了系统的复杂度。因而,雷达性能与系统复杂度这对矛盾关系是制约 MIMO 雷达系统工程化、实用化的瓶颈,也是 MIMO 雷达研究领域必须着力解决的问题。本书以降低 MIMO 雷达系统的工程实现复杂度为需求牵引,给出了两类低复杂度 MIMO 雷达系统——即嵌套 MIMO 雷达和互质 MIMO 雷达的阵列结构设计准则,并针对低复杂度 MIMO 雷达系统和传统 MIMO 雷达系统中的稀疏参数估计、稀疏成像和稳健波束形成器设计等问题开展研究,以期起到抛砖引玉之效,为广大 MIMO 雷达研究者提供一些有益的借鉴思想。

1.2 国内外研究历史与发展现状

本节从 MIMO 雷达、阵列自由度扩展、稀疏信号重构和稳健自适应波束形成等方面对本书所涉及的相关雷达技术领域的研究历史与发展现状作一概要介绍。

1.2.1 MIMO 雷达研究历史与发展现状

MIMO 并非是十多年来发展起来的新技术,其理论构建可追溯至控制系统学科,意为一个控制系统中存在多个输入变量和多个输出变量。早在 1974 年,Mehra[29] 就指出,通过优化配置控制系统中的多个输入变量,可以有效提高整个系统的参数估计性能。之后,MIMO 的思想被通信领域所借鉴。若将移动通信中的传输信道视作一个系统，则发射码元可认为是该系统的输入信号，接收码元可认为是该系统的输出信号，上述移动通信与控制系统的内在相似性即是MIMO理论能够有效应用于通信领域的根本原因。自20世纪90年代初期起，美国的Bell实验室[30,31]等先后提出将MIMO概念融入无线通信系统中的实用化方案，即在传统无线通信系统中的基站和移动端均配置多个天线。采用此方案的MIMO通信系统可获得极高的空间分集增益，从而显著提高移动通信系统在衰落信道环境中的信道容量，尤其对大角度扩展信道(极端情况下角度扩展范围为2 π)的性能改善尤为明显。大量理论分析与实验结果均已证明，MIMO通信系统的信道容量与收发两端的天线个数成正比关系。

由于雷达回波信号与移动通信信道之间存在某种相似性，学者及工程专家将在移动通信中得到广泛应用的MIMO技术延伸至雷达领域，成为一种可行的尝试[32]。雷达回波信号通常是不同散射方向上的多径信号的叠加，具有与移动通信中角度扩展相似的特性。实际观测数据表明，雷达探测目标具有闪烁特性，目标姿态和观测角的变动将会导致回波信号(即RCS，雷达截面积)的严重起伏，变动范围可达5～20 dB。这种回波信号的涨落起伏类似于通信领域中的信道衰落现象，将严重影响雷达的常规探测性能。如图1.2所示为雷达回波信号能量随观测角的变化情况，从图中可看出，观测角的微小变化将会导致雷达接收回波能量的剧烈变动(关于此现象的数学解释可参阅Fishler于2006年发表的文章[32])。

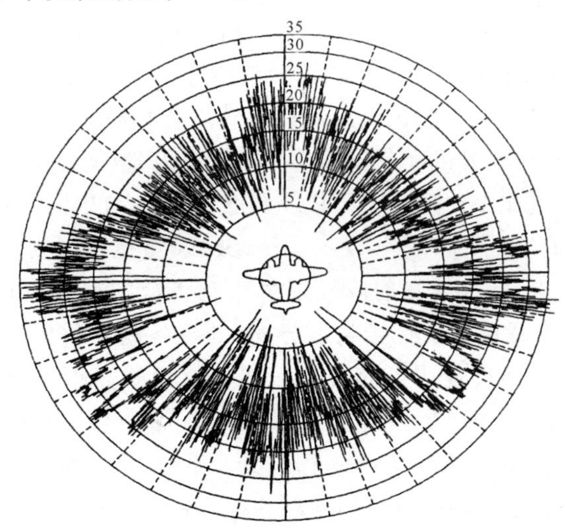

图1.2　雷达目标回波能量随观测角的变化情况(单位:dB)

如前所述,MIMO 雷达系统与 MIMO 通信系统在原理上的相似性使 MIMO 雷达可充分利用由目标 RCS 闪烁效应所引起的回波去相关特性,得到近似恒定的接收信号平均能量,从而提高雷达检测性能和目标空间分辨率。需要指出,由于应用场景和实现功能不同,MIMO 雷达和 MIMO 通信存在一些本质上的区别。对于 MIMO 通信系统来说,独立和非独立信息流是通过多个平行子信道同时传输的,经过如此操作,可在给定误码率的情形下增加信道容量,或在给定传输速率的情形下降低误码率。子信道数目依赖于信道矩阵的阶数(此阶数通常由具体信号传输环境所决定)。若信号传输环境中存在丰富的多径散射信号,则信道矩阵阶数和子信道数目均会相应增加。信道矩阵通常由接收端接收到的训练序列估计得到(训练序列一般先于数据包发射)。然而,MIMO 通信系统仅仅利用信道矩阵从接收数据中恢复发射信息,并没有充分发掘信道潜在的物理特性。与此相反,MIMO 雷达利用信道矩阵来感知探测环境的物理属性,以便确定目标的数目、方位和速度。另外,在 MIMO 雷达系统中,由于发射信息已知,因而无需建立依赖于多径环境的多个子信道。换言之,MIMO 雷达系统中的探测目标即相当于 MIMO 通信系统中的信道。举例来说,MIMO 雷达通过联合处理多个观测方向的目标回波信号来获得分集增益,此分集增益类似于 MIMO 通信系统中信号经过衰落信道传输后所获得的分集增益[33]。需要强调的是,在雷达领域中,目标在给定观测方向可能只有比较弱的散射回波,然而通过增加观测方向的数目,目标散射回波强度便会大大增加,Fishler[34]等人已在此方面(具体来讲,即通过利用目标空间分集增益提高探测性能)做了比较深入的研究。

20 世纪 70 年代末,由法国航天局设计的综合脉冲孔径雷达[35](Synthetic Impulse and Aperture Radar, SIAR),可视作将 MIMO 技术应用于雷达系统的初步尝试。20 世纪 90 年代,西安电子科技大学也与中国电科集团第 38 所合作研究了 SIAR 雷达的工程实现[36-38]。SIAR 雷达采用收发分离的多发多收随机稀布阵体制,且各个发射阵元发射相互正交的窄带波形。SIAR 雷达独特的发射信号形式保证了在接收端分离、处理各路发射信号的可行性。通过脉冲综合体制,SIAR 雷达可获得类似宽带雷达的高距离分辨率特性。不同于传统相控阵雷达,SIAR 雷达的发射信号可有效覆盖全空域,因此 SIAR 雷达比典型的多基雷达具有更高的相干处理自由度。基于上述优势,SIAR 雷达可有效解决雷达探测隐身目标问题和提高雷达的抗反辐射导弹能力。由于 SIAR 雷达采用了多发多收及正交信号发射体制,可将其视为 MIMO 雷达的雏形。然而,从严格意义上说,SIAR 雷达与本书之后提及的 MIMO 雷达在概念上仍存在一定差异，SIAR 雷达在信号处理过程中利用的是接收信号的全相关特性，而 MIMO 雷达在信号处理过程中利用的是接收信号的非相关或部分相关特性。

20 世纪初，鉴于 MIMO 理论在无线通信与 SIAR 雷达领域所取得的巨大成功，MIMO 雷达的概念应运而生。在 2003 年举办的第 37 届 Asilomar 信号、系统与计算机会议[39]上，由美国麻省理工学院林肯实验室的 Rabideau 教授和 Parker 教授首次给出了 MIMO 雷达的系统、完整的定义，即利用多天线发射多个正交信号，并利用多天线协同处理反射回波的雷达系统。随后，在 2004 年举办的的 IEEE 雷达年会上，由美国新泽西理工学院的 Eran Fisher 博士和 Alexander Haimovich 教授共同提出了分布式 MIMO 雷达[40]（也称为统计 MIMO 雷达）的概念，该体制 MIMO 雷达可充分利用目标的 RCS 闪烁特性以提高雷达探测性能，同时本书也充分分析了将 MIMO 雷达用于测向问题中所带来的性能优势，并推导出评价 MIMO 雷达测向结果的克拉美-罗界(Cramer - Rao Bounds，CRB)。MIMO 雷达作为一种新兴的雷达体制，其带给雷达领域的深刻变革是不容忽视的。美国麻省理工学院林肯实验室的 Bliss 教授和 Forsythe 教授指出[41]，MIMO 雷达比传统的单发体制雷达拥有更多的自由度，这些额外增加的自由度可用来灵活调整时间-能量分配模式[39]，提高方位向分辨率[42，43]，提高参数可辨识性[44]。特别地，对于充分利用探测目标空间分集特性的分布式 MIMO 雷达而言，其可有效提高对慢速运动目标的检测能力[45，46]。当前国外的加州理工学院、麻省理工学院、佛罗里达大学、乌普萨拉大学、里海大学、杜克大学、新泽西理工大学以及国内的国防科技大学、电子科技大学、清华大学、西安电子科技大学等分别在 MIMO 雷达的发射波形设计、阵列结构优化、空时自适应处理、模糊函数推导和稀疏成像算法设计等方面进行了深入研究[47－63]。通过对以上所列举文献进行归纳总结，需强调一点，即根据 MIMO 雷达的广义概念，一些业已发展成熟的雷达系统也可包含在 MIMO 雷达的框架内。举例来说，合成孔径雷达(Synthesis Aperture Radar，SAR)可看作 MIMO 雷达的一个特例。尽管 SAR 通常采用单发单收体制，然而通过雷达载体的运动，可等效形成多个虚拟收发阵元，因此可近似将 SAR 归结于 MIMO 雷达范畴。SAR 和标准 MIMO 雷达间的主要区别是 SAR 仅对信道矩阵的对角线元素进行估测，而 MIMO 雷达对信道矩阵的所有元素均进行估测。类似地，我们也可将全极化雷达归类为 MIMO 雷达[41，64]，只是与传统 MIMO 雷达相比，全极化雷达的尺寸更小。反之，MIMO 雷达也可视作全极化雷达的一种特殊构型。

自 MIMO 雷达概念提出之日起，与其相关的研究方兴未艾，国际上涉及 MIMO 雷达领域的研究成果层出不穷，大大完善了 MIMO 雷达的理论体系，并对 MIMO 雷达进一步的工程化实现夯实基础。当前，国内外学者对 MIMO 雷达的研究主要聚焦于两种体制：一类是以 Alexander Haimovich 为代表所提出的分布式 MIMO 雷达[65]；另一类是以 Jian Li 和 Petre Stoica 为代表所提出的集中式 MIMO 雷达[66]。分布式 MIMO 雷达的发射（接收）阵列阵元间距较大，每个收-发通道都能够提供独立的目标散射回波信息，此类 MIMO 雷达也可被称作统计 MIMO 雷达。分布式 MIMO 雷达的优势可总结为通过使探测信号从多个不同方向照射目标，获得对目标观测的空间分集增益，从而实现对目标 RCS 的空间解相关处理，使得目标 RCS 平稳输出，克服了复杂电磁环境下由目标 RCS 闪烁所引起的雷达探测性能损失问题。分布式 MIMO 雷达的缺点[32]是各独立观测通道所获取的目标信息难以采用传统阵列理论中的相干处理手段实现高精度的目标方位估计，此外，复杂的时间/相位同步问题难以解决，由大阵元间距所带来的相位模糊问题也是一个严峻的挑战。集中式 MIMO 雷达（也称作相参 MIMO 雷达）的发射（接收）阵列阵元间距较小，因此远场目标相对于阵列平面可视作点目标。在集中式 MIMO 雷达中，目标相对于各个收-发天线对的 RCS 近似相等，因而此类雷达没有获得目标空间分集增益，仅利用各发射波形的正交性获得高波形分集增益。集中式 MIMO 雷达采用相干信号处理手段，在接收端对各发射正交信号实现匹配滤波分离，有效扩展了阵列孔径，使雷达系统自由度成倍增加。与分布式 MIMO 雷达相比，集中式 MIMO 雷达不要求增大阵元间距来使信道独立，以便充分利用各阵元所接收回波信号之间的相关性。

在上述介绍的两种体制的 MIMO 雷达中，需澄清一点，即如何界定阵元间距以确定给定 MIMO 雷达系统的类别。一般地，对于某具体 MIMO 雷达系统而言，其阵元间距的设定依赖于探测目标物理属性。如图 1.3 所示，若将目标散射体视为具有特定波束指向的相控阵系统，且目标波束每次仅能覆盖一个天线单元，则各收-发通道都能获得相互独立的目标散射回波信息，符合分布式 MIMO 雷达的定义。反之，若目标波束每次均可覆盖多个天线单元，则各收-发通道均可获得较强的相干处理增益，符合集中式 MIMO 雷达的定义。至于实际目标探测场景中，不同类型 MIMO 雷达系统阵元间距的具体计算过程，可参阅 Eran Fishler 于 2006 年发表的文章[32]。

由于本书的阐述重点侧重于集中式 MIMO 雷达，因此下面将对集中式 MIMO 雷达中非常重要的“虚拟阵列”概念展开简要介绍。假设集中式

MIMO雷达的发射、接收阵元数分别为 M_t 和 N_r，均匀发射阵列的阵元间距为 d_t，均匀接收阵列的阵元间距为 d_r，且各发射天线发射相互正交的波形。不失一般性，以 $x_i(t)e^{j2\pi ft}$ 表示第 i 个发射天线的发射波形，则在每个接收天线处，通过级联 M_t 个匹配滤波器，可分离出 M_t 个发射-接收通道。依此类推，N_r 个接收天线共可分离出 M_tN_r 个发射-接收通道。以第 l 个接收天线和第 i 个发射天线所组成的收发通道为例，该通道所对应的虚拟阵元接收信号形式为

$$y_{il}(t)=x_i(t-\tau_{il})e^{j2\pi f(t-\tau_{il})}+n_{il}(t) \tag{1-1}$$

式中，$\tau_{il}=\tau_{00}+\dfrac{[(i-1)d_t+(l-1)d_r]\sin\theta}{c}$，$\tau_{00}$ 为参考收发通道的时延。在窄带假设条件下，第 il 个虚拟阵元的基带接收信号形式为

$$y_{il}(t)=x_i(t)e^{-j\frac{2\pi f}{c}[(i-1)d_t+(l-1)d_r]\sin\theta}=x_i(t)e^{-j\frac{2\pi fd_r\sin\theta}{c}\left[\frac{d_t}{d_r}(i-1)+(l-1)\right]} \tag{1-2}$$

由式(1-2)可知，物理阵元数为 M_t+N_r 的集中式MIMO雷达可通过虚拟孔径扩展形成阵元坐标集合为 $\left\{\dfrac{d_t}{d_r}(i-1)+(l-1)\right\}=\{0,1,\cdots,M_tN_r-1\}$ 的均匀线阵。由此可知，通过合成虚拟阵列，集中式MIMO雷达可有效扩展系统自由度，增大阵列孔径，因而与相同物理阵元数的相控阵相比，集中式MIMO雷达可获得更高的方位分辨率。

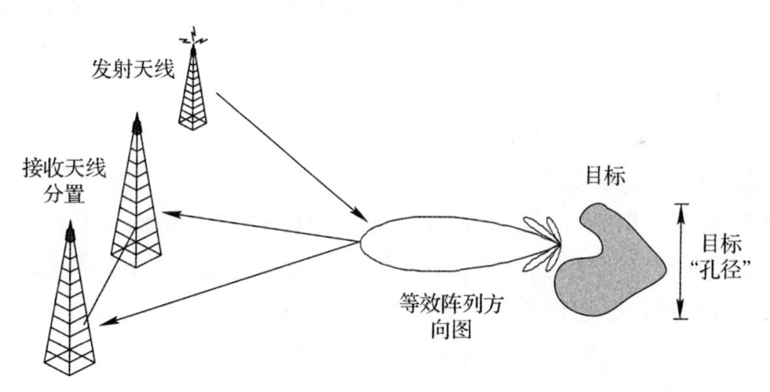

图1.3 MIMO雷达探测场景中目标波束宽度与阵元间距的相对关系

需要注意，集中式MIMO雷达所获得的虚拟自由度与 d_t/d_r 密切相关，由不同的 d_t/d_r 值会得到不同的虚拟阵列结构。以 $M_t=3$，$N_r=4$ 的集中式MIMO雷达为例，当 $d_t/d_r=4$ 时，MIMO雷达的系统结构如图1.4所示；当 $d_t/d_r=1$ 时，MIMO雷达的系统结构如图1.5所示。对比图1.4与图1.5可知，采用“稀发密收”或“稀收密发”体制可最大化MIMO雷达虚拟阵列的自

由度。

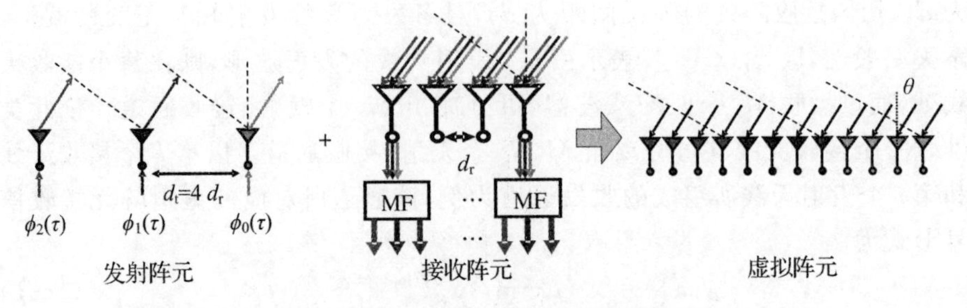

图 1.4　三发四收集中式 MIMO 雷达的系统结构图($d_t/d_r=4$)

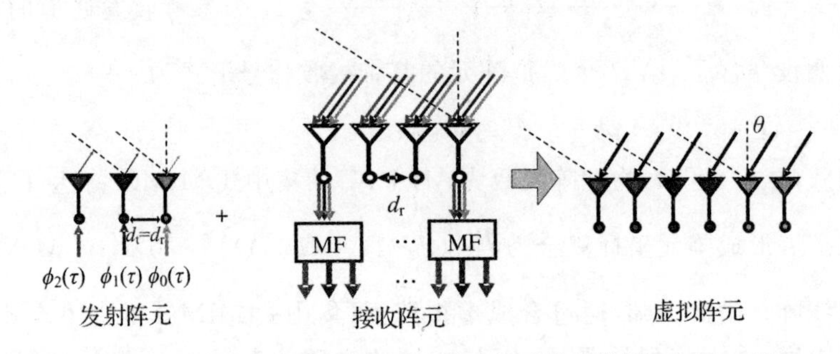

图 1.5　三发四收集中式 MIMO 雷达的系统结构图($d_t/d_r=1$)

目前国内外有关 MIMO 雷达的理论研究主要聚焦于波形优化设计、目标定位和空时自适应处理(Space - Time Adaptive Processing, STAP)算法设计等方面。现在分别对这几方面的研究进展作一简要归纳。

MIMO 雷达波形设计方面的重要研究成果包括 Yang Yang 和 Rick S. Blum 等人首次将互信息准则和最小均方误差准则引入到 MIMO 雷达波形设计问题中,提出了两种针对扩展目标环境的 MIMO 雷达波形设计方法[67－69]。第一种方法在给定原始波形信息的条件下,通过迭代优化波形参数,使相邻脉冲间的目标回波数据互相关信息最小化;第二种方法通过最小化目标参数估计的均方误差得到最终的最优波形。这两种设计准则在发射能量给定的情况下收敛至相同的最优解。Petre Stoica[70] 等人通过优化 MIMO 雷达发射信号的相关矩阵,使发射方向图在感兴趣目标附近空域形成较高增益,同时在干扰、杂波区域形成较低旁瓣。仿真实验证明,利用此种方法所设计出的发射波形进行目标参数估计可获得较高的精度。Jian Li[71] 等人提出一种多目标、空间色噪声环境下的 MIMO 雷达波形优化算法,通过最小化目标参数估计 CRB 矩阵的迹,使得优化出的发射波形在给定雷达工作环境中获得较好的参数估计性能。刘波[50]等人提出了一种新颖的 MIMO 雷达正交多相码设计方法,该方法采用基因算法迭代优化发射信号码元,使各发射波形之间获得较好的正交性。Satyabrata Sen[72]等人提出一种多径环境下的 MIMO 雷达 OFDM 波形优化算法。该算法利用互信息最小化准则优化 OFDM 波形,使得采用该最优发射波形的 MIMO 雷达系统的目标跟踪、检测性能大幅提升。Sandeep Gogineni[73]等人提出一种应用于 MIMO 雷达稀疏成像场合的跳频波形优化算法,该算法联合优化波形的频率和幅度,使最优波形所对应的稀疏感知矩阵各列之间近似正交,从而提高参数估计精度。Chunyang Chen[48]等人提出一种基于“尖锐化”MIMO 雷达模糊函数的跳频波形设计方法,该方法利用模拟退火算法迭代寻优跳频波形相关参数,使发射波形模糊函数近似于图钉状,以保证各发射信号之间满足严格正交性。

MIMO 雷达目标定位方面的重要研究成果包括 IIya Bekkerman 等人[43]首次系统研究了 MIMO 雷达中的目标定位和检测问题,给出了用最大似然法估计目标方位的具体流程,并详细推导出发射信号为空时编码信号时,目标位置估计的理论下界。Luzhou Xu[26]等人研究了传统阵列信号自适应处理算法在 MIMO 雷达目标检测与参数估计中的扩展应用,并提出一种新的 MIMO 雷达目标定位算法,即 CAML 算法。此算法融合了传统 Capon 算法和渐近最大似然算法在参数估计方面的性能优势,具有较高的目标定位和幅度估计精度。闫海东[74]等人首次研究了双基 MIMO 雷达中的多目标定位问题,利用 Capon 算法同时估计双基 MIMO 雷达中探测目标的接收方向(Direction - Of - Arrival, DOA)和发射方向(Direction - Of - Departure, DOD),并推导出最大可分辨目标数和参数估计 CRB。金明[75]等人在闫海东工作基础上提出了一种基于 ESPRIT(Estimation of Signal Parameters via Rotational Invariance Techniques)技术的双基 MIMO 雷达 DOA 和 DOD 联合估计算法,该算法无需进行谱峰搜索,具有较低的运算复杂度,且估计出的目标 DOA 和 DOD 具有精确闭式解并可自动配对。然而,该算法在色噪声环境中的应用具有局限性,即为了有效消除色噪声,发射阵元数不应超过三个。Jinli Chen[76]等人为了解决此问题,提出了一种改进的基于 ESPRIT 技术的双基 MIMO 雷达 DOA,DOD 联合估计算法。与金明的算法类似,该算法可精确给出目标 DOA,DOD 的闭式解,且可实现 DOA 和 DOD 的精确配对。此外,在色噪声环境中,该算法无需限制发射阵元数目。刘晓莉[77]等人提出一种存在幅相误差下的双基 MIMO 雷达 DOD - DOA 联合估计算法,该算法采用多重信号分类(Multiple Signal Ciassification, MUSIC)技术估计目标 DOD 和

DOA,且角度自动配对。此外,该算法利用三次迭代最小二乘算法估计存在幅相误差下的收、发阵列流形,根据信号子空间和噪声子空间的正交性,无需幅相误差先验信息。

MIMO 雷达 STAP 算法设计方面的重要研究成果包括 D. W. Bliss 等人最早将 STAP 思想引入到 MIMO 雷达信号处理领域[41]。随后,V. F. Mecca[59] 等人研究了旨在抑制多径杂波的 MIMO 雷达 STAP 算法设计问题。然而与传统相控阵雷达相比,MIMO 雷达的可利用自由度成倍增加,这不可避免地会增大干扰和杂波子空间的秩,使相应的 MIMO 雷达 STAP 算法的运算复杂度成几何级数增加。为了解决此问题,Chunyang Chen[58] 等人提出一种低复杂度的 MIMO 雷达 STAP 算法,该算法使用扁椭球波函数(Prolate Spheroidal Wave Functions, PSWF)表示杂波空间,并充分利用干扰协方差矩阵的分块对角特性降低 STAP 算法的运算复杂度。党博[78] 等人把 MIMO 技术引入机载双基地雷达中,提出了基于三维多通道联合处理和三维局域化联合处理的降维 3D - STAP 方法,以降低雷达地面杂波抑制的计算复杂度和对独立同分布杂波样本数的需求。此外,李军[79] 等人针对 3D - STAP 巨大的运算量和对样本数的需求,提出了基于三维投影的机载正侧视双基地 MIMO 雷达杂波抑制方法。在正侧视情况下,利用杂波共面特性,选择合适的投影方向可使投影后的杂波脊在新的二维坐标系下变为一条直线,从而消除杂波的距离依赖性。在此基础上,针对三维投影矩阵维数较大、实现困难这一问题,提出了一种基于虚拟发射波束形成的三维投影矩阵近似拟合方法。

综上所述,MIMO 雷达的相关理论研究已经历一个短期的发展过程,并取得了丰硕的成果。然而,作为一种新兴雷达体制,MIMO 雷达的性能优势还有待进一步发掘,现有的 MIMO 雷达信号处理算法还存在诸多局限。如:在给定物理阵元数条件下,传统均匀布阵 MIMO 雷达的自由度还可进一步增加;传统子空间类 MIMO 雷达 DOA 估计算法在小快拍数、低信噪比等应用环境中的性能表现不尽如人意,等等。因此,深入和广泛探讨 MIMO 雷达在阵列结构优化设计、稀疏参数估计以及稳健自适应信号处理算法设计等方面的技术实现手段对推动该体制雷达的工程实现具有深刻的现实意义。本书从 MIMO 雷达自由度扩展、稀疏 DOA 估计算法设计、稳健自适应波束形成算法设计以及稀疏成像算法设计等方面着手完善现有 MIMO 雷达理论。

1.2.2 阵列自由度扩展研究历史与发展现状

如 1.2.1 小节所述,传统 MIMO 雷达的可利用自由度受均匀收(发)阵列结构的限制，若要进一步增加 MIMO 雷达 DOF，需摒弃传统均匀布阵形式，探索 MIMO 雷达收(发)阵列结构优化新方法，使 MIMO 雷达虚拟阵列结构尽可能符合一类特殊的具有 DOF 扩展特性的非均匀阵列(如最小冗余阵、嵌套阵和互质阵)的排布规则。由此可知，MIMO 雷达自由度扩展技术的实现依赖于传统阵列结构优化领域的研究进展。下面简要介绍阵列自由度扩展的研究历史与发展现状。

现有大部分阵列信号处理领域的理论文献主要关注超定信号模型(即信源个数小于阵元数)，涉及欠定信号模型(即信源个数大于阵元数)的研究成果较少。在欠定信号模型中，阵列结构的合理设计对相应信号处理算法的有效实现至关重要。大部分欠定信号处理算法是基于“虚拟阵列”层面进行操作的，对于具有自由度扩展特性的一类特殊结构阵列而言，与其实际物理阵列相比，该类阵列的虚拟阵往往包含更多的阵元数目。对于主动式阵列系统而言，其虚拟阵为原始阵的“和合阵列”(sum co - array)；对于被动式阵列系统而言，其虚拟阵为原始阵的“差合阵列”(difference co - array)。虚拟阵中的阵元数目决定了最大可分辨信源数。举例来说，对于一个实际物理阵元数为 M 的阵列系统而言，经过合理阵列结构优化设计，其虚拟阵元数目最大可达到 $O(M^2)$ 。

其实虚拟阵的概念早已为现代雷达系统所采用，一个成功的应用实例即为 SAR，其虚拟阵根据雷达载体运动等效合成[80]。和合阵列及差合阵列已分别在相干与非相干成像系统中得到应用[81]。差合阵列同时也在阵列信号处理领域的测向问题中得到应用，此时需利用阵列输出信号的相关域信息来模拟差合阵列接收信号。仅利用阵列接收数据之二阶统计量进行欠定 DOA 估计的研究始于 S. U. Pillai[82, 83]，并由 Y. I. Abramovich[84, 85]作了进一步拓展。S. U. Pillai 和 Y. I. Abramovich 的研究成果是基于一类具有特殊结构的一维阵列，即最小冗余阵(Minimum - Redundancy linear Arrays, MRA[86])的。当物理阵元数给定时，MRA 在自由度扩展方面可称之为“理论最优阵列”，其原因在于 MRA 的虚拟差合阵列可提供最大自由度(同时需强调，MRA 的虚拟阵为满阵，即虚拟阵在空间上连续分布，不存在“空洞”)。虽然 MRA 在理论上具有最理想的自由度扩展特性，然而其阵列结构需通过复杂的计算机搜索确定，无法由简明闭式解得到，因而限制了 MRA 的工程应用范围。此外，MRA 的阵列结构也不易向高维扩展(需强调，在具备自由度扩展特性的高维阵列中，需利用原始阵列采样数据的高阶统计量来模拟虚拟阵接收信号[87, 88])。与 MRA 等被动式阵列系统不同，MIMO 雷达等主动式阵列系统的虚拟阵可视作原始物理阵的和合阵列，相关理论支撑已在 1.2.1 小节作过详细介绍。

如前所述，当前阵列信号处理领域对欠定模型的研究还处于相对停滞的状态，这促使学者们从以下几方面寻找突破口。

(1) 适用于欠定估计场景的阵列结构是否存在简便的设计准则？理想情况下，满足欠定估计目的的阵列结构应具有明确闭式解，即在给定物理阵元数目条件下，根据阵列结构设计准则可快速方便地确定各阵元位置坐标。此外，上述设计准则应保证阵列结构从一维到高维的易拓展性，以便充分利用阵列接收数据的高阶统计量进一步扩展系统自由度。近年来由美国加州理工学院的 Piya Pal 博士提出的嵌套阵[89](nested array)较好地满足了上述严苛的设计准则，使高自由度阵列结构的快速确定成为现实。

(2) 是否存在充分利用虚拟阵高自由度特性的信号处理算法？此问题的研究始于 Y. I. Abramovich[84, 85] 和 S. U. Pillai[82]，他们所设计的信号处理算法的核心在于构建反映虚拟阵接收数据相关域信息的扩展协方差矩阵。然而，在有限采样快拍数条件下，扩展协方差矩阵的半正定性无法得到保证，因此无法以之准确刻画虚拟阵接收数据的二阶统计量。为了克服现有算法的上述缺陷，Piya Pal 提出一种新颖的基于空间平滑的虚拟阵接收信号协方差矩阵构建方法，该方法即使在有限快拍情形下也可保证所构建协方差矩阵的半正定性。此外，该方法的适用性易向二维高自由度阵列扩展。

(3) 一维高自由度阵列的结构设计准则如何向高维情境扩展？众所周知，二维阵列的信号处理算法迥异于一维阵列的信号处理算法，因此，一维高自由度阵列的结构设计准则未必适用于二维高自由度阵列，现有的各类二维高自由度阵列结构设计准则莫不体现出这个特点。Piya Pal 所提出的嵌套阵与互质阵[90](coprime array)是对上述瓶颈的重大突破，二者在一维与二维情形下共享相同的设计准则，只是具体应用场景不同，即一维嵌套阵或互质阵的阵元坐标需保证分布于线状数轴上，而二维嵌套阵或互质阵的阵元坐标需保证分布于网状晶格上。

(4) 利用阵列接收数据的高阶统计量最多可分辨出多少个信源？当前阵列理论已表明，充分利用高阶统计量信息有助于分辨远多于实际物理阵元数的信源。前人的研究成果已指出，高阶虚拟阵是实现此欠定估计性能的关键，且具体可分辨信源数依赖于实际物理阵列构型。特别地，对于物理阵元数为 M 的系统来说，利用接收数据的 $2q$ 阶统计量信息最多可分辨 $O(M^q)$ 个信源。在此基础上，Piya Pal 已证明[91]，多级嵌套阵(物理阵元数为 M)可在仅

利用 $2q$ 阶统计量信息的前提下将最大可分辨信源数提升至 $O(M^{2q})$ 。

上述四点指明了欠定阵列信号处理领域所必须面对和解决的关键问题，同时通过对现有研究成果的总结，可知嵌套阵和互质阵较好地满足了各方面的性能需求，同时具备良好的物理结构可扩展性，代表了未来高自由度阵列的发展方向。因此，本书依托嵌套阵和互质阵的相关理论文献，以它们的阵列结构指导 MIMO 雷达虚拟阵列的设计过程，从而提高 MIMO 雷达的参数可辨识性。

1.2.3 稀疏信号重构研究历史与发展现状

如 1.2.2 小节所述，欠定估计已成为近年来阵列信号处理领域重点关注的问题。从本质上讲，欠定阵列信号处理算法可视作稀疏重构(也称作压缩感知)理论的特化应用形式，其目标在于寻求欠定方程的唯一解，即

$$\boldsymbol{y}=\boldsymbol{A}\boldsymbol{x} \tag{1-3}$$

式中，$\boldsymbol{A}\in\mathbf{C}^{M\times N}$ 为“胖”矩阵(即 $N\gg M$)。一般而言，式(1-3)所描述问题为病态问题，其对应的解通常有无穷多个。然而，通过给期望解向量 $\boldsymbol{x}$ 附加一些适当的约束条件，可保证式(1-3)解的唯一性。比较常见的约束准则为稀疏先验假设，该约束条件的合理性可从自然界中广泛存在的稀疏信号模型中得到验证。具体来说，大部分自然声学信号及人工合成电磁信号在本质上都可进行稀疏表征，即刻画该信号物理特性的系数向量中仅有有限个元素非零。信号的内在稀疏性既可在原始观测域中体现出来，也可于变换域中得到展示。对于某些在原始观测域并不具备稀疏表示形式的信号来说，寻找合适的变换域(也可称作稀疏表示基)成为促进其进行有效稀疏表征的重要手段，变换域的选择依赖于具体应用环境。常见的具备稀疏表征特性的信号形式包括数字图像与视频、雷达或声呐系统接收数据的空时谱、智能网络系统中的异常点及中断点等，该类信号所包含的完整信息可由低维采样数据(采样频率远低于奈奎斯特频率)恢复，如此可节约数据存储空间，降低硬件实现成本[92]。近年来兴起的压缩感知(Compresses Sensing, CS)[93, 94]技术即是深刻描绘信号稀疏性、采样率选择、重构手段之间联系的关键理论，是对传统信号时域、频域采样准则的重大突破。CS 理论的研究聚焦于以下两方面：一是信号稀疏表示基的设计，二是稀疏信号重构算法的设计，其中第二个方面的研究内容与式(1-3)所述的欠定估计问题之间存在直接关联，这也是本书研究的主要内容。需要指出，稀疏信号重构理论已在图像处理[95]、视频信号处理[96]、雷达信号处理[97, 98]、稀疏贝叶斯估计[99]和信道估计[100, 101]等领域中得到广泛应用。下面

简要介绍 CS 理论的研究历史与发展现状。

如前所述,CS 理论所致力解决的问题为寻找满足式(1-3)所示欠定方程的稀疏解 $\boldsymbol{x}$,若 $\boldsymbol{x}$ 的非零元素位置信息先验已知,该问题的有效解容易求得。然而在实际应用场景中,$\boldsymbol{x}$ 的稀疏先验信息通常难以得到,这会增加原问题的求解难度。上述关于求解式(1-3)稀疏解的问题也被称作 l_0 范数最小化问题,其标准表达形式为

$$\min \|\boldsymbol{x}\|_0 \quad , \quad \text{限制条件} \quad \boldsymbol{y}=\boldsymbol{A}\boldsymbol{x} \tag{1-4}$$

式中,$\|\boldsymbol{x}\|_0$ 意指 $\boldsymbol{x}$ 中非零元素个数。式(1-4)所示问题为 NP-难问题,不便求解。一个可行的求解思路为将其转化为如下 l_1 范数最小化问题,即

$$\min \|\boldsymbol{x}\|_1 \quad , \quad \text{限制条件} \quad \boldsymbol{y}=\boldsymbol{A}\boldsymbol{x} \tag{1-5}$$

式中,$\|\boldsymbol{x}\|_1$ 意指 $\boldsymbol{x}$ 中所有元素绝对值之和,且 l_1 范数是保证 $\|\boldsymbol{x}\|_p$ 凸性的最小范数阶选择。

式(1-5)所示 l_1 范数最小化问题是凸线性规划问题,其求解算法具有类似于多项式求根的运算复杂度,便于工程实现。实际上,将最小化 l_1 范数准则应用于欠定模型的稀疏求解问题中已有数十年的发展历史,然而大多数研究成果缺乏关于上述 l_1 范数最小化问题与 l_0 范数最小化问题之间等价性的严格证明。此等价性证明于 2000 年左右,由 E. J. Candes[94] 和 D. Donoho[93] 分别给出,其具体表述为若矩阵 $\boldsymbol{A}$ 满足某些特定约束条件,则式(1-5)所示的 l_1 范数最小化问题与式(1-4)所示的 l_0 范数最小化问题完全等价。使上述等价性得以满足的 $\boldsymbol{A}$ 的限制条件包括互相关条件[102]、限制等容性条件(Restricted Isometry Property, RIP)[103]、精确重构条件[104] 和零空间条件[105]等。现在简要介绍近数十年来 CS 理论中稀疏重构算法的研究进展。

20 世纪 70 年代应用于海洋地震信号处理中的基于 l_1 范数约束的反卷积技术可视作稀疏重构算法的实用化雏形[106, 107]。20 世纪 90 年代,S. Chen 等人提出了求解 l_1 范数最小化问题的基追踪算法[108],该算法的设计初衷在于提供信号在过完备字典集中的有效分解形式。与之同时,I. Gorodnitsky 等人提出了基于重加权稀疏约束准则的 FOCUSS 算法[109],该算法已在脑 CT 成像领域得到应用。此外,P. Feng[110] 等人研究了传统子空间类方法(如 MUSIC 算法[111])在恢复多频带信号稀疏空间谱方面的应用。S. G. Mallat 等人研究了一类贪婪算法(即匹配追踪算法[112])在信号去噪方面的应用。Tibshirani 等人提出一种噪声环境下的高效稀疏重构算法——LASSO[113] 算法,理论分析表明,该算法具备良好的统计收敛性能。D. Donoho[114] 等人基于对稀疏字典 $\boldsymbol{A}$ 中各列之间相关性的分析,证明了含噪模型中,利用匹配追

踪算法恢复稀疏信号向量 $\boldsymbol{x}$ 的有效性与稳健性。E. J. Candes[115]等人通过对矩阵 $\boldsymbol{A}$ 的 RIP 特性的深入研究，推导出了精确重构稀疏向量 $\boldsymbol{x}$ 的充分条件。该结论随后被扩展到含噪信号环境中[116]。在 E. J. Candes 等人的研究成果基础上，D. Donoho[117]等人利用 k-邻域多面体理论推导出了比 RIP 准则更强的无失真稀疏重构充分必要条件。M. Wainwright[118]等人建立了利用 LASSO 算法精确重构稀疏向量 $\boldsymbol{x}$ 时所应满足的充分必要条件。除上面所介绍的研究成果外，还有大量学者致力于推导不依赖具体算法的稀疏信号重构概率，在该方面做出杰出工作的包括 M. Akcakaya[119]和 G. Tang[120]等人，他们充分分析了稀疏信号重构概率与观测样本数、字典维数、观测模型稀疏度及噪声方差之间的关联，给高效重构算法的设计提供了可靠的依循准则。

上述简要介绍了基于凸优化准则的稀疏重构类算法的研究、发展现状，除此之外，贪婪类算法也以其可比拟于凸优化类算法的重构精度而获得广泛关注。该类算法的代表包括上文提及的匹配追踪算法，以及其改进形式——正交匹配追踪(Orthogonal Matching Pursuit, OMP)算法。Tropp[121]等人充分研究了 OMP 算法在稀疏信号重构领域的具体应用形式，并详细分析了该算法的重构性能，进而推导出保证该算法重构精度的充分条件，即精确重构条件(Exact Reconstruction Condition, ERC)。

尽管大多数现有稀疏重构算法是基于“确定”数据模型推导出的，但仍有一小类算法采用基于数据统计特性的贝叶斯类方法估计稀疏信号参数，而这也是本书的研究重点。贝叶斯类稀疏重构算法的典型代表可参阅文献[99, 122-124]。该类算法利用稀疏贝叶斯学习(Sparse Bayesian Learning, SBL)技术得到未知稀疏向量 $\boldsymbol{x}$ 的最大后验概率估计。与前述基于确定数据模型的稀疏重构类算法不同，贝叶斯类算法以描述稀疏向量 $\boldsymbol{x}$ 统计分布特性的超参数向量来度量 $\boldsymbol{x}$ 的稀疏性，不同算法对应不同的超参数学习模式。现有理论文献已充分证实了贝叶斯类稀疏重构算法在恢复真实稀疏向量方面的高可靠性。此外，贝叶斯类稀疏重构算法通常采用迭代方式求解稀疏向量，因而其具有比基于凸松弛准则的稀疏重构类算法更高的计算效率。

随着 CS 理论的不断深入研究发展，其适用范围也从式(1-3)所示的单测量矢量(Single Measurement Vector, SMV)模型扩展到多测量矢量(Multiple Measurement Vector, MMV)模型。需要注意，在 MMV 模型中，所有测量矢量必须具备相同的稀疏结构。一些上文提及的稀疏重构算法经过适当改进即可应用于 MMV 信号环境中。这类算法的代表包括 M-FOCUSS 算法[100]、M-OMP 算法[125]、混合范数优化算法[126]、M-SBL 算法[127]等。与 SMV 模型相比，MMV 模型可利用更多信号特质，如秩、列相关性来求得期望稀疏解。基于 MMV 模型的 CS 算法的理论重构性能已由部分学者作了深入研究，如：G. Obozinski[128]等人推导出 M - FOCUSS 算法在含噪信号环境中得以精确重构稀疏集的充分必要条件；G. Tang[120]等人利用信息论准则建立了保证高稀疏重构精度的充分条件。

本书主要从统计学观点研究稀疏重构技术在嵌套 MIMO 雷达及互质 MIMO 雷达高分辨 DOA 估计方面的应用，而 SBL 方法正是利用贝叶斯原理综合观测模型统计先验信息的一类稀疏重构方法，其相对于 l_p 范数类方法的性能优势也由大量理论文献所验证，因此本书将 SBL 稀疏重构技术引入 MIMO 雷达信号处理体系，以应对现有信号处理方法应用于解决日趋复杂信号环境中的 DOA 估计问题时所受到的挑战。

1.2.4 稳健自适应波束形成研究历史与发展现状

DOA 估计和自适应波束形成是阵列信号处理领域所关注的两大基础问题，其中 DOA 估计的研究历史与发展现状已在 1.2.1～1.2.3 小节作过简要归纳，本小节着重介绍稳健自适应波束形成技术的研究历史与发展现状。

波束形成器从本质上可视为一组空域滤波器[129, 130]，其设计指标为保持目标信号方向的高增益，同时于干扰方向形成深零陷。窄带波束形成器的性能评价指标为输出信干噪比(Signal - to - Interference - plus - Noise Ratio, SINR)，一般地，输出 SINR 越大，表明自适应波束形成器的干扰、噪声抑制能力越强。对于某特定波束形成器而言，若在保持目标信号无失真响应的前提下，最小化总输出功率，则可使该波束形成器的输出 SINR 最大化，这也是标准 Capon 自适应波束形成器[131]的设计思想。如前所述，Capon 波束形成器既可在目标信号方向保持恒定增益，又可最大限度地削弱输出干扰、噪声功率，而这也是其亦称为最小方差无失真响应(Minimum Variance Distortionless Response, MVDR)波束形成器的原因。I. S. Reed 等人[132]已证明，在训练样本数据不包含目标信号分量的前提下，Capon 波束形成器可达到其理论最优性能，且同时保持较快的收敛速度。然而在实际雷达、声呐系统中，该理想条件往往难以满足，即训练样本中通常混杂有目标信号成分。在此应用背景下，目标信号导向矢量和接收数据协方差矩阵的微小估计偏差都会导致 Capon 波束形成器输出 SINR 的严重下降。上述估计误差的产生因素包括非均匀信号环境、波束指向误差、阵列结构误差、波前失真和相干局域散射等。举例来说，若目标信号的预设导向矢量与真实导向矢量不一致，则 Capon

波束形成器会误将目标信号当作干扰信号抑制掉，此效应通常被称作信号自消[133]。

稳健自适应波束形成技术可以有效克服以上信号自消问题，现在对近数十年来稳健自适应波束形成研究领域的发展状况作以简要归纳。S. P. Applebaum[134]和 K. Takao[135]提出基于多线性约束准则的稳健波束形成算法，也称为线性约束最小方差（Linearly Constrained Minimum Variance, LCMV）波束形成算法，其设计思想为利用目标信号预设方向附近的多个线性约束（约束条件既可为无失真响应约束，也可为导数约束）扩展方向图主瓣，以确保非理想信号环境中，传统 Capon 波束形成器仍能在真实目标信号方向维持高增益。然而，LCMV 波束形成器仅于阵列流形矩阵已知情形下适用，且稳健权矢量设计过程中引入的多线性约束条件会损耗系统可利用自由度。此外，LCMV 波束形成器针对某些特定信号失配因素，如波前失真，并未能提供较好的稳健性。D. D. Feldman[136]和 L. Chang[137]等人为了提高 Capon 波束形成器的稳健性，提出将目标信号的预设导向矢量投影到信号-干扰子空间中，因而该稳健波束形成算法也被称作子空间波束形成算法。此算法在高信噪比（Signal - to - Noise Ratio, SNR）下具有良好的稳健性，然而，低 SNR 下，由于信号子空间与噪声子空间发生混叠，导致该算法性能严重退化。B. D. Carlson[138]等人提出基于对角加载技术的稳健波束形成算法，然而这类算法的缺点在于对角加载因子的最优值难以确定。S. Vorobyov[139]等人提出基于最差性能（Worst Case）约束的稳健波束形成算法，该算法利用无限多个非凸约束条件使目标信号导向矢量不确定集中所有元素的幅度响应均大于等于1，随后为了使所构造的优化问题便于求解，原非凸优化问题被松弛为二阶锥规划（Second Order Cone Programming）问题，进而可借助现代凸优化算法工具包（如 CVX,Sedumi）高效求解。需要指出，当目标信号导向矢量不确定集为球集或椭球集时，可利用 Worst Case 准则将以上无穷多个非凸约束条件简化为一个约束条件。Jian Li[140]等人证明，S. Vorobyov 等人设计的基于 Worst Case 准则的稳健波束形成器在本质上等同于基于对角加载技术的稳健波束形成器，同时给出了相应对角加载因子的闭式解，从而简化了 Worst Case 稳健波束形成器的权矢量计算过程，使其具有与 Capon 权矢量相当的计算复杂度。Arash Khabbazibasmenj[141]等人提出一种目标信号导向矢量先验信息非精确已知条件下的稳健波束形成算法，该算法的核心在于精确估计出目标信号导向矢量，估计手段为解一组精心设计的优化问题，其目标函数为最大化波束形成器输出功率，约束条件为限制导向矢量估计值发散到干扰信号空间。与传统稳健波束形成算法相比,该算法仅需少量先验信息即可保证较高的波束形成器稳健性。Yujie Gu[142]等人提出一种基于干扰-噪声协方差矩阵重构的稳健波束形成算法,是传统稳健波束形成领域的重大突破。该算法的核心在于重构理想干扰-噪声协方差矩阵,其重构思路为首先以目标信号的空域角度不确定集为基准,将全空域划分为目标信号角度集与干扰信号角度集(即目标信号角度集的补集),然后以 Capon 谱在干扰信号角度集的积分结果近似干扰-噪声协方差矩阵。由于该算法在采样协方差矩阵中剔除了目标信号分量,因而其输出 SINR 可逼近理论最优值。鉴于该算法相比传统稳健波束形成算法所体现出的巨大性能优势,本书第 4 章所述稳健波束形成算法即是以上算法在 MIMO 雷达领域的有效扩展形式。

与相同物理阵元数的相控阵雷达相比,MIMO 雷达因采用波形分集技术而使其具备虚拟孔径扩展效应(即 MIMO 雷达的虚拟阵列孔径远大于相控阵雷达阵列孔径,MIMO 雷达的虚拟阵元数亦远大于相控阵雷达物理阵元数),因而 MIMO 雷达自适应波束形成算法对信号失配环境更加敏感,从而引发对 MIMO 雷达稳健自适应波束形成算法的迫切研究需求。MIMO 雷达虚拟阵与传统相控阵在信号处理流程上的相似性,使得传统相控阵稳健波束形成算法可直接应用于 MIMO 雷达虚拟阵信号模型中。本书第 4 章所设计的即是 MIMO 雷达"虚拟阵级"的稳健波束形成算法。

1.3 主要工作与内容安排

根据 1.2 节所述内容,可知目前关于集中式 MIMO 雷达的理论研究成果在如何充分利用非均匀阵列结构进一步扩展系统自由度、如何充分利用目标空域分布稀疏性提高参数估计性能、如何充分利用非精确目标先验信息提高自适应波束形成器稳健性等方面,仍存在一定局限性。本书针对以上问题,对集中式 MIMO 雷达的自由度扩展技术及稀疏、稳健信号处理算法展开研究。本书内容安排如下。

第 1 章为绪论,先简要介绍本书的研究背景与意义,然后详细梳理 MIMO 雷达、阵列自由度扩展、稀疏信号重构及稳健自适应波束形成等理论的研究历史与发展现状,最后简述本书的主要工作和内容安排。

第 2 章阐述基于 SBL 准则的嵌套 MIMO 雷达高分辨测向算法。首先提出基于嵌套阵的 MIMO 雷达阵列结构优化方法(为方便,将优化设计结果称为嵌套 MIMO 雷达),该方法通过合理设计 MIMO 雷达的收发阵列构型,使虚拟阵列结构服从嵌套阵的空间排列规则，进而利用嵌套阵的自由度扩展特性实现欠定估计目的(即可分辨的目标数目大于虚拟阵元数目)。然后，从提高目标参数估计精度的角度出发，提出一种基于SBL准则的嵌套MIMO雷达高分辨DOA估计算法。该算法充分考虑空域离散化过程中引入的量化误差，并将之嵌入嵌套MIMO雷达匹配滤波输出的稀疏表示模型中，同时利用一组运算复杂度较低的多项式求根过程精确计算各离散格点量化误差。与传统稀疏重构算法相比，所提算法无须选择复杂的正则化参数，且具有较高的运算效率和测向精度。最后，分析所提算法的最大可分辨目标数及DOA估计均方根误差的理论下界。

第3章阐述基于SBL准则的互质MIMO雷达高分辨测向算法。首先提出基于互质阵的MIMO雷达阵列结构优化方法(为方便，将优化设计结果称为互质MIMO雷达)，该方法通过合理设计MIMO雷达的收发阵列构型，使虚拟阵列结构服从互质阵的空间排列规则，进而利用互质阵的自由度扩展特性实现欠定估计目的(即可分辨的目标数目大于虚拟阵元数目)。然后，从提高目标参数估计精度的角度出发，提出一种基于SBL准则的互质MIMO雷达高分辨DOA估计算法。该算法还考虑空域角度离散化过程中引入的量化误差，并采用梯度下降法迭代更新离散网格参数，使之契合真实的目标空域分布稀疏模型。此外，所提算法采用MM准则迭代更新SBL超参数因子，以加快算法收敛速度。最后，分析所提算法的最大可分辨目标数及DOA估计均方根误差的理论下界。

第4章阐述基于目标导向矢量精确预估和干扰-噪声协方差矩阵高效重构的MIMO雷达稳健波束形成算法。其中，干扰-噪声协方差矩阵可通过将MIMO雷达虚拟阵接收数据的协方差矩阵投影到干扰-噪声子空间或将目标分量从接收数据协方差矩阵中消去得到，目标真实导向矢量可通过解一精心设计的优化问题估计出，该优化问题的目标函数为最小化波束形成器敏感度，且约束条件可避免所估计出的导向矢量发散到干扰空间。上述优化问题可等价转化为拉格朗日乘子形式，并采用运算复杂度较低(与Capon算法相当)的牛顿下降法求得对角加载因子，进而得到波束形成权矢量的闭式解。理论分析和仿真实验表明，该算法在传统均匀MIMO雷达和嵌套MIMO雷达信号模型中均具有较高的稳健性。

第5章阐述MIMO雷达三维稀疏成像效果与发射波形选择之间的关系，同时提出一种空间小角度域情形下的离散网格量化误差校正方法。首先推导出MIMO雷达稀疏成像效果与发射波形模糊函数之间的对应关系，并依此确定 MIMO 雷达的成像波形选取原则。其次,采用二阶泰勒展开技术近似表示目标真实方位,并利用 SLIM 算法精确估计目标真实位置与邻近格点之间的角度误差。理论分析和仿真结果表明,选择具有较窄主瓣、较低旁瓣模糊函数的发射波形可获得较好的成像效果,所提角度误差校正算法可有效补偿成像场景离散化过程中所引入的量化误差,因而可提高成像质量。

第 6 章对本书的主要内容进行归纳总结,并对尚待解决的重要问题和后续研究方向进行展望。

第2章 基于空域稀疏性的嵌套MIMO雷达DOA估计算法

2.1 引　　言

DOA估计，即利用阵列接收数据确定入射电磁波空间谱的技术，以其在信源定位、雷达成像和移动通信等方面[81, 143-147]的广泛应用而获得学者的持续关注。最大可分辨信源数是DOA估计的一个研究热点，其中，欠定DOA估计已成为阵列信号处理领域亟待突破的瓶颈[81]。然而，现有大部分DOA估计算法仅适用于均匀线阵(Uniform Linear Array, ULA)信号模型[133]。众所周知，对于传统超分辨算法(如子空间类算法[143])而言，阵元数为M的ULA最多可分辨$M-1$个信源。为了突破物理阵元数给定情形下，ULA阵列构型对最大可分辨信源数的限制，一些非均匀阵列结构，如最小冗余阵[86]、嵌套阵[89]被相继提出。与相同物理阵元数的ULA相比，上述非均匀阵列可获得更高的系统自由度。为了实现欠定DOA估计目的，最小冗余阵、嵌套阵等非均匀阵的信号处理模型必须是基于“相关域”的，即利用原始物理阵的“虚拟差合阵列”来模拟孔径扩展、阵元数增多的“大阵列”。在实际应用中，最小冗余阵面临阵列结构不易确定(因最小冗余阵的阵列结构在给定阵元数目情形下不具有明确闭式解)、可扩展自由度无法精确计算等工程实现难题。嵌套阵可克服最小冗余阵所固有的上述缺点，并利用$O(M)$个物理阵元分辨出$O(M^2)$个信源。嵌套阵的阵列构型可简述为由一个阵元间距较小的“密”阵列与一个阵元间距较大的“稀”阵列嵌套组合而成。嵌套阵具有物理结构简单(具有明确闭式解)、可扩展自由度易精确计算等优点，因而相较最小冗余阵具有更光明的应用前景。

一般来说，嵌套阵可视作最小冗余阵结构的推广，即利用远少于传统阵列理论所要求的物理阵元数实现分辨给定数目信源的目的。嵌套阵的上述阵列结构特点催生出对与其相应的欠定DOA估计算法的研究热潮。现有适用于嵌套阵信号模型的欠定 DOA 估计算法为由 Piya Pal 等人提出的平滑 MUSIC 算法[89](Spatial Smoothing - based MUSIC, SS - MUSIC)。如 SS - MUSIC 算法名称所示,该算法为传统 MUSIC 算法[111]的扩展形式。具体来说,SS - MUSIC 算法首先利用一个空间平滑预处理过程来构建一个高自由度的半正定协方差矩阵,然后在此协方差矩阵基础上进行基于 MUSIC 算法的 DOA 估计操作。上述高自由度半正定协方差矩阵的构造过程为向量化原始接收数据协方差矩阵,得到一个孔径扩展的虚拟“长阵列”所对应的单快拍接收数据,该虚拟阵是原始物理阵的差合阵列。在该等效单快拍接收数据模型中,原始信号幅度信息被功率信息所替代,从而使得原始独立信号环境相干化,进而使得利用空间平滑手段解相干成为必需。需要指出,经平滑预处理后的上述单快拍接收数据所对应的扩展协方差矩阵是满秩的,从而使得虚拟阵所固有的高自由度信息得以充分体现。尽管上述自由度扩展操作是针对 MUSIC 算法所设计的,然而其基本思想可与其他传统子空间类 DOA 估计算法,如 ESPRIT[148](Estimation of Signal Parameters via Rotational Invariance Techniques)算法无缝对接。

尽管以上契合嵌套阵信号模型的子空间类 DOA 估计算法在特定应用环境中具有较高的角度估计精度,然而这类算法存在相同的技术瓶颈,即为了得到较好的估计性能,需保证足够的采样快拍数、较高的输入 SNR 以及入射信源数目的先验信息已知。这些严苛条件限制了子空间类算法在实际信号环境中的应用范围。因此,适用于非理想信号环境的嵌套阵 DOA 估计算法的研究工作有必要进行开展。近年来兴起的稀疏重构技术即是突破上述性能瓶颈的有效手段。稀疏重构类算法通过将原始观测数据于特定超完备基下进行稀疏表示,以揭示入射信号 DOA 在全空域中稀疏分布这一事实。大量现有文献[109, 149-151]指出,对入射信号空域稀疏信息的充分利用有助于显著提升非理想信号环境下的 DOA 估计性能,且此类算法无需已知入射信源数目信息。现有基于空域稀疏性的 DOA 估计算法可分为两大类:一类是基于 l_p($0\leqslant p\leqslant 1$)范数优化的稀疏重构算法,如 L1 - SVD(joint l_1 - norm approximation and Singular Value Decomposition)[150]算法、L1 - SRACV(l_1 - norm - based Sparse Representation of Array Covariance Vectors)[152]算法、SPICE(Semi - Parametric Iterative Covariance - based Estimation)[153, 154]算法、CMSR(Covariance Matrix Sparse Representation)[155]算法等;另一类是基于 SBL 准则的贝叶斯类稀疏重构算法[122, 123, 127, 156-158]。对于第二类稀疏重构算法而言,原始“确定”数据模型被转化为其概率对偶形式,并采用关联向量机

(Relevance Vector Machine，RVM)[122]求解各感兴趣参数。基于贝叶斯类稀疏重构算法的特定求解形式，S. Ji[99]和D. P. Wipf[159]等人通过深入研究指出，该类算法具有比基于 $l_p(0\leqslant p\leqslant 1)$ 范数优化的稀疏重构算法更小的结构误差(意指偏离全局最小值)和收敛误差(意指无法收敛至全局最小值)，此外，该类算法可充分发掘信号模型的局部概率统计特性以细化参数估计结果。基于SBL准则的稀疏重构类算法的其他性能优势包括角度分辨性能的提高、对信号特殊结构性质的灵活利用[160]以及无须选择复杂的用户参数(如噪声方差、正则化参数等)。然而，对上述两类稀疏重构算法而言，它们所采用的共同假设前提为所有真实目标必须严格位于预设的离散格点上，以保证可靠的参数估计精度[161]。上述假设条件过于理想化，在实际算法设计中通常很难满足，原因有二：①空域离散格点划分过粗会引致较高的模型失配误差；②空域离散格点划分过细会极大增加算法运算量，在某些极端情形下甚至可导致算法无法求解[162,163]。此外，前文已提及，向量化的协方差矩阵模型可有效体现嵌套阵的自由度扩展特性，然而，大多数稀疏重构算法(如L1－SVD算法、L1－SRACV算法)是基于原始接收数据模型设计出的，它们自然不能直接应用于相关数据模型中。因此，为了将稀疏重构理论应用于嵌套阵信号模型中，同时充分考虑到虚拟阵在欠定DOA估计中所发挥的关键作用，基于相关数据域的嵌套阵稀疏DOA估计算法有必要进行深入研究。

以上简要介绍了嵌套阵DOA估计和稀疏重构算法的相关理论研究进展，鉴于MIMO雷达虚拟阵级的信号处理和传统阵列信号处理在本质上的一致性，上述嵌套阵构型和测向算法可直接应用于MIMO雷达虚拟阵列结构设计和相应DOA估计算法设计等应用场景中。本章旨在研究集中式MIMO雷达在阵列结构优化及DOA估计方面的内容。我们知道，集中式MIMO雷达利用多个发射天线同步发射正交或不相关波形，并利用多个接收天线同时接收信号进行集中处理。通过在每个接收天线端级联一组匹配滤波器，该雷达系统能够分离出各路发射信号，从而在信号传播空间形成多个彼此独立的收发通道并得到良好的分集增益。由于探测目标在各个分离通道的总相移相当于不同收发天线对间的相移之和，因此相较于相控阵雷达，该雷达系统能够有效扩展接收端的阵列孔径(即形成虚拟孔径)[55]。通过合理优化发射端和接收端的阵列构型，可以在收发天线总数一定的情况下得到最大的虚拟孔径，并且等效的多个虚拟阵元可以提高系统的自由度及参数可辨识性(即最大可检测目标数)[41,55]。现有文献关于MIMO雷达阵型设计的研究主要集中在均匀布阵，通过大间距发射阵和小间距接收阵来合成阵元个数增大的虚拟等距阵。应用此种设计方法的 MIMO 雷达系统可达到的最大自由度为发射和接收阵元个数之积。为了进一步增大 MIMO 雷达系统的自由度，本章采用非均匀布阵形式优化阵列构型。文献[164]提出了一种新的适用于分段平稳信号的均匀线阵欠定 DOA 估计算法——KR(Khatri－Rao)子空间方法，该方法利用 KR 积对接收信号的二阶统计量进行变形，在信号处理过程中形成扩展的虚拟孔径，从而提高了系统的自由度，可以应用在待分辨信源数多于阵元数目的场合，并且可以比较容易地消除未知噪声的影响。文献[89]在文献[164]的基础上，对阵列构型进行优化设计，提出了适用于平稳信号的最优阵形——嵌套阵。相比于其他阵形，在阵元总数限定的情况下，嵌套阵可以获得最大的自由度，并且其阵元位置具有精确的闭式解，在工程应用中便于实现。基于非均匀阵的 MIMO 雷达阵列结构优化的研究始于加州理工学院的 Chunyang Chen[165]，他提出了一种非均匀 MIMO 雷达阵型——最小冗余 MIMO 雷达，可以有效抑制主瓣干扰。经过进一步研究发现，较之传统 MIMO 雷达阵型，此种阵型可以虚拟出更多的阵元个数，若采用 KR 子空间方法处理接收数据，则此种阵型可有效扩展系统自由度。张娟等人[166]基于 Chunyang Chen 的研究成果，进一步提高了最小冗余 MIMO 雷达的阵元利用率，使其在实际物理阵元数最少的条件下能够在接收端获得尽可能多的有效虚拟阵元数。但最小冗余 MIMO 雷达的收发阵元位置需要经过复杂的计算机搜索得到，在工程实现上存在一定的困难。本章借鉴嵌套阵的思想，提出一种新的 MIMO 雷达阵列结构——嵌套 MIMO 雷达，经过简单的计算机搜索便可确定嵌套 MIMO 雷达收发阵元位置，具有良好的工程实用性。

由上述的详尽分析可知，贝叶斯类稀疏重构方法在传统阵列信号处理领域所取得的巨大成功启示我们将其应用范围延伸至嵌套 MIMO 雷达欠定 DOA 估计问题中。本章的研究重点在于如何设计基于 SBL 准则的，充分考虑相关域数据模型和格点误差的嵌套 MIMO 雷达高效 DOA 估计算法。具体来说，通过向量化采样协方差矩阵，消除冗余元素，可模拟出一个自由度得以扩展的大阵列的单快拍接收数据。考虑到 SBL 准则对噪声方差估计偏差的敏感性，利用一个精心设计的线性变换可消除上述单快拍接收数据中存在的噪声方差。此外，该线性变换可同时实现正则化采样协方差矩阵的估计误差的功能。经过如上线性变换，可得到一个新的、不含噪声分量的以及基于嵌套 MIMO 雷达虚拟阵差合阵列的接收数据的稀疏表示形式，后续的 DOA 估计过程可视作一个非负稀疏向量重构问题。为了克服传统稀疏重构算法中所固有的格点失配问题，真实稀疏字典被近似为原始预设字典和一个基于二阶泰勒展开技术的参数字典之和，该近似表示形式具有远小于原始预设字典的模型匹配误差。在上述预处理操作基础上，提出一种基于SBL准则的嵌套MIMO雷达高分辨DOA估计算法，该算法充分利用了信号分量与格点误差之间的一致稀疏性，且通过一个运算复杂度较低的多项式求根过程逐个估计离散采样格点误差。本章的仿真实验内容可证明，与现有DOA估计算法相比，本章所提算法具有更高的角度估计精度和检测概率。此外，所提算法无需已知探测目标数目，且能够有效分辨多于虚拟阵元数目的目标。

本章的后续内容安排如下。2.2节对嵌套阵信号处理基础进行简要介绍。2.3节详细阐述嵌套MIMO雷达阵列结构设计算法。2.4节提出基于SBL准则的嵌套MIMO雷达高分辨测向算法。2.5节以大量仿真实验论证所提DOA估计算法的有效性。2.6节对本章的研究内容进行小结。

2.2 嵌套阵信号处理基础

本节从信号模型和DOA估计算法两方面简要介绍嵌套阵信号处理基础。

2.2.1 嵌套阵信号模型

以阵元数为M的嵌套阵为例，其由两组ULA嵌套而成，其中第一组ULA(不失一般性，设其阵元间距较小，故而也称该阵列为内层ULA)的阵元数为M_1，阵元间距为d；第二组ULA(不失一般性，设其阵元间距较大，故而也称该阵列为外层ULA)的阵元数为M_2，阵元间距为$(M_1+1)d$。单位阵元间距d设为$\lambda/2$，其中λ代表信号载波波长。上述嵌套阵的物理结构如图2.1所示。为后文表述方便起见，假设该嵌套阵的阵元位置集合为$\boldsymbol{D}\overset{\text{def}}{=\!=}\boldsymbol{r}d$，其中整数向量$\boldsymbol{r}\overset{\text{def}}{=\!=}\{r_i,i=1,2,\cdots,M\}=\{0,1,\cdots,M_1-1,M_1,2(M_1+1)-1,\cdots,M_2(M_1+1)-1\}$包含所有阵元的位置坐标信息。这里需指出，我们以内层ULA的第一个阵元作为参考阵元，即$r_1=0$。

假设K个远场窄带信源入射到上述嵌套阵中，信号入射方向集为$\boldsymbol{\theta}\overset{\text{def}}{=\!=}\{\theta_k,k=1,2,\cdots,K\}$，信号基带波形可分别表示为$s_k(t),t=1,2,\cdots,N$，其中$k=1,2,\cdots,K$。进一步，嵌套阵的接收数据矢量可表示为[89]

$$\boldsymbol{x}(t)=\sum_{k=1}^{K}\boldsymbol{a}(\theta_k)s_k(t)+\boldsymbol{n}(t)=\boldsymbol{A}\boldsymbol{s}(t)+\boldsymbol{n}(t) \tag{2-1}$$

式中[89]，

$$\boldsymbol{a}(\theta_k)=[1,\mathrm{e}^{\mathrm{j}2\pi r_2 d\sin\theta_k/\lambda},\cdots,\mathrm{e}^{\mathrm{j}2\pi r_M d\sin\theta_k/\lambda}]^{\mathrm{T}} \tag{2-2}$$

表示对应入射角 θ_k 的阵列导向矢量，$\boldsymbol{A}=[\boldsymbol{a}(\theta_1),\boldsymbol{a}(\theta_2),\cdots,\boldsymbol{a}(\theta_K)]$ 表示阵列流形矩阵，$\boldsymbol{s}(t)=[s_1(t),s_2(t),\cdots,s_K(t)]^{\mathrm{T}}$ 。不失一般性，假设信号幅度服从复高斯分布，即 $s_k(t)\sim CN(0,\sigma_k^2)$，且各信号之间相互独立。$\boldsymbol{n}(t)$ 表示功率为 σ_n^2 的高斯白噪声，且该噪声分量与各入射信号分量之间互不相关。

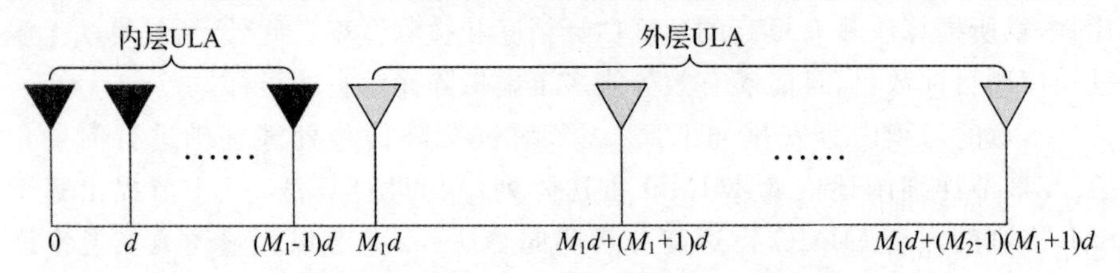

图 2.1　阵元数为 M 的嵌套阵物理结构图

基于如上假设，信号自相关矩阵$\boldsymbol{R}_s$为对角阵，即 $\boldsymbol{R}_s=\mathrm{E}[\boldsymbol{s}(t)\boldsymbol{s}^{\mathrm{H}}(t)]=\mathrm{diag}(\sigma_1^2,\sigma_2^2,\cdots,\sigma_K^2)$ 。进一步，嵌套阵接收数据 $\boldsymbol{x}(t)$ 所对应的协方差矩阵可通过下式计算得到，即

$$\boldsymbol{R}_x=\mathrm{E}[\boldsymbol{x}(t)\,\boldsymbol{x}^{\mathrm{H}}(t)]=\boldsymbol{A}\,\boldsymbol{R}_s\,\boldsymbol{A}^{\mathrm{H}}+\sigma_n^2\,\boldsymbol{I}_M=\sum_{k=1}^{K}\sigma_k^2\boldsymbol{a}(\theta_k)\,\boldsymbol{a}^{\mathrm{H}}(\theta_k)+\sigma_n^2\,\boldsymbol{I}_M \tag{2-3}$$

实际应用环境中，$\boldsymbol{R}_x$ 可由有限次(不失一般性，设采样快拍个数为 N)采样快拍数据估计得到，即

$$\hat{\boldsymbol{R}}_x=\frac{1}{N}\sum_{t=1}^{N}\boldsymbol{x}(t)\,\boldsymbol{x}^{\mathrm{H}}(t) \tag{2-4}$$

需要强调，现有绝大多数基于接收数据协方差矩阵信息进行 DOA 估计的算法能够成立的假设前提为信源数必须小于物理阵元数，即 $K<M$ 。在此限制条件下，矩阵乘积 $\boldsymbol{A}\boldsymbol{R}_s\boldsymbol{A}^{\mathrm{H}}\in\mathbf{C}^{M\times M}$ 通常是低秩的(秩为 K)，且各种现有子空间类算法可充分利用该低秩特性进行超分辨 DOA 估计。当 $K<M$ 时，矩阵 $\boldsymbol{A}$ 为“瘦”矩阵，我们可形象地称其所对应的信号模型为超定的。与之相反，本书所关注的情形为 $K>M$ ，在某些极端应用环境中，$K=O(M^2)$ 。在该假设前提下，矩阵 $\boldsymbol{A}$ 为“胖”矩阵，我们可形象地称其所对应的信号模型为欠定的。在欠定信号模型中，考虑以嵌套阵原始接收数据所对应的协方差矩阵 $\boldsymbol{R}_x$ 为基础，构建一个维数倍增的半正定矩阵(以模拟协方差矩阵的半正定性质)，该矩阵在 $K>M$ 情形下依然可保持信号分量的低秩特性。

2.2.2　嵌套阵 DOA 估计经典算法

需要注意，协方差矩阵 $\boldsymbol{R}_x$ 中各元素分别对应虚拟差合阵列中特定阵元的接收数据,下面对此论断进行详细阐释。以实际物理阵的第 m 个阵元与第 n 个阵元为例,这两阵元接收数据的相关统计量 $\mathrm{E}[\boldsymbol{x}_m(t)\boldsymbol{x}_n^*(t)]$ 对应 $\boldsymbol{R}_x$ 第 m 行第 n 列元素,该元素可等效视作虚拟阵中位置为 $(r_m - r_n)d$ 的阵元的接收数据。进一步,若考虑 m 和 n 的所有可能取值(其中 $1 \leqslant m \leqslant M$, $1 \leqslant n \leqslant M$),则我们可得到以下的物理阵元位置差分集:

$$\boldsymbol{C}_D = \{\boldsymbol{D}_i - \boldsymbol{D}_j, 1 \leqslant i, j \leqslant M\} \tag{2-5}$$

由式(2-5)所确定的阵列结构即为差合阵列。不难发现,对于嵌套阵而言,$\boldsymbol{C}_D$ 中包含 $M^2/2 + M - 1$ 个互不相同的元素。差合阵列的重要性在于,其具有远大于实际物理阵的自由度,该扩展自由度信息可被融合进传统 DOA 估计算法中,以增加可分辨信源数目。下面以 SS-MUSIC 算法为例,简要介绍嵌套阵 DOA 估计经典算法。

向量化协方差矩阵 $\boldsymbol{R}_x$,可得

$$\begin{aligned} \boldsymbol{y} = \mathrm{vec}(\boldsymbol{R}_x) = \mathrm{vec}\Big[\sum_{k=1}^{K} \sigma_k^2 \boldsymbol{a}(\theta_k)\boldsymbol{a}^{\mathrm{H}}(\theta_k)\Big] + \mathrm{vec}(\sigma_n^2 \boldsymbol{I}_M) = \\ (\boldsymbol{A}^* \odot \boldsymbol{A})\boldsymbol{p} + \sigma_n^2 \boldsymbol{I}_n \end{aligned} \tag{2-6}$$

式中,$(\boldsymbol{A}^* \odot \boldsymbol{A}) = [\boldsymbol{a}^*(\theta_1) \otimes \boldsymbol{a}(\theta_1), \boldsymbol{a}^*(\theta_2) \otimes \boldsymbol{a}(\theta_2), \cdots, \boldsymbol{a}^*(\theta_K) \otimes \boldsymbol{a}(\theta_K)]$,$\boldsymbol{p} = [\sigma_1^2, \sigma_2^2, \cdots, \sigma_K^2]^{\mathrm{T}}$,$\boldsymbol{I}_n = [\boldsymbol{e}_1^{\mathrm{T}}, \boldsymbol{e}_2^{\mathrm{T}}, \cdots, \boldsymbol{e}_M^{\mathrm{T}}]^{\mathrm{T}}$,$\boldsymbol{e}_i$ 为第 i 个元素为 1,其余元素为 0 的列向量。需要指出,式(2-6)中最后一个等式可根据 KR 积性质[167]推出。式(2-6)表明,虚拟阵自由度由 $\boldsymbol{a}^*(\theta) \otimes \boldsymbol{a}(\theta)$ 中互不相同的元素个数决定。考虑式(2-6)中的 KR 积 $\boldsymbol{A}^* \odot \boldsymbol{A}$,删去其中的冗余行,并对剩余行进行重排,使第 i 行代表位置为 $(-M^2/4 - M/2 + i)d$ 的虚拟阵元的阵列流形响应,则可得到一个维数为 $(M^2/2 + M - 1) \times K$ 的矩阵,不妨记其为 $\widetilde{\boldsymbol{A}}$。将上述去冗余及向量重排操作应用于 $\boldsymbol{y}$,可得新向量为

$$\boldsymbol{z} = \widetilde{\boldsymbol{A}}\boldsymbol{p} + \sigma_n^2 \bar{\boldsymbol{e}} \tag{2-7}$$

式中,$\bar{\boldsymbol{e}} \in \mathbf{R}^{(M^2/2+M-1)\times 1}$ 为中心元素为 1,其余元素为 0 的列向量。由式(2-7)可知,$\boldsymbol{z}$ 可被视作位置集合为 $[(-M^2/4 - M/2 + 1)d, (M^2/4 + M/2 - 1)d]$ 的 ULA 的单快拍接收数据,该信号模型对应的阵列流形矩阵为 $\widetilde{\boldsymbol{A}} = [\tilde{\boldsymbol{a}}(\theta_1), \tilde{\boldsymbol{a}}(\theta_2), \cdots, \tilde{\boldsymbol{a}}(\theta_K)] \in \mathbf{C}^{(M^2/2+M-1)\times K}$,信源向量为 $\boldsymbol{p}$。需注意,在该等效单快拍接收数据模型中,"噪声"向量 $\sigma_n^2 \bar{\boldsymbol{e}}$ 具有特殊结构(即只有中心元素非 0),此特殊结构可被用来消除式(2-7)中的噪声项,关于这点在 2.4 节中将有详细说明。同时需强调,$\boldsymbol{p}$ 中各非 0 元素值代表各入射信源功率,因而 $\boldsymbol{p}$ 为非负向量。

经过如上分析可知,嵌套阵的潜在自由度扩展特性可于式(2-7)所示的信

号模型中展现出来。然而式(2-7)所示的信号模型对应传统 DOA 估计中的单快拍情形,使得经典子空间类超分辨算法无法应用。为了解决此问题,Piya Pal 等人提出 SS-MUSIC 算法,该算法的核心在于以 $\boldsymbol{z}$ 为基础构建如下满秩协方差矩阵,即

$$\boldsymbol{R}_{zz}=\frac{1}{M^2/4+M/2}\sum_{i=1}^{M^2/4+M/2}\boldsymbol{z}_i\boldsymbol{z}_i^{\mathrm{H}}=\frac{1}{M^2/4+M/2}(\widetilde{\boldsymbol{A}}_1\boldsymbol{R}_s\widetilde{\boldsymbol{A}}_1^{\mathrm{H}}+\sigma_n^2\boldsymbol{I}_{M^2/4+M/2})^2 \tag{2-8}$$

式中,$\boldsymbol{z}_i$ 表示由 $\boldsymbol{z}$ 中第 $(M^2/4+M/2-i+1)$ 行到第 $[(M^2-2)/2+M-i+1]$ 行元素组成的列向量,$\widetilde{\boldsymbol{A}}_1$ 表示由 $\widetilde{\boldsymbol{A}}$ 中最后 $M^2/4+M/2$ 行元素组成的子矩阵。式(2-8)所示过程即为传统阵列信号处理领域中的空间平滑操作,由于满秩协方差矩阵 $\boldsymbol{R}_{zz}$ 具有比原始接收数据协方差矩阵 $\boldsymbol{R}_x$ 更高的自由度,因此可分离出更高维的信号子空间,从而使得基于 $\boldsymbol{R}_{zz}$ 的 MUSIC 算法可有效分辨出多于物理阵元数的目标,这也是 SS-MUSIC 算法得以用来进行欠定 DOA 估计的根本原因。

2.3 嵌套 MIMO 雷达阵列结构设计算法

本节详细介绍一种基于嵌套阵的 MIMO 雷达阵列结构优化算法。与具有相同收、发阵元数目的传统均匀 MIMO 雷达比较,采用本节阵列结构优化算法设计出的 MIMO 雷达可分辨多于虚拟阵元数的目标。

2.3.1 MIMO 雷达回波信号模型

假设单基集中式 MIMO 雷达的收发阵为平行线阵,发射、接收阵元数分别为 M 和 N,各发射阵元发射相互正交的脉冲信号,每个脉冲信号的码片长度为 L,载波波长为 λ。发射信号矩阵为 $\boldsymbol{S}=[\boldsymbol{s}_1,\boldsymbol{s}_2,\cdots,\boldsymbol{s}_M]^{\mathrm{T}}$,其中 $\boldsymbol{s}_m=[\boldsymbol{s}_m(1),\boldsymbol{s}_m(2),\cdots,\boldsymbol{s}_m(L)]^{\mathrm{T}}$,$(m=1,2,\cdots,M)$为第 m 个阵元的发射信号。假设 K 个远场静止目标位于同一距离单元,第 $k(k=1,2,\cdots,K)$个目标的波达方向和反射系数分别为 θ_k 和 η_k,则一个脉冲重复周期内,MIMO 雷达接收到的回波信号为

$$\boldsymbol{Y}=\sum_{k=1}^{K}\eta_k\boldsymbol{a}_r(\theta_k)\boldsymbol{a}_t^{\mathrm{T}}(\theta_k)\boldsymbol{S}+\boldsymbol{U} \tag{2-9}$$

式中,接收信号矩阵 $\boldsymbol{Y}=[\boldsymbol{Y}_1,\boldsymbol{Y}_2,\cdots,\boldsymbol{Y}_N]^{\mathrm{T}}$,$\boldsymbol{Y}_n(n=1,2,\cdots,N)$为第 n 个阵元的接收信号,$\boldsymbol{a}_t(\theta_k)$和 $\boldsymbol{a}_r(\theta_k)$分别为发射导向矢量和接收导向矢量,$\boldsymbol{U}=[\boldsymbol{u}_1,\boldsymbol{u}_2,$

$\cdots,\boldsymbol{u}_L]$为 $N\times L$ 维矩阵，包含噪声，干扰和杂波，其列向量是零均值独立同分布的复高斯向量，即 $\boldsymbol{u}_l\sim CN(\boldsymbol{O},\sigma_w^2\boldsymbol{I}_N)$，$(l=1,2,\cdots,L)$。

在接收端将每个接收阵元得到的回波信号与 M 个正交发射波形匹配，得到充分统计量为

$$\boldsymbol{z}=\mathrm{vec}((1/L)\boldsymbol{Y}\boldsymbol{S}^{\mathrm{H}})=\mathrm{vec}\left[(1/L)\left(\sum_{k=1}^{K}\eta_k\boldsymbol{a}_r(\theta_k)\boldsymbol{a}_t^{\mathrm{T}}(\theta_k)\boldsymbol{S}+\boldsymbol{U}\right)\boldsymbol{S}^{\mathrm{H}}\right] \tag{2-10}$$

由于 MIMO 雷达的发射信号相互正交，故式(2-10)可简化为

$$\boldsymbol{z}=\sum_{k=1}^{K}\eta_k(\boldsymbol{a}_t(\theta_k)\otimes\boldsymbol{a}_r(\theta_k))+\boldsymbol{v}=\sum_{k=1}^{K}\eta_k\boldsymbol{a}_{\mathrm{tr}}(\theta_k)+\boldsymbol{v}=\boldsymbol{A\eta}+\boldsymbol{v} \tag{2-11}$$

式中 $\boldsymbol{A}=[\boldsymbol{a}_{\mathrm{tr}}(\theta_1),\boldsymbol{a}_{\mathrm{tr}}(\theta_2),\cdots,\boldsymbol{a}_{\mathrm{tr}}(\theta_K)]$为 K 个目标的阵列流形矩阵，$\boldsymbol{\eta}=[\eta_1,\eta_2,\cdots,\eta_K]^{\mathrm{T}}$ 为 K 个目标的反射系数向量，$\boldsymbol{v}=\mathrm{vec}[(1/L)\boldsymbol{U}\boldsymbol{S}^{\mathrm{H}}]$。

当 MIMO 雷达发射 P 个脉冲进行脉冲积累时，我们令 $\boldsymbol{Z}=[\boldsymbol{z}(1),\boldsymbol{z}(2),\cdots,\boldsymbol{z}(P)]$，其中 $\boldsymbol{z}(p)(p=1,2,\cdots,P)$为第 p 组发射脉冲对应的充分统计量，由式(2-11)可得

$$\boldsymbol{z}(p)=\sum_{k=1}^{K}\eta_k(p)\boldsymbol{a}_{\mathrm{tr}}(\theta_k)+\boldsymbol{v}(p)=\boldsymbol{A\eta}(p)+\boldsymbol{v}(p) \tag{2-12}$$

式中，$\boldsymbol{\eta}(p)=[\eta_1(p),\eta_2(p),\cdots,\eta_K(p)]^{\mathrm{T}}$，$\eta_k(p)$ 为第 k 个目标在第 p 个脉冲重复周期内的反射系数。$\boldsymbol{v}(p)=\mathrm{vec}[(1/L)\boldsymbol{U}(p)\boldsymbol{S}^{\mathrm{H}}]$，$\boldsymbol{U}(p)$为第 p 个脉冲重复周期内的噪声矩阵。

由以上分析可得

$$\boldsymbol{Z}=\boldsymbol{AB}+\boldsymbol{V} \tag{2-13}$$

式中，$\boldsymbol{B}=[\boldsymbol{\eta}(1),\boldsymbol{\eta}(2),\cdots,\boldsymbol{\eta}(P)]$为 $K\times P$ 维目标反射系数矩阵，$\boldsymbol{V}=[\boldsymbol{v}(1),\boldsymbol{v}(2),\cdots,\boldsymbol{v}(P)]$为 $MN\times P$ 维噪声矩阵。

假设相互独立的探测目标为 Swerling Ⅱ型目标，即 $\eta_k(p)\sim CN(0,\sigma_k^2)$，$(k=1,2,\cdots,K)$。

2.3.2 基于嵌套阵的 MIMO 雷达阵列结构优化算法

由于 $\boldsymbol{V}$ 中各列相互独立且服从零均值复高斯分布，因此当发射脉冲数(相当于 DOA 估计中的快拍数)足够多时，回波信号的协方差矩阵为

$$\boldsymbol{R}_{\boldsymbol{ZZ}}=\mathrm{E}[\boldsymbol{Z}\boldsymbol{Z}^{\mathrm{H}}]=\boldsymbol{A}\boldsymbol{R}_{\boldsymbol{BB}}\boldsymbol{A}^{\mathrm{H}}+\sigma_v^2\boldsymbol{I}_{MN} \tag{2-14}$$

式中，$\boldsymbol{R}_{\boldsymbol{BB}}=\mathrm{diag}(\sigma_1^2,\sigma_2^2,\cdots,\sigma_K^2)$，$\sigma_k^2(k=1,2,\cdots,K)$为第 k 个目标反射系数的方差，$\sigma_v^2=\sigma_w^2/L^2$。

向量化协方差矩阵，得

$$\boldsymbol{y}=\operatorname{vec}(\boldsymbol{R}_{\boldsymbol{ZZ}})=\operatorname{vec}\left[\sum_{k=1}^{K}\sigma_k^2\boldsymbol{a}_{\mathrm{tr}}(\theta_k)\boldsymbol{a}_{\mathrm{tr}}^{\mathrm{H}}(\theta_k)\right]+\sigma_v^2\boldsymbol{I}_v=(\boldsymbol{A}^*\odot\boldsymbol{A})\boldsymbol{g}+\sigma_v^2\boldsymbol{I}_v \quad (2-15)$$

式中，$\boldsymbol{g}=[\sigma_1^2,\sigma_2^2,\cdots,\sigma_K^2]^{\mathrm{T}}$，$\boldsymbol{I}_v=[\boldsymbol{e}_1^{\mathrm{T}},\boldsymbol{e}_2^{\mathrm{T}},\cdots,\boldsymbol{e}_N^{\mathrm{T}}]^{\mathrm{T}}$，$\boldsymbol{e}_i(i=1,2,\cdots,N)$表示第$i$个元素为1，其余元素为0的列向量。比较式(2-13)与式(2-15)可知，$\boldsymbol{y}$相当于阵列流形矩阵为$\boldsymbol{A}^*\odot\boldsymbol{A}$的单快拍接收信号。与式(2-13)不同，式(2-15)中的噪声向量为一确知向量。与$\boldsymbol{A}$相比，$\boldsymbol{A}^*\odot\boldsymbol{A}$（目标扩展阵列流形矩阵）的维数增大，相当于虚拟出多个差分阵元位置，即

$$\{(x_{\mathrm{T},m1}+x_{\mathrm{R},n1})-(x_{\mathrm{T},m2}+x_{\mathrm{R},n2}),1\leqslant m1,m2\leqslant M,1\leqslant n1,n2\leqslant N\} \quad (2-16)$$

式中，$x_{\mathrm{T},m}(m=1,2,\cdots,M)$为发射阵元位置坐标，$x_{\mathrm{R},n}(n=1,2,\cdots,N)$为接收阵元位置坐标。由以上分析可知，预处理后阵列自由度增大，因此，应用式(2-15)可解决式(2-13)的欠定DOA估计问题。

以M发N收MIMO雷达系统为例，$d_{\mathrm{T}}=N\lambda/2$为发射阵元间距，$d_{\mathrm{R}}=\lambda/2$为接收阵元间距，$\mathrm{DOF}=MN$。若从其虚拟阵列中抽取出符合嵌套阵排列规则的阵元并应用文献[89]的算法处理这些阵元的接收数据，则只用一半阵元即可恢复全阵元的自由度。以两级嵌套阵为准则抽取虚拟阵元，N_1和N_2分别代表第1级和第2级抽取出的阵元数目。假设MN为偶数且$MN=N_1N_2+N_2$，根据文献[89]，$N_1=N_2=MN/4$，各采样虚拟阵元的位置为$\{0,\lambda/2,\cdots,(N_1-1)\lambda/2,N_1\lambda/2,(2N_1+1)\lambda/2,\cdots,(N_1N_2+N_2-1)\lambda/2\}$。

传统DOA估计算法和KR子空间方法均需首先求得阵列接收数据的协方差矩阵，其对应的运算复杂度分别为$O(P(MN)^2)$和$O(P(MN/2)^2)$，因此嵌套采样可有效减小接收数据规模，降低矩阵相乘的运算复杂度。

经过如上处理，我们将采样阵元输出信号的协方差矩阵变形为式(2-15)所示形式，去除$\boldsymbol{y}$中的冗余行得到$\tilde{\boldsymbol{y}}$。根据文献[89]，$\tilde{\boldsymbol{y}}$的行数为$2N_2(N_1+1)-1$。需要注意的是，由于$\boldsymbol{g}$中各元素代表目标反射系数的方差，因此式(2-15)相当于DOA估计中的相干源、单快拍情况。文献[89]采用空间平滑方法解相干，然而该方法需要计算多个子阵的协方差矩阵，实时性较差。本小节采用文献[168]中的方法解相干，即首先将$\tilde{\boldsymbol{y}}$以中心元素作为对称轴，划分成两个子向量，然后以$\tilde{\boldsymbol{y}}$的中心元素作为主对角线元素，以与中心元素相邻的两个子向量中的元素分别作为$+1$和-1对角线上的元素，依此类推，得到$(D+1)\times(D+1)$维的平滑矩阵$\boldsymbol{R}$。其中，D表示每个子向量中的元素个数。直接对$\boldsymbol{R}$进行奇异值分解即分离出噪声子空间，然后应用MUSIC算法便可估

计出 DOA。由以上分析可知,嵌套采样后自由度不变,为 MN 。

现在简单验证上述结论。MIMO 雷达收发阵型及虚拟阵列结构如图 2.2 所示(x 轴单位为半波长,点划线为按嵌套采样规则去除的冗余阵元),信噪比为 5 dB,快拍数为 300。嵌套采样后的 DOA 估计结果如图 2.3 所示(点划线对应目标真实 DOA)。

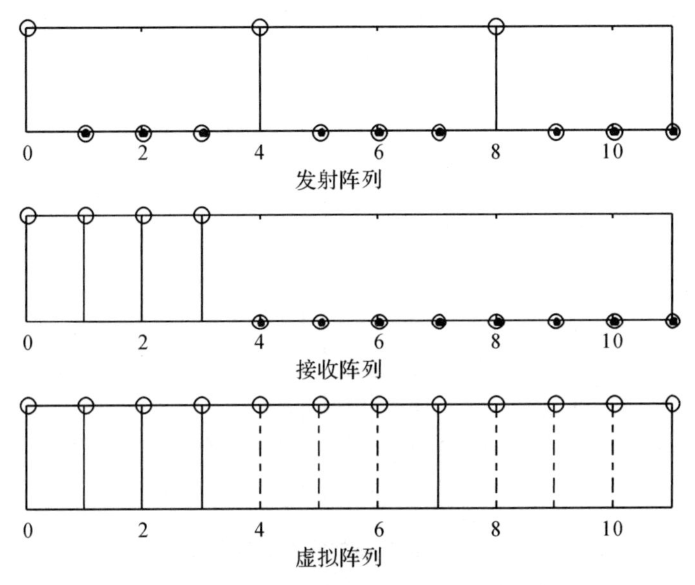

图 2.2 基于嵌套采样的 MIMO 雷达阵列结构

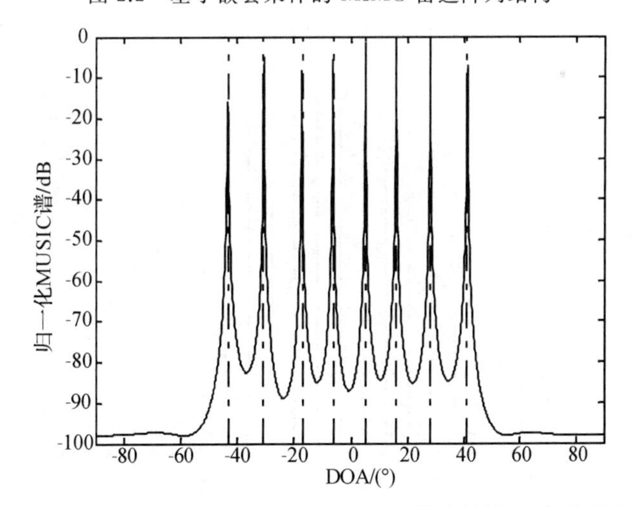

图 2.3 基于嵌套采样的 MIMO 雷达 DOA 估计结果(目标个数为 8)

由图 2.2 可知，嵌套采样从 12 个虚拟阵元中抽取一半阵元进行 DOA 估计。由图 2.3 可知，嵌套采样后系统自由度保持不变(最多可估计 11 个目标的 DOA)。因此，实际中可利用部分虚拟阵元实现全阵元时的 DOA 估计效果，从而降低数据处理量。进一步观察图 2.2 中的虚拟阵列结构可知，实线所示阵元符合嵌套阵(阵元数为 6)的空间排布规则。为了使读者加深对图 2.2 中点划线所示虚拟阵元“冗余性”的理解，分别给出六阵元嵌套阵和图 2.2 所示三发四收均匀 MIMO 雷达虚拟阵的差合阵列的示意图，如图 2.4 和图 2.5 所示。

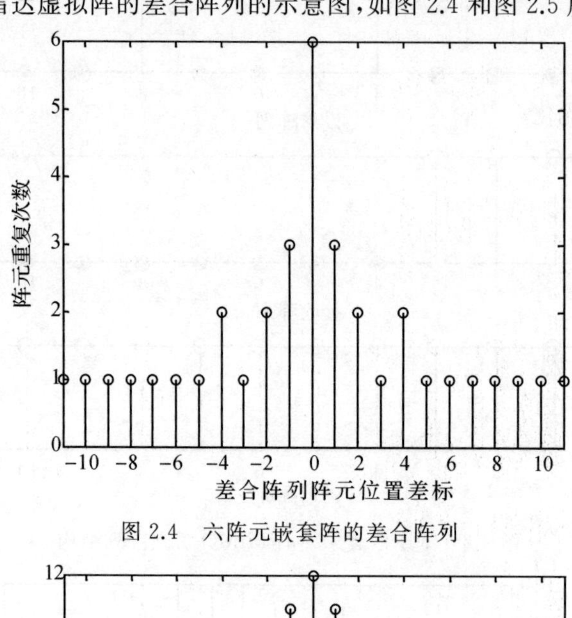

图 2.4　六阵元嵌套阵的差合阵列

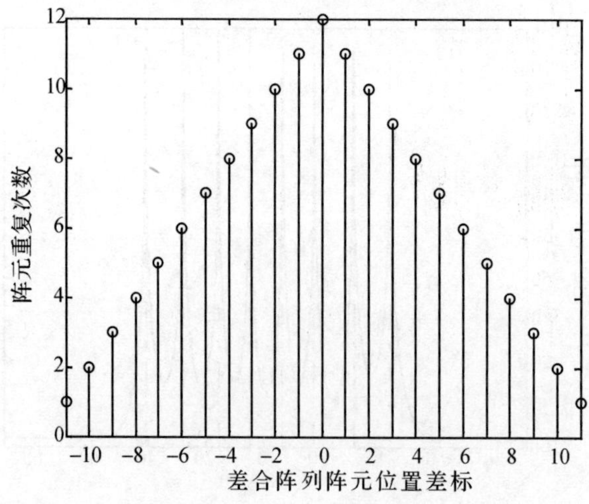

图 2.5　三发四收均匀 MIMO 雷达虚拟阵的差合阵列

对比图 2.4 和图 2.5 可知，图 2.2 中点划线所示的虚拟阵元对于提高差合阵列的自由度并无益处，它们仅仅增加了差合阵列中某些特定阵元的出现概率，因此称这些虚拟阵元为冗余阵元。

现在讨论基于嵌套阵的 MIMO 雷达阵列结构优化方法，以突破传统阵型对 MIMO 雷达自由度的限制。

以 M 发 N 收 MIMO 雷达为例，期望用此系统虚拟出阵元总数为 $Q(Q=MN)$ 的嵌套阵，即各虚拟阵元的位置与嵌套阵各阵元的位置一一对应，但是，该最优阵型配置通常是不存在的。如果将限制条件放宽(即 $MN>Q$)，则可得到存在部分冗余虚拟阵元的次优 MIMO 雷达阵型配置，即求解如式(2-17)所示优化问题：

$$\min_{\{x_{\mathrm{T},m}\},\{x_{\mathrm{R},n}\}} \quad M+N$$

$$\text{限制条件}\ |\{x_{\mathrm{T},m}\}|=M,\ |\{x_{\mathrm{R},n}\}|=N,\ \{x_{\mathrm{T},m}+x_{\mathrm{R},n}\}\supset\{x_{\mathrm{V},1},x_{\mathrm{V},2},\cdots,x_{\mathrm{V},Q}\} \tag{2-17}$$

式中，$|\{\cdot\}|$ 表示集合的势，$x_{\mathrm{V},i}(i=1,2,\cdots,Q)$ 为嵌套阵阵元坐标。

通过计算机搜索求解式(2-17)，可得到嵌套 MIMO 雷达的阵型配置。与同收发阵元数目的均匀 MIMO 雷达相比，嵌套 MIMO 雷达自由度更大，可以解决前者存在的欠定 DOA 估计问题。

现在简单验证上述结论。假设期望得到虚拟阵元数为 8 的嵌套 MIMO 雷达阵型，经计算机搜索可得到多组解，如图 2.6 所示为其中一组解(其中点划线所示为虚拟阵中的冗余阵元，对其冗余性的解释同图 2.2)。

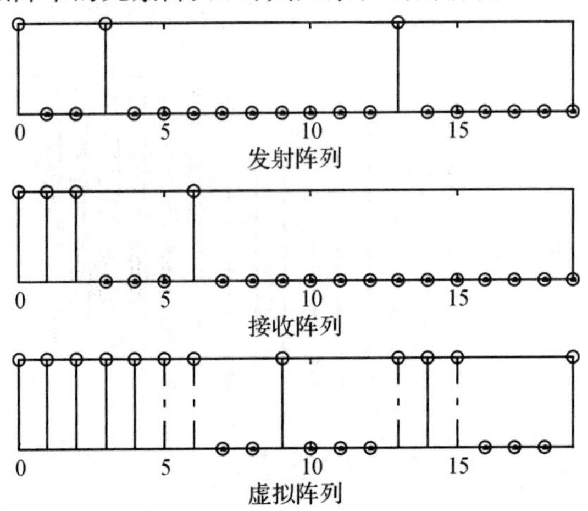

图 2.6 三发四收嵌套 MIMO 雷达阵列结构

由图 2.6 可知，嵌套 MIMO 雷达收发阵元数与图 2.2 相同。当信噪比为

5 dB,快拍数为 300 时,比较图 2.2、图 2.6 所示两种阵列结构的 DOA 估计结果,如图 2.7 所示。由于嵌套 MIMO 雷达扩展了等效虚拟孔径,因此谱峰更尖锐,空间分辨率更高。

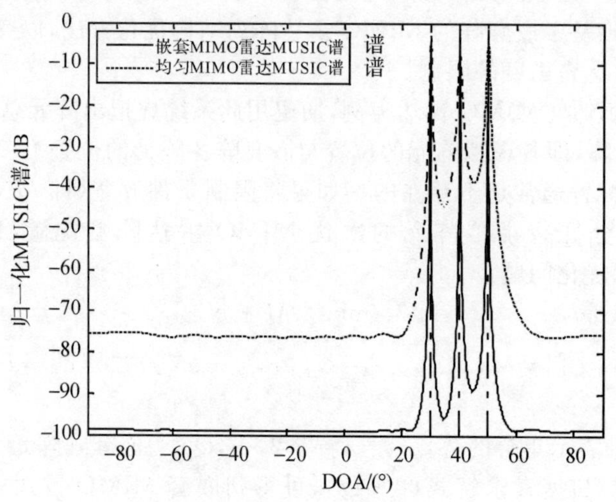

图 2.7 嵌套及均匀 MIMO 雷达 DOA 估计结果对比(目标个数为 3)

假设信噪比为 5 dB,快拍数为 300。如图 2.8 所示为采用图 2.6 阵形的 DOA 估计结果。由于采用图 2.2 阵形最多可估计 11 个目标的 DOA(原因在于对差合阵列之接收数据需做空间平滑预处理,因此会损失一半自由度),因此由图 2.8 可知,嵌套 MIMO 雷达可有效解决传统均匀 MIMO 雷达中存在的欠定 DOA 估计问题。

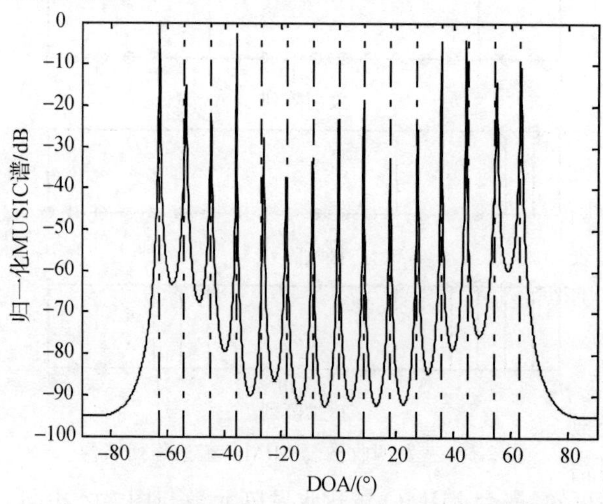

图 2.8 嵌套 MIMO 雷达 DOA 估计结果(目标个数为 15)

2.4 基于SBL准则的嵌套MIMO雷达高分辨测向算法

2.1节已指出，传统子空间类超分辨算法（如MUSIC算法、ESPRIT算法）在恶劣信号场景（如低SNR、小快拍）中存在性能损失，因此如何设计能较好适应非理想信号环境的嵌套MIMO雷达高分辨DOA估计算法成为本节的研究重点。鉴于稀疏重构技术在DOA估计中所取得的巨大成功，本节以2.3节所设计的嵌套MIMO雷达阵列结构为基础，提出一种基于SBL准则的嵌套MIMO雷达高分辨DOA估计算法。首先简要介绍了稀疏DOA估计问题中所涉及的空域离散超完备模型的表示形式，需要指出，在该超完备模型中同时考虑进格点失配效应。然后以此模型为依据，详细讨论了如何利用SBL准则迭代估计匹配格点（即与目标真实DOA最邻近的格点）位置和格点失配误差。最后，对算法主要步骤进行总结，并对算法实现过程中需注意的问题进行补充说明。

2.4.1 存在格点误差时相关域稀疏模型的构建

由2.2节和2.3节的分析可知，若将嵌套MIMO雷达的匹配滤波输出视为一个被动阵列的接收数据，则基于嵌套MIMO雷达“虚拟阵级”的信号处理具有和传统嵌套阵信号处理完全一致的流程，二者所对应的DOA估计算法可相互借鉴。下面为叙述简便起见，以嵌套阵列为例，建立基于SBL准则的稀疏DOA估计框架。需注意，所提稀疏DOA估计算法完全适用于嵌套MIMO雷达信号模型。

采用与2.2节相同的符号表示，并以式(2-7)为例，建立稀疏DOA估计算法中空域离散超完备模型的表示形式。这里需强调，嵌套MIMO雷达匹配滤波输出（即虚拟阵接收数据）协方差矩阵的向量化表示形式（需经过去冗余和重排操作）具有和式(2-7)完全一致的表达式，只是在此应用环境下$\boldsymbol{p}$中各非0元素代表目标反射系数值。

式(2-7)所对应的DOA估计问题可采用稀疏重构技术求解。再次指出，考虑采用稀疏DOA估计算法的原因在于当采样协方差矩阵与真实协方差矩阵之间严重失配时（一般在低SNR和小快拍数情形下出现），2.2节所描述的嵌套阵经典SS-MUSIC DOA估计算法存在严重的性能下降现象。基于对阵列入射信号DOA在空域稀疏分布这一本质属性的深刻理解，将对应所有信号可能入射方向的DOA集合进行离散化，得到空域离散角度集$\boldsymbol{\Theta}=$

$[\tilde{\theta}_1,\tilde{\theta}_2,\cdots,\tilde{\theta}_I]$(该空域离散化过程如图 2.9 所示)。由上述空域离散角度集 $\boldsymbol{\Theta}$ 所对应的阵列流形字典可表示为 $\bar{\boldsymbol{A}}=[\tilde{\boldsymbol{a}}(\theta_1),\tilde{\boldsymbol{a}}(\theta_2),\cdots,\tilde{\boldsymbol{a}}(\theta_I)]$,其中 I 表示空域离散采样格点数,且满足 $I\gg(M^2/2+M-1)>K$。基于如上假设,式(2-7)所对应的超完备模型可表示为

$$\boldsymbol{z}=\bar{\boldsymbol{A}}\bar{\boldsymbol{p}}+\sigma_n^2\bar{\boldsymbol{e}} \tag{2-18}$$

式中,$\bar{\boldsymbol{p}}$ 为 $\boldsymbol{p}$ 的补零扩展形式,即 $\bar{\boldsymbol{p}}$ 中只有对应真实入射 DOA 集的格点位置上存在非 0 元素。由此可知,信号入射方向可根据 $\bar{\boldsymbol{p}}$ 中非 0 元素的位置确定。一般来说,离散角度集 $\boldsymbol{\Theta}$ 的设置需考虑超分辨需求,为简化表述,$\boldsymbol{\Theta}$ 通常由对空域进行均匀离散采样得到,且采样间隔需兼顾超分辨和减小离散误差的需求。

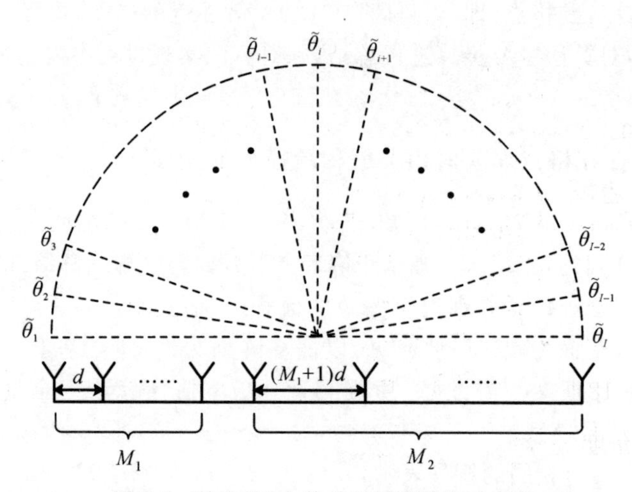

图 2.9 稀疏 DOA 估计空域离散化示意图

实际应用中,由于目标方位的未知性和随机性,无论空域离散角度集 $\boldsymbol{\Theta}$ 划分得如何精细,总不能保证将所有目标真实 DOA 包含进去。因此,格点失配已成为制约稀疏 DOA 估计算法性能的关键因素。当格点误差存在时,式(2-18)所示的空域离散超完备模型已不再有效,为了更精确地描述真实信号模型,下面将详细描述如何把格点失配因子融合到阵列流形字典中,以提高空域离散模型的拟合精度。

需指出,以上所述稀疏模型均是基于接收数据协方差矩阵信息精确已知这一假设前提得到的,然而实际信号环境中,真实协方差矩阵仅可通过对有限次采样快拍数据进行时间平均得到(需注意,各采样快拍矢量保持相同的稀疏

结构)，因此式(2-18)从严格意义上讲并不成立。现推导考虑格点失配效应和协方差矩阵采样误差的空域离散化模型，并以此模型为基础，在后续2.4.2小节构建基于接收数据相关域信息(即二阶统计量)的高效稀疏重构算法。

不失一般性，假设 $\boldsymbol{\Theta}$ 中的最小采样格点间距为 r，并设信号真实DOA $\theta_k \notin \{\tilde{\theta}_1,\tilde{\theta}_2,\cdots,\tilde{\theta}_I\}$（其中 $k\in\{1,2,\cdots,K\}$），$\tilde{\theta}_{I_k}$（其中 $I_k\in\{1,2,\cdots,I\}$）为距 θ_k 最近的格点。我们利用二阶泰勒展开技术近似表示信号的真实导向矢量 $\tilde{\boldsymbol{a}}(\theta_k)$，即 $\tilde{\boldsymbol{a}}(\theta_k)\approx\tilde{\boldsymbol{a}}(\tilde{\theta}_{I_k})+\boldsymbol{b}(\tilde{\theta}_{I_k})(\theta_k-\tilde{\theta}_{I_k})+\boldsymbol{c}(\tilde{\theta}_{I_k})(\theta_k-\tilde{\theta}_{I_k})^2$，其中 $\boldsymbol{b}(\tilde{\theta}_{I_k})=\tilde{\boldsymbol{a}}'(\tilde{\theta}_{I_k})$，$\boldsymbol{c}(\tilde{\theta}_{I_k})=\tilde{\boldsymbol{a}}''(\tilde{\theta}_{I_k})/2$。定义 $\boldsymbol{B}=[\boldsymbol{b}(\tilde{\theta}_1),\boldsymbol{b}(\tilde{\theta}_2),\cdots,\boldsymbol{b}(\tilde{\theta}_I)]$，$\boldsymbol{C}=[\boldsymbol{c}(\tilde{\theta}_1),\boldsymbol{c}(\tilde{\theta}_2),\cdots,\boldsymbol{c}(\tilde{\theta}_I)]$，$\boldsymbol{\beta}=[\beta_1,\beta_2,\cdots,\beta_I]^{\mathrm{T}}\in[-r/2,r/2]^I$，$\boldsymbol{\Phi}(\boldsymbol{\beta})=\bar{\boldsymbol{A}}+\boldsymbol{B}\mathrm{diag}(\boldsymbol{\beta})+\boldsymbol{C}\mathrm{diag}(\boldsymbol{\beta}^{2}.)$，其中 $\boldsymbol{\beta}^{2}.=\boldsymbol{\beta}\oplus\boldsymbol{\beta}$（与MATLAB编程语言中的定义相同），且对任意 $i=1,2,\cdots,I$，有

$$\left.\begin{array}{ll}\beta_i=\theta_k-\tilde{\theta}_{I_k},\bar{\boldsymbol{p}}_i=\boldsymbol{p}_{I_k}, & \text{若 } i=I_k \text{ 对于任意 } k\in\{1,2,\cdots,K\}\\ \beta_i=0,\bar{\boldsymbol{p}}_i=\boldsymbol{0}, & \text{其他情况}\end{array}\right\} \tag{2-19}$$

此外，如前所述，若以采样协方差矩阵 $\hat{\boldsymbol{R}}_x$ 代替理想协方差矩阵 $\boldsymbol{R}_x$，则式(2-18)所示的等式关系不再成立。为了应对此非理想环境下稀疏重构技术所面临的挑战，以 N 次采样快拍数据估计式(2-6)所示的未知协方差向量 $\boldsymbol{y}$，即 $\hat{\boldsymbol{y}}=\mathrm{vec}(\hat{\boldsymbol{R}}_x)=\boldsymbol{y}+\boldsymbol{\varepsilon}$，其中 $\boldsymbol{\varepsilon}=\mathrm{vec}(\hat{\boldsymbol{R}}_x-\boldsymbol{R}_x)$ 表示向量化的协方差矩阵估计误差。与式(2-18)所示操作类似，提取出 $\hat{\boldsymbol{y}}$ 中所有非冗余元素，并利用原始字典 $\bar{\boldsymbol{A}}$ 在离散角度集 $\boldsymbol{\Theta}$ 的二阶泰勒展开形式近似表示理想阵列流形字典，最终得到采样协方差向量为

$$\hat{\boldsymbol{z}}=\boldsymbol{\Phi}(\boldsymbol{\beta})\bar{\boldsymbol{p}}+\sigma_n^2\bar{\boldsymbol{e}}+\bar{\boldsymbol{\varepsilon}} \tag{2-20}$$

式(2-20)即为本节后续内容所采用的格点失配模型，此模型同时包含了由有限次采样快拍所引致的协方差矩阵误差，因而更贴合实际应用环境。另外需强调一点，即若无格点误差存在(此时 $\boldsymbol{\beta}=\boldsymbol{O}$)，式(2-20)中的阵列流形字典与理想字典匹配($\boldsymbol{\Phi}(\boldsymbol{O})=\bar{\boldsymbol{A}}$)。

2.4.2 基于SBL准则的参数稀疏重构算法

现在以式(2-20)所构建的包含格点失配误差和非精确相关域信息的信号模型为基础，详细阐述基于SBL准则的稀疏DOA估计算法的设计过程。

所提算法采用迭代方式联合估计信号稀疏支撑集和未知格点失配因子。如前文所提，利用 SBL 准则估计得到的噪声方差通常会严重偏离其真实值，然而 SBL 类算法的估计性能对噪声功率的估计误差十分敏感，当该误差值较大时，往往会导致基于 SBL 准则的稀疏重构算法无法得到正确估计结果，因而下面将藉由一个精心设计的线性变换操作来剔除 $\hat{z}$ 中所含的未知噪声分量，以此提高算法的角度估计精度。进一步地，基于协方差向量估计误差 $\bar{\boldsymbol{\varepsilon}}$ 的统计特性，上述线性变换操作同时可实现正则化功能，以便简化后续超参数学习过程。经过如上数据预处理后，可采用一个交替迭代优化过程来更新信号稀疏支撑集和离散格点误差。

文献[169]揭示了向量化的协方差矩阵所满足的渐近高斯统计特性，有

$$\boldsymbol{\varepsilon}=\mathrm{vec}(\hat{\boldsymbol{R}}_x-\boldsymbol{R}_x)\sim CN(\boldsymbol{O},\boldsymbol{R}_x^{\mathrm{T}}\otimes\boldsymbol{R}_x/N) \tag{2-21}$$

然而，通过对 $\boldsymbol{\varepsilon}$ 和 $\bar{\boldsymbol{\varepsilon}}$ 的结构进行比较可知，二者所对应的二阶统计量并不相同。对于式(2-20)而言，其所包含的协方差向量估计误差(即 $\bar{\boldsymbol{\varepsilon}}$)的二阶统计量信息(即其所满足的概率分布方差)不仅依赖于 $\boldsymbol{R}_x$ 中的各具体元素值，同时也与为得到式(2-20)表示形式而采用的去冗余、重排操作密切相关，因而 $\bar{\boldsymbol{\varepsilon}}$ 的统计方差通常难以计算。基于对 $\hat{z}$ 构建过程(具体来说，抽取出 $\hat{\boldsymbol{y}}$ 中对应于集合 $\boldsymbol{C}_D$ 内各非重复阵元坐标的元素，即可组成 $\hat{z}$)的深刻理解，下面将揭示 $\boldsymbol{\varepsilon}$ 与 $\bar{\boldsymbol{\varepsilon}}$ 之间存在的变换关系。

从本质上来说，嵌套阵可视作一类缺失某些特定阵元的 ULA，也即是说，嵌套阵的阵元位置集合(即 2.2 节所定义的 $\boldsymbol{r}$)构成一个 ULA 阵元位置集合的子集，该特定关系可用数学符号表述为 $\boldsymbol{r}\subset\{0,1,\cdots,M_2(M_1+1)-1\}$。不失一般性，假设 $\boldsymbol{r}$ 内各元素按升序排列，且 $r_1=0$，$r_M=M_2(M_1+1)-1$，物理阵元总个数为 M。据此可知，第 k 个信源对上述阵元数为 $M_2M_1+M_2$ 的 ULA 的响应导向矢量 $\boldsymbol{d}(\theta_k)$ 可表示为

$$\boldsymbol{d}(\theta_k)=[1,\mathrm{e}^{\mathrm{j}2\pi d\sin\theta_k/\lambda},\cdots,\mathrm{e}^{\mathrm{j}2\pi(M_2M_1+M_2-1)d\sin\theta_k/\lambda}] \tag{2-22}$$

定义选择矩阵 $\boldsymbol{\Psi}_r\in\{0,1\}^{M\times[M_2(M_1+1)]}$，其任一行向量(为表述方便起见，不妨设为第 i 个行向量)中，除第 (r_i+1) 个元素为 1 外，其余元素均为 0。则有

$$\boldsymbol{a}(\theta_k)=\boldsymbol{\Psi}_r\boldsymbol{d}(\theta_k) \tag{2-23}$$

同时有

$$\begin{aligned}\boldsymbol{a}^*(\theta_k)\otimes\boldsymbol{a}(\theta_k)&=[\boldsymbol{\Psi}_r\boldsymbol{d}(\theta_k)]^*\otimes[\boldsymbol{\Psi}_r\boldsymbol{d}(\theta_k)]=[\boldsymbol{\Psi}_r\boldsymbol{d}^*(\theta_k)]\otimes[\boldsymbol{\Psi}_r\boldsymbol{d}(\theta_k)]=\\&(\boldsymbol{\Psi}_r\otimes\boldsymbol{\Psi}_r)[\boldsymbol{d}^*(\theta_k)\otimes\boldsymbol{d}(\theta_k)]\end{aligned} \tag{2-24}$$

其中式(2－24)中最后一个等式关系可由 Kronecker 积的性质[170]得到。同时注意到，对于 $\boldsymbol{d}(\theta_k)$ 来说，有

$$\begin{aligned}\boldsymbol{d}^*(\theta_k)\otimes\boldsymbol{d}(\theta_k)=&[\boldsymbol{d}(\theta_k),\mathrm{e}^{-\mathrm{j}2\pi d\sin\theta_k/\lambda}\boldsymbol{d}(\theta_k),\cdots,\mathrm{e}^{-\mathrm{j}2\pi(M_2M_1+M_2-1)d\sin\theta_k/\lambda}\boldsymbol{d}(\theta_k)]^{\mathrm{T}}=\\&[1,\mathrm{e}^{\mathrm{j}2\pi d\sin\theta_k/\lambda},\cdots,\mathrm{e}^{\mathrm{j}2\pi(M_2M_1+M_2-1)d\sin\theta_k/\lambda},|\\&\mathrm{e}^{-\mathrm{j}2\pi d\sin\theta_k/\lambda},1,\cdots,\mathrm{e}^{\mathrm{j}2\pi(M_2M_1+M_2-2)d\sin\theta_k/\lambda},|\\&\cdots\cdots|,\mathrm{e}^{-\mathrm{j}2\pi(M_2M_1+M_2-1)d\sin\theta_k/\lambda},\mathrm{e}^{-\mathrm{j}2\pi(M_2M_1+M_2-2)d\sin\theta_k/\lambda},\cdots,1]^{\mathrm{T}}\end{aligned}\tag{2-25}$$

式(2－25)意味着 $\boldsymbol{d}^*(\theta_k)\otimes\boldsymbol{d}(\theta_k)$ 也可表示为

$$\boldsymbol{d}^*(\theta_k)\otimes\boldsymbol{d}(\theta_k)=\boldsymbol{G}\tilde{\boldsymbol{a}}(\theta_k)\tag{2-26}$$

式中，

$$\boldsymbol{G}=\left[\begin{array}{ccccccc}0&\cdots&0&1&0&\cdots&0\\0&\cdots&0&0&1&\cdots&0\\\vdots&&\vdots&\vdots&\vdots&&\vdots\\0&\cdots&0&0&0&\cdots&1\\\hline 0&\cdots&1&0&0&\cdots&0\\0&\cdots&0&1&0&\cdots&0\\\vdots&&\vdots&\vdots&&\vdots&\vdots\\0&\cdots&0&0&\cdots&1&0\\\hline\vdots&\vdots&\vdots&\vdots&\vdots&\vdots&\vdots\\\hline 1&0&\cdots&0&0&\cdots&0\\0&1&\cdots&0&0&\cdots&0\\\vdots&\vdots&&\vdots&\vdots&&\vdots\\0&0&\cdots&1&0&\cdots&0\end{array}\right]\in\mathbf{R}^{[M_2(M_1+1)]^2\times[2M_2(M_1+1)-1]}\tag{2-27}$$

利用上述关系，可将 $\boldsymbol{A}^*\odot\boldsymbol{A}$ 重新表示为

$$\boldsymbol{A}^*\odot\boldsymbol{A}=(\boldsymbol{\Psi}_r\otimes\boldsymbol{\Psi}_r)\boldsymbol{G}\tilde{\boldsymbol{A}}\tag{2-28}$$

式中，$\tilde{\boldsymbol{A}}=[\tilde{\boldsymbol{a}}(\theta_1),\tilde{\boldsymbol{a}}(\theta_2),\cdots,\tilde{\boldsymbol{a}}(\theta_K)]\in\mathbf{C}^{(2M_2M_1+2M_2-1)\times K}$ 代表一个降维虚拟阵列流形字典。实际上，很容易观察到，$\boldsymbol{A}^*\odot\boldsymbol{A}$ 和 $\boldsymbol{\varepsilon}$ 中的冗余行可按相同方式消掉，因此，以上针对矩阵 $\boldsymbol{A}^*\odot\boldsymbol{A}$ 的降维变换操作 $[(\boldsymbol{\Psi}_r\otimes\boldsymbol{\Psi}_r)\boldsymbol{G}]^{-1}$ 同样可应用于向量 $\boldsymbol{\varepsilon}$ 中，即

$$\boldsymbol{\varepsilon}=(\boldsymbol{\Psi}_r\otimes\boldsymbol{\Psi}_r)\boldsymbol{G}\bar{\boldsymbol{\varepsilon}}\tag{2-29}$$

如前所述，一般地，噪声方差很难得到精确估计。尤其在欠定 DOA 估计情境中，由于接收数据协方差矩阵不再具有足够自由度以分离出信号子空间和噪声子空间，因此噪声方差无法直接估计出来。下面，推导一种简便、高效

和可靠的噪声成分消除方法。首先应注意到，式(2-20)中的噪声分量 $\sigma_n^2\bar{\boldsymbol{e}}$ 具有特殊结构，即 $\sigma_n^2\bar{\boldsymbol{e}}$ 中仅有中心元素非0，且该非0元素值为 σ_n^2。基于此观察结果，可通过仅剔除 $\hat{z}$ 的中心元素，而保留其余 $M^2/2+M-2$ 个元素这一间接手段达到消除噪声成分的目的。为了表述严密起见，该操作所对应的数学模型可表示为线性变换，有

$$\bar{z}=\boldsymbol{J}\hat{z}=\boldsymbol{J\Phi}(\boldsymbol{\beta})\bar{p}+\boldsymbol{J}\bar{\boldsymbol{\varepsilon}} \tag{2-30}$$

式中，$\boldsymbol{J}$ 表示 $[2M_2(M_1+1)-2]\times[2M_2(M_1+1)-1]$ 维的选择矩阵，且其具体结构可表示为

$$\boldsymbol{J}=\begin{bmatrix}\boldsymbol{I}_{[M_2(M_1+1)-1]} & \boldsymbol{O}_{[M_2(M_1+1)-1]\times[M_2(M_1+1)]}\\ \boldsymbol{O}_{[M_2(M_1+1)-1]\times[M_2(M_1+1)]} & \boldsymbol{I}_{[M_2(M_1+1)-1]}\end{bmatrix} \tag{2-31}$$

利用上述线性变换可避免估计噪声方差，因此可促进无噪稀疏表示模型的构建。同时需强调，经线性变换后，式(2-30)中包含的协方差向量估计误差(即 $\boldsymbol{J}\bar{\boldsymbol{\varepsilon}}$)已具有和式(2-20)中所含协方差向量估计误差(即 $\bar{\boldsymbol{\varepsilon}}$)不同的表示形式和统计特性。具体地，通过回顾式(2-21)所示 $\boldsymbol{\varepsilon}$ 的概率分布，并联立式(2-29)和式(2-30)，可得 $\boldsymbol{J}\bar{\boldsymbol{\varepsilon}}$ 的概率分布特性为

$$\boldsymbol{J}\bar{\boldsymbol{\varepsilon}}\sim CN\left(\boldsymbol{O},\boldsymbol{JF}^{-1}(\boldsymbol{R}_x^{\mathrm{T}}\otimes\boldsymbol{R}_x)(\boldsymbol{JF}^{-1})^{\mathrm{T}}/N\right) \tag{2-32}$$

这里，为符号表达简单起见，我们利用符号 $\boldsymbol{F}$ 表示矩阵乘积 $(\boldsymbol{\Psi}_r\otimes\boldsymbol{\Psi}_r)\boldsymbol{G}\in\mathbf{R}^{M^2\times[2M_2(M_1+1)-1]}$。联立式(2-30)和式(2-32)，可推断出：

$$\boldsymbol{W}^{-1/2}\left[\bar{z}-\boldsymbol{J\Phi}(\boldsymbol{\beta})\bar{p}\right]\sim CN\left(\boldsymbol{O},\boldsymbol{I}_{[2M_2(M_1+1)-2]}\right) \tag{2-33}$$

式中，权矩阵 $\boldsymbol{W}^{-1/2}$ 为 $\boldsymbol{W}^{-1}$ 的厄米特平方根，$\boldsymbol{W}=\boldsymbol{JF}^{-1}(\boldsymbol{R}_x^{\mathrm{T}}\otimes\boldsymbol{R}_x)(\boldsymbol{JF}^{-1})^{\mathrm{T}}/N$。式(2-33)所示的正则化变换可使加权协方差向量，即 $\boldsymbol{W}^{-1/2}\bar{z}$ 的估计误差服从渐近标准正态分布。经过以上分析，可得到新的用于估计 DOA 的无噪数据模型为

$$\tilde{z}=\boldsymbol{W}^{-1/2}\bar{z}=\tilde{\boldsymbol{\Phi}}(\boldsymbol{\beta})\bar{p}+\tilde{\boldsymbol{\varepsilon}} \tag{2-34}$$

式中，$\tilde{\boldsymbol{\Phi}}(\boldsymbol{\beta})=\boldsymbol{W}^{-1/2}\boldsymbol{J\Phi}(\boldsymbol{\beta})\in\mathbf{C}^{[2M_2(M_1+1)-2]\times I}$ 为新阵列流形字典，$\tilde{\boldsymbol{\varepsilon}}=\boldsymbol{W}^{-1/2}\boldsymbol{J}\bar{\boldsymbol{\varepsilon}}\in\mathbf{C}^{[2M_2(M_1+1)-2]\times 1}$。需注意，实际应用场景中，协方差矩阵 $\boldsymbol{R}_x$ 仅可由有限采样快拍数据作时间平均得到，因此 $\boldsymbol{W}^{-1/2}$ 通常由下式估计得到，即

$$\boldsymbol{W}^{-1/2}=\left[\boldsymbol{JF}^{-1}(\hat{\boldsymbol{R}}_x^{\mathrm{T}}\otimes\hat{\boldsymbol{R}}_x)(\boldsymbol{JF}^{-1})^{\mathrm{T}}/N\right]^{-1/2} \tag{2-35}$$

得到式(2-34)所示的协方差向量的超完备表示模型后，后续任务为利用 SBL 准则提取出 $\tilde{\boldsymbol{\Phi}}(\boldsymbol{\beta})$ 中真实信号所对应的稀疏支撑集，以得到针对 $\tilde{z}$ 的最佳拟合效果。接下来所设计的联合重构格点失配因子和稀疏支撑集的算法采

用迭代优化方式。为达到如上目的，假设 $\bar{\boldsymbol{p}}$ 中各个行向量服从复高斯分布，同时引入一个超参数向量 $\boldsymbol{\gamma}=[\gamma_1,\gamma_2,\cdots,\gamma_I]^{\mathrm{T}}$ 来表示各行向量对应的概率统计方差，即 $\bar{\boldsymbol{p}}\sim CN(\boldsymbol{O},\boldsymbol{\Gamma})$ 且 $\boldsymbol{\Gamma}=\mathrm{diag}(\boldsymbol{\gamma})$。然后 $\tilde{z}$ 关于 $\boldsymbol{\gamma}$ 的概率分布函数可表示为如下形式，有

$$
\begin{gathered}
p(\tilde{z}\mid\boldsymbol{\gamma})=\int p(\tilde{z}\mid\bar{\boldsymbol{p}})p(\bar{\boldsymbol{p}}\mid\boldsymbol{\gamma})\mathrm{d}\bar{\boldsymbol{p}}= \\
|\pi\boldsymbol{\Sigma}_{\tilde{z}}|^{-1}\exp\{-\tilde{z}^{\mathrm{H}}\boldsymbol{\Sigma}_{\tilde{z}}^{-1}\tilde{z}\}\int|\pi\boldsymbol{\Sigma}_{\bar{p}}|^{-1}\exp\{-[(\bar{\boldsymbol{p}}-\boldsymbol{\mu})^{\mathrm{H}}\boldsymbol{\Sigma}_{\bar{p}}^{-1}(\bar{\boldsymbol{p}}-\boldsymbol{\mu})]\}\mathrm{d}\bar{\boldsymbol{p}}= \\
|\pi\boldsymbol{\Sigma}_{\tilde{z}}|^{-1}\exp\{-\tilde{z}^{\mathrm{H}}\boldsymbol{\Sigma}_{\tilde{z}}^{-1}\tilde{z}\}
\end{gathered}
\tag{2-36}
$$

式中，

$$\boldsymbol{\mu}=\boldsymbol{\Gamma}\tilde{\boldsymbol{\Phi}}^{\mathrm{H}}(\boldsymbol{\beta})[\boldsymbol{I}_{[2M_2(M_1+1)-2]}+\tilde{\boldsymbol{\Phi}}(\boldsymbol{\beta})\boldsymbol{\Gamma}\tilde{\boldsymbol{\Phi}}^{\mathrm{H}}(\boldsymbol{\beta})]^{-1}\tilde{z} \tag{2-37}$$

$$\boldsymbol{\Sigma}_{\bar{p}}=\boldsymbol{\Gamma}-\boldsymbol{\Gamma}\tilde{\boldsymbol{\Phi}}^{\mathrm{H}}(\boldsymbol{\beta})[\boldsymbol{I}_{[2M_2(M_1+1)-2]}+\tilde{\boldsymbol{\Phi}}(\boldsymbol{\beta})\boldsymbol{\Gamma}\tilde{\boldsymbol{\Phi}}^{\mathrm{H}}(\boldsymbol{\beta})]^{-1}\tilde{\boldsymbol{\Phi}}(\boldsymbol{\beta})\boldsymbol{\Gamma} \tag{2-38}$$

$$\boldsymbol{\Sigma}_{\tilde{z}}=\boldsymbol{I}_{[2M_2(M_1+1)-2]}+\tilde{\boldsymbol{\Phi}}(\boldsymbol{\beta})\boldsymbol{\Gamma}\tilde{\boldsymbol{\Phi}}^{\mathrm{H}}(\boldsymbol{\beta}) \tag{2-39}$$

式(2-36)所对应的估计问题为Ⅱ类最大似然问题[171]，其深刻反映了 $\tilde{z}$ 与 $\boldsymbol{\gamma}$ 之间的内在联系。$\boldsymbol{\gamma}$ 的最优值可通过最大化概率函数 $p(\tilde{z}\mid\boldsymbol{\gamma})$ 得到，且此最大化问题一般采用期望-最大化(Expectation - Maximization，EM)算法[172]求解。然后，$\bar{\boldsymbol{p}}$ 的一阶后验期望可通过式(2-37)求得，且 $\boldsymbol{\mu}$ 中非0元素所在位置即代表信号入射方向。同时需强调，式(2-34)中 $\bar{\boldsymbol{p}}$ 反映了入射信号的空间功率谱分布形式，因而 $\bar{\boldsymbol{p}}$ 内各元素之间是完全相干的，这一事实表明，$\bar{\boldsymbol{p}}$ 的真实概率分布应是非高斯的，然而，由于此非高斯概率模型假设通常会严重降低贝叶斯参数估计算法的收敛速度，极端情形下，会导致算法无法收敛至全局最优解，因而在下面的算法设计过程中，依循SBL类算法的经典框架，假设 $\bar{\boldsymbol{p}}$ 服从高斯分布。

取式(2-36)之对数并省略常数项，可得到旨在优化 $\boldsymbol{\gamma}$ 的目标函数，有

$$\mathscr{L}(\boldsymbol{\gamma})=\ln|\boldsymbol{\Sigma}_{\tilde{z}}|+\tilde{z}^{\mathrm{H}}\boldsymbol{\Sigma}_{\tilde{z}}^{-1}\tilde{z} \tag{2-40}$$

可采用上述提及的EM算法(包含E-step和M-step两个迭代过程)最小化式(2-40)所示目标函数，从而求得 $\boldsymbol{\gamma}$ 之估计值。E-step利用式(2-37)和式(2-38)分别计算 $\bar{\boldsymbol{p}}$ 的一阶和二阶后验期望，M-step则通过最小化 $\mathscr{L}(\boldsymbol{\gamma})$ 来更新 $\boldsymbol{\gamma}$，该最小化过程可通过令 $\partial\mathscr{L}(\boldsymbol{\gamma})/\partial\boldsymbol{\gamma}=0$ 实现，因而可得到 $\boldsymbol{\gamma}$ 更新准则为

$$\gamma_i^{(q)}=|\boldsymbol{\mu}_i^{(q)}|^2+(\boldsymbol{\Sigma}_{\bar{p}}^{(q)})_{i,i} \tag{2-41}$$

式中，上标 $(\cdot)^q$ 表示第 q 次迭代过程，$\boldsymbol{\mu}^{(q)}$ 和 $\boldsymbol{\Sigma}_{\bar{p}}^{(q)}$ 分别表示第 q 次迭代过程中，根据式(2-37)和式(2-38)计算出的 $\boldsymbol{\mu}$ 和 $\boldsymbol{\Sigma}_{\bar{p}}$。为了加快EM算法的收敛速度，通常采用不动点迭代方式，即 $\gamma_i^{(q)}=|\boldsymbol{\mu}_i^{(q)}|^2/(1-(\boldsymbol{\Sigma}_{\bar{p}}^{(q)})_{i,i}/\gamma_i^{(q-1)})+\zeta$，

代替式(2-41)所示更新准则,其中 ζ 为一极小正数,通常可设为10^{-10}[122]。上述 EM 算法初始值和终止准则的设计参见文献[156]。当预设的算法终止条件满足时,迭代过程终止,输出参数估计量,此时目标函数值达到全局最小。

到目前为止,已通过上述迭代算法解得反映入射信号空间谱分布形式的超参数集 $\boldsymbol{\gamma}$,$\boldsymbol{\gamma}$ 中各非0元素的位置与预设离散格点一一对应。然而,基于 $\boldsymbol{\Theta}$ 的离散化属性,无论空域划分如何精细,由 $\boldsymbol{\gamma}$ 的峰值位置所确定的 DOA 估计值与信号真实方位之间总会不可避免地存在误差。因此,上述重构结果需被进一步处理,以得到高精度的 DOA 估计结果。下面采用直接估计格点失配向量 $\boldsymbol{\beta}$ 的方式来补偿空域离散误差。

对于 $\boldsymbol{\beta}\in[-r/2,r/2]^I$ 而言,其估计量可通过最小化下式得到,即

$$\begin{aligned}
&\mathrm{E}\{\|\tilde{z}-\tilde{\boldsymbol{\Phi}}(\boldsymbol{\beta})\bar{p}\|_2^2\}= \\
&\|\tilde{z}-[\tilde{\boldsymbol{A}}+\tilde{\boldsymbol{B}}\mathrm{diag}(\boldsymbol{\beta})+\tilde{\boldsymbol{C}}\mathrm{diag}(\boldsymbol{\alpha})]\boldsymbol{\mu}\|_2^2+ \\
&\mathrm{tr}\{[\tilde{\boldsymbol{A}}+\tilde{\boldsymbol{B}}\mathrm{diag}(\boldsymbol{\beta})+\tilde{\boldsymbol{C}}\mathrm{diag}(\boldsymbol{\alpha})]\boldsymbol{\Sigma}_{\bar{p}}[\tilde{\boldsymbol{A}}+\tilde{\boldsymbol{B}}\mathrm{diag}(\boldsymbol{\beta})+\tilde{\boldsymbol{C}}\mathrm{diag}(\boldsymbol{\alpha})]^{\mathrm{H}}\}= \\
&\boldsymbol{\beta}^{\mathrm{T}}\boldsymbol{P}_1\boldsymbol{\beta}-2\boldsymbol{V}_1^{\mathrm{T}}\boldsymbol{\beta}+\boldsymbol{\alpha}^{\mathrm{T}}\boldsymbol{P}_2\boldsymbol{\alpha}-2\boldsymbol{V}_2^{\mathrm{T}}\boldsymbol{\alpha}+2\mathrm{Re}(\boldsymbol{\beta}^{\mathrm{T}}\boldsymbol{\omega}\boldsymbol{\alpha})+c_0
\end{aligned} \tag{2-42}$$

式中,$\tilde{\boldsymbol{A}}=\boldsymbol{W}^{-1/2}\boldsymbol{J}\bar{\boldsymbol{A}}$,$\tilde{\boldsymbol{B}}=\boldsymbol{W}^{-1/2}\boldsymbol{J}\boldsymbol{B}$,$\tilde{\boldsymbol{C}}=\boldsymbol{W}^{-1/2}\boldsymbol{J}\boldsymbol{C}$,$\boldsymbol{\alpha}=[\alpha_1,\alpha_2,\cdots,\alpha_I]^{\mathrm{T}}=\boldsymbol{\beta}^2$(同 MATLAB 编程语言中的定义);$c_0$ 是与 $\boldsymbol{\beta}$ 和 $\boldsymbol{\alpha}$ 无关的常数项;$\boldsymbol{P}_1$,$\boldsymbol{P}_2$ 为半正定矩阵。式(2-42)中各相关参数的具体表达式为

$$\boldsymbol{P}_1=\mathrm{Re}[(\tilde{\boldsymbol{B}}^{\mathrm{H}}\tilde{\boldsymbol{B}})^*\oplus(\boldsymbol{\mu}\boldsymbol{\mu}^{\mathrm{H}}+\boldsymbol{\Sigma}_{\bar{p}})] \tag{2-43}$$

$$\boldsymbol{P}_2=\mathrm{Re}[(\tilde{\boldsymbol{C}}^{\mathrm{H}}\tilde{\boldsymbol{C}})^*\oplus(\boldsymbol{\mu}\boldsymbol{\mu}^{\mathrm{H}}+\boldsymbol{\Sigma}_{\bar{p}})] \tag{2-44}$$

$$\boldsymbol{V}_1=\mathrm{Re}[\mathrm{diag}(\boldsymbol{\mu}^*)\tilde{\boldsymbol{B}}^{\mathrm{H}}(\tilde{z}-\tilde{\boldsymbol{A}}\boldsymbol{\mu})]-\mathrm{Re}[\mathrm{diag}(\tilde{\boldsymbol{B}}^{\mathrm{H}}\tilde{\boldsymbol{A}}\boldsymbol{\Sigma}_{\bar{p}})] \tag{2-45}$$

$$\boldsymbol{V}_2=\mathrm{Re}[\mathrm{diag}(\boldsymbol{\mu}^*)\tilde{\boldsymbol{C}}^{\mathrm{H}}(\tilde{z}-\tilde{\boldsymbol{A}}\boldsymbol{\mu})]-\mathrm{Re}[\mathrm{diag}(\tilde{\boldsymbol{C}}^{\mathrm{H}}\tilde{\boldsymbol{A}}\boldsymbol{\Sigma}_{\bar{p}})] \tag{2-46}$$

$$\boldsymbol{\omega}=[\boldsymbol{\Sigma}_{\bar{p}}\oplus(\tilde{\boldsymbol{C}}^{\mathrm{H}}\tilde{\boldsymbol{B}})^*]+[(\tilde{\boldsymbol{B}}^{\mathrm{H}}\tilde{\boldsymbol{C}})^*\oplus(\boldsymbol{\mu}\boldsymbol{\mu}^{\mathrm{H}})] \tag{2-47}$$

与文献[173]类似,现在给出式(2-42)的详细推导过程。

式(2-42)推导过程:令 $\boldsymbol{\Delta}=\mathrm{diag}(\boldsymbol{\beta})$,$\boldsymbol{\Lambda}=\mathrm{diag}(\boldsymbol{\alpha})$,则式(2-42)可根据如下两等式推得

$$\begin{aligned}
&\|\tilde{z}-(\tilde{\boldsymbol{A}}+\tilde{\boldsymbol{B}}\boldsymbol{\Delta}+\tilde{\boldsymbol{C}}\boldsymbol{\Lambda})\boldsymbol{\mu}\|_2^2= \\
&\|(\tilde{z}-\tilde{\boldsymbol{A}}\boldsymbol{\mu})-\tilde{\boldsymbol{B}}\mathrm{diag}(\boldsymbol{\mu})\boldsymbol{\beta}-\tilde{\boldsymbol{C}}\mathrm{diag}(\boldsymbol{\mu})\boldsymbol{\alpha}\|_2^2= \\
&\boldsymbol{\beta}^{\mathrm{T}}[(\tilde{\boldsymbol{B}}^{\mathrm{H}}\tilde{\boldsymbol{B}})^*\oplus(\boldsymbol{\mu}\boldsymbol{\mu}^{\mathrm{H}})]\boldsymbol{\beta}-2\mathrm{Re}[\mathrm{diag}(\boldsymbol{\mu}^*)\tilde{\boldsymbol{B}}(\tilde{z}-\tilde{\boldsymbol{A}}\boldsymbol{\mu})]^{\mathrm{T}}\boldsymbol{\beta}- \\
&2\mathrm{Re}[\mathrm{diag}(\boldsymbol{\mu}^*)\tilde{\boldsymbol{C}}^{\mathrm{H}}(\tilde{z}-\tilde{\boldsymbol{A}}\boldsymbol{\mu})]^{\mathrm{T}}\boldsymbol{\alpha}+2\mathrm{Re}\{\boldsymbol{\beta}^{\mathrm{T}}[(\tilde{\boldsymbol{B}}^{\mathrm{H}}\tilde{\boldsymbol{C}})^*\oplus(\boldsymbol{\mu}\boldsymbol{\mu}^{\mathrm{H}})]\boldsymbol{\alpha}\}+ \\
&\boldsymbol{\alpha}^{\mathrm{T}}[(\tilde{\boldsymbol{C}}^{\mathrm{H}}\tilde{\boldsymbol{C}})^*\oplus(\boldsymbol{\mu}\boldsymbol{\mu}^{\mathrm{H}})]\boldsymbol{\alpha}+c_1
\end{aligned} \tag{2-48}$$

$$
\begin{aligned}
&\mathrm{tr}[(\tilde{\boldsymbol{A}}+\tilde{\boldsymbol{B}}\boldsymbol{\Delta}+\tilde{\boldsymbol{C}}\boldsymbol{\Lambda})\boldsymbol{\Sigma}_{\bar{p}}(\tilde{\boldsymbol{A}}+\tilde{\boldsymbol{B}}\boldsymbol{\Delta}+\tilde{\boldsymbol{C}}\boldsymbol{\Lambda})^{\mathrm{H}}]=\\
&2\mathrm{Re}[\mathrm{tr}(\tilde{\boldsymbol{B}}^{\mathrm{H}}\tilde{\boldsymbol{A}}\boldsymbol{\Sigma}_{\bar{p}}\boldsymbol{\Delta})]+\mathrm{tr}(\tilde{\boldsymbol{B}}\boldsymbol{\Delta}\boldsymbol{\Sigma}_{\bar{p}}\boldsymbol{\Delta}^{\mathrm{H}}\tilde{\boldsymbol{B}}^{\mathrm{H}})+\\
&2\mathrm{Re}[\mathrm{tr}(\tilde{\boldsymbol{C}}^{\mathrm{H}}\tilde{\boldsymbol{A}}\boldsymbol{\Sigma}_{\bar{p}}\boldsymbol{\Lambda})]+2\mathrm{Re}[\mathrm{tr}(\tilde{\boldsymbol{B}}\boldsymbol{\Delta}\boldsymbol{\Sigma}_{\bar{p}}\boldsymbol{\Lambda}\tilde{\boldsymbol{C}}^{\mathrm{H}})]+\mathrm{tr}(\tilde{\boldsymbol{C}}\boldsymbol{\Lambda}\boldsymbol{\Sigma}_{\bar{p}}\boldsymbol{\Lambda}\tilde{\boldsymbol{C}}^{\mathrm{H}})+\\
&c_2=2\mathrm{Re}[\mathrm{diag}(\tilde{\boldsymbol{B}}^{\mathrm{H}}\tilde{\boldsymbol{A}}\boldsymbol{\Sigma}_{\bar{p}})]^{\mathrm{T}}\boldsymbol{\beta}+\boldsymbol{\beta}^{\mathrm{T}}[\boldsymbol{\Sigma}_{\bar{p}}\oplus(\tilde{\boldsymbol{B}}^{\mathrm{H}}\tilde{\boldsymbol{B}})^*]\boldsymbol{\beta}+\\
&2\mathrm{Re}[\mathrm{diag}(\tilde{\boldsymbol{C}}^{\mathrm{H}}\tilde{\boldsymbol{A}}\boldsymbol{\Sigma}_{\bar{p}})]^{\mathrm{T}}\boldsymbol{\alpha}+2\mathrm{Re}\{\boldsymbol{\beta}^{\mathrm{T}}[\boldsymbol{\Sigma}_{\bar{p}}\oplus(\tilde{\boldsymbol{C}}^{\mathrm{H}}\tilde{\boldsymbol{B}})^*]\boldsymbol{\alpha}\}+\\
&\boldsymbol{\alpha}^{\mathrm{T}}[\boldsymbol{\Sigma}_{\bar{p}}\oplus(\tilde{\boldsymbol{C}}^{\mathrm{H}}\tilde{\boldsymbol{C}})^*]\boldsymbol{\alpha}+c_2
\end{aligned}
\tag{2-49}
$$

式中，c_1, c_2 为与 $\boldsymbol{\beta}$ 和 $\boldsymbol{\alpha}$ 无关的常数，且在式(2-48)与式(2-49)的推导过程中利用了等式关系：

$$
\mathrm{tr}\{\mathrm{diag}^{\mathrm{H}}(\boldsymbol{u})\boldsymbol{Q}\,\mathrm{diag}(\boldsymbol{v})\boldsymbol{R}^{\mathrm{T}}\}=\boldsymbol{u}^{\mathrm{H}}(\boldsymbol{Q}\oplus\boldsymbol{R})\boldsymbol{v} \tag{2-50}
$$

式(2-50)对任意维数符合要求的向量 $\boldsymbol{u}, \boldsymbol{v}$ 和矩阵 $\boldsymbol{Q}, \boldsymbol{R}$ 均成立。需注意，对任一半正定矩阵 $\boldsymbol{S}$ 而言，$\boldsymbol{\beta}^{\mathrm{T}}\boldsymbol{S}\boldsymbol{\beta}\in\mathbf{R}$，利用此关系和 $\boldsymbol{\beta}$ 为实数向量这一本质属性可知：$\boldsymbol{\beta}^{\mathrm{T}}\boldsymbol{S}\boldsymbol{\beta}=\mathrm{Re}(\boldsymbol{\beta}^{\mathrm{T}}\boldsymbol{S}\boldsymbol{\beta})=\boldsymbol{\beta}^{\mathrm{T}}\mathrm{Re}(\boldsymbol{S})\boldsymbol{\beta}$，因此根据该等价变换关系和 $(\tilde{\boldsymbol{B}}^{\mathrm{H}}\tilde{\boldsymbol{B}})^*\oplus(\boldsymbol{\mu}\boldsymbol{\mu}^{\mathrm{H}})$，$(\tilde{\boldsymbol{C}}^{\mathrm{H}}\tilde{\boldsymbol{C}})^*\oplus(\boldsymbol{\mu}\boldsymbol{\mu}^{\mathrm{H}})$，$\boldsymbol{\Sigma}_{\bar{p}}\oplus(\tilde{\boldsymbol{B}}^{\mathrm{H}}\tilde{\boldsymbol{B}})^*$，$\boldsymbol{\Sigma}_{\bar{p}}\oplus(\tilde{\boldsymbol{C}}^{\mathrm{H}}\tilde{\boldsymbol{C}})^*$ 的半正定属性，式(2-42)易由式(2-48)转化得到。推导完毕。

经过上述分析，我们得到 $\boldsymbol{\beta}$ 的求解方式为

$$
\boldsymbol{\beta}^{\mathrm{new}}=\arg\min_{\boldsymbol{\beta}\in[-r/2,r/2]^I}[\boldsymbol{\beta}^{\mathrm{T}}\boldsymbol{P}_1\boldsymbol{\beta}-2\boldsymbol{V}_1^{\mathrm{T}}\boldsymbol{\beta}+\boldsymbol{\alpha}^{\mathrm{T}}\boldsymbol{P}_2\boldsymbol{\alpha}-2\boldsymbol{V}_2^{\mathrm{T}}\boldsymbol{\alpha}+2\mathrm{Re}(\boldsymbol{\beta}^{\mathrm{T}}\boldsymbol{\omega}\boldsymbol{\alpha})] \tag{2-51}
$$

式(2-51)表明，$\boldsymbol{\beta}^{\mathrm{new}}$ 的显式解可通过多维搜索方法得到，然而多维搜索技术极高的运算复杂度使其在实际工程应用中并不可行。为了克服多维搜索方法的上述缺陷，将提出一种运算复杂度低、无需搜索的格点误差估计方法。

下述 DOA 估计结果细化过程将依次针对空间谱重构结果中各个峰值进行。以第 k 个峰值为例，设由其决定的信号分量的 DOA 为 θ_k，格点误差为 β_k，与该峰值点无关的变量集用符号 $(\cdot)^{-k}$ 表示，例如：$\boldsymbol{\Theta}^{-k}=\boldsymbol{\Theta}\backslash\theta_k$ 意为从 $\boldsymbol{\Theta}$ 中剔除 θ_k，$\boldsymbol{\beta}^{-k}=\boldsymbol{\beta}\backslash\beta_k$。进一步，令

$$
\boldsymbol{H}=[\tilde{\boldsymbol{e}}_1,\tilde{\boldsymbol{e}}_2,\cdots,\tilde{\boldsymbol{e}}_{k-1},\tilde{\boldsymbol{e}}_I,\tilde{\boldsymbol{e}}_{k+1},\cdots,\tilde{\boldsymbol{e}}_k] \tag{2-52}
$$

表示 $I\times I$ 维的置换矩阵，其中，$\tilde{\boldsymbol{e}}_i(i=1,2,\cdots,I)$ 表示 $I\times 1$ 维的列向量，在该列向量中，仅有第 i 个元素为 1，其余元素均为 0。此时需注意到 $\boldsymbol{H}$ 的一个重要性质，即若将 $\boldsymbol{H}$ 左乘到某矩阵上，则此操作相当于将该矩阵的第 k 行与第 I 行互换；若将 $\boldsymbol{H}$ 右乘到某矩阵上，则此操作相当于将该矩阵的第 k 列与第 I 列互换。同时需强调 $\boldsymbol{H}$ 的另一个重要性质，即自逆性和对称性，有

$$\boldsymbol{H}^{-1}=\boldsymbol{H}^{\mathrm{T}}=\boldsymbol{H} \tag{2-53}$$

将式(2-52)和式(2-53)应用到式(2-42)中的第一项,可得

$$\begin{aligned}\boldsymbol{\beta}^{\mathrm{T}}\boldsymbol{P}_1\boldsymbol{\beta}=\boldsymbol{\beta}^{\mathrm{T}}\boldsymbol{H}\boldsymbol{H}^{\mathrm{T}}\boldsymbol{P}_1\boldsymbol{H}^{\mathrm{T}}\boldsymbol{H}\boldsymbol{\beta}=\\ \left[(\boldsymbol{\beta}^{-k})^{\mathrm{T}}\mid\beta_k\right]\left[\begin{array}{c|c}\boldsymbol{P}_1^{-k} & (\boldsymbol{P}_1)_{:,k}^{-k}\\ \hline (\boldsymbol{P}_1)_{k,:}^{-k} & (\boldsymbol{P}_1)_{k,k}\end{array}\right]\begin{bmatrix}\boldsymbol{\beta}^{-k}\\ \beta_k\end{bmatrix}=\\ \beta_k(\boldsymbol{P}_1)_{k,:}^{-k}\boldsymbol{\beta}^{-k}+(\boldsymbol{\beta}^{-k})^{\mathrm{T}}(\boldsymbol{P}_1)_{:,k}^{-k}\beta_k+\beta_k(\boldsymbol{P}_1)_{k,k}\beta_k+\text{res.1}\end{aligned} \tag{2-54}$$

其中利用了 MATLAB 编程语言中的相关定义,即

$$\left.\begin{aligned}(\boldsymbol{P}_1)_{:,k}^{-k}=\boldsymbol{P}_1(1:k-1\quad I\quad k+1:I-1,k)\\ (\boldsymbol{P}_1)_{k,:}^{-k}=\boldsymbol{P}_1(k,1:k-1\quad I\quad k+1:I-1)\end{aligned}\right\} \tag{2-55}$$

$\boldsymbol{P}_1^{-k}$ 相当于删去 $\boldsymbol{P}_1$ 中与 θ_k 相关的行和列,res.1 可视作 $\boldsymbol{\beta}^{\mathrm{T}}\boldsymbol{P}_1\boldsymbol{\beta}$ 中剔除第 k 个信号分量后的余量。式(2-54)所示 $\boldsymbol{\beta}^{\mathrm{T}}\boldsymbol{P}_1\boldsymbol{\beta}$ 的等价表达形式有利于估计第 k 个信号分量对应的格点误差。

与式(2-54)的推导过程类似,可得

$$\boldsymbol{V}_1^{\mathrm{T}}\boldsymbol{\beta}=(\boldsymbol{V}_1^{\mathrm{T}})_k\beta_k+\text{res.2} \tag{2-56}$$

$$\boldsymbol{\alpha}^{\mathrm{T}}\boldsymbol{P}_2\boldsymbol{\alpha}=\alpha_k(\boldsymbol{P}_2)_{k,:}^{-k}\boldsymbol{\alpha}^{-k}+(\boldsymbol{\alpha}^{-k})^{\mathrm{T}}(\boldsymbol{P}_2)_{:,k}^{-k}\alpha_k+\alpha_k(\boldsymbol{P}_2)_{k,k}\alpha_k+\text{res.3} \tag{2-57}$$

$$\boldsymbol{V}_2^{\mathrm{T}}\boldsymbol{\alpha}=(\boldsymbol{V}_2^{\mathrm{T}})_k\alpha_k+\text{res.4} \tag{2-58}$$

$$\boldsymbol{\beta}^{\mathrm{T}}\boldsymbol{\omega}\boldsymbol{\alpha}=\beta_k\boldsymbol{\omega}_{k,:}^{-k}\boldsymbol{\alpha}^{-k}+(\boldsymbol{\beta}^{-k})^{\mathrm{T}}\boldsymbol{\omega}_{:,k}^{-k}\alpha_k+\beta_k\boldsymbol{\omega}_{k,k}\alpha_k+\text{res.5} \tag{2-59}$$

式中,res.2,res.3,res.4,res.5 分别代表 $\boldsymbol{V}_1^{\mathrm{T}}\boldsymbol{\beta}$,$\boldsymbol{\alpha}^{\mathrm{T}}\boldsymbol{P}_2\boldsymbol{\alpha}$,$\boldsymbol{V}_2^{\mathrm{T}}\boldsymbol{\alpha}$,$\boldsymbol{\beta}^{\mathrm{T}}\boldsymbol{\omega}\boldsymbol{\alpha}$ 中的余量。

联立式(2-51)和式(2-54)~式(2-59),可知,第 k 个信号分量对应的格点误差(以 β_k 表示)可通过最小化目标函数估计出来,即

$$\begin{aligned}f(\beta_k)=(\boldsymbol{P}_2)_{k,k}\beta_k^4+2\mathrm{Re}(\boldsymbol{\omega}_{k,k})\beta_k^3+\\ \{(\boldsymbol{P}_1)_{k,k}+(\boldsymbol{P}_2)_{k,:}^{-k}\boldsymbol{\alpha}^{-k}+(\boldsymbol{\alpha}^{-k})^{\mathrm{T}}(\boldsymbol{P}_2)_{:,k}^{-k}+2\mathrm{Re}[(\boldsymbol{\beta}^{-k})^{\mathrm{T}}\boldsymbol{\omega}_{:,k}^{-k}]-2(\boldsymbol{V}_2^{\mathrm{T}})_k\}\beta_k^2+\\ [2\mathrm{Re}(\boldsymbol{\omega}_{k,:}^{-k}\boldsymbol{\alpha}^{-k})-2(\boldsymbol{V}_1^{\mathrm{T}})_k+(\boldsymbol{P}_1)_{k,:}^{-k}\boldsymbol{\beta}^{-k}+(\boldsymbol{\beta}^{-k})^{\mathrm{T}}(\boldsymbol{P}_1)_{:,k}^{-k}]\beta_k+\text{res}\end{aligned} \tag{2-60}$$

式中,res=res.1−2res.2+res.3−2res.4+2Re(res.5),α_k 和 β_k 之间存在如下关系:$\alpha_k=\beta_k^2$ 。式(2-60)清晰表明,β_k 可通过求解如下多项式的根得到:

$$\begin{aligned}f'(\beta_k)=4(\boldsymbol{P}_2)_{k,k}\beta_k^3+6\mathrm{Re}(\boldsymbol{\omega}_{k,k})\beta_k^2+\\ 2\{(\boldsymbol{P}_1)_{k,k}+(\boldsymbol{P}_2)_{k,:}^{-k}\boldsymbol{\alpha}^{-k}+(\boldsymbol{\alpha}^{-k})^{\mathrm{T}}(\boldsymbol{P}_2)_{:,k}^{-k}+2\mathrm{Re}[(\boldsymbol{\beta}^{-k})^{\mathrm{T}}\boldsymbol{\omega}_{:,k}^{-k}]-2(\boldsymbol{V}_2^{\mathrm{T}})_k\}\beta_k+\\ [2\mathrm{Re}(\boldsymbol{\omega}_{k,:}^{-k}\boldsymbol{\alpha}^{-k})-2(\boldsymbol{V}_1^{\mathrm{T}})_k+(\boldsymbol{P}_1)_{k,:}^{-k}\boldsymbol{\beta}^{-k}+(\boldsymbol{\beta}^{-k})^{\mathrm{T}}(\boldsymbol{P}_1)_{:,k}^{-k}]\end{aligned} \tag{2-61}$$

容易知道,β_k 的估计值(以 $\hat{\beta}_k$ 表示)可通过令式(2-61)等号右边部分为 0 得到。类似地,在式(2-61)中分别令 $k=1,2,\cdots,K$,可得到所有信号分量

对应的格点失配因子的估计值。此外需注意到，$\boldsymbol{\beta}$ 和 $\bar{\boldsymbol{p}}$ 具有相同的稀疏结构，对于 $\bar{\boldsymbol{p}}$ 来说，其 K 个非 0 元素的位置相应于 K 个信源的 DOA，另外需强调，以上所提算法无需知道信源数目先验信息。在算法的每步迭代过程中，仅需计算 $\boldsymbol{\beta}$ 中有限个元素，这些元素的位置与 $\boldsymbol{\gamma}$ 中 $M_2(M_1+1)-1$（即最大可分辨信源数，关于此数目的证明将在 2.4.3 小节中给出）个最大元素的位置一一对应，$\boldsymbol{\beta}$ 中其余元素值可设为 0。因此，$\boldsymbol{\beta}$ 的维数可在具体计算过程中被降为 $M_2(M_1+1)-1$。为后续行文清晰起见，仍以 $\boldsymbol{\beta}$ 表示其降维形式，并定义 $\boldsymbol{\beta}$ 中各元素的可行域为 $\beta_k\in[-r/2,r/2]$，最终得到 $\boldsymbol{\beta}$ 的更新方式为

$$\beta_k^{\text{new}}=\begin{cases}\hat{\beta}_k, & 若\quad \hat{\beta}_k\in[-r/2,r/2]\\ -r/2, & 若\quad \hat{\beta}_k<-r/2\\ r/2, & 其他情况\end{cases}\tag{2-62}$$

对以上推导、分析结果进行归纳，可知各信号分量所对应的格点误差可通过简单的多项式求根过程依次估计出来。另外需指出，多项式求根在 MATLAB 中的实现函数为 roots($f'(\beta_k)$)。从运算量角度分析，所提多项式求根算法具有远高于传统多维搜索的计算效率。

2.4.3 算法流程与补充说明

为了使读者对 2.4.2 小节所提算法有一个明晰、直观的理解，现将算法主要步骤作下述归纳。

算法流程：

输入数据：嵌套阵物理阵元或嵌套 MIMO 雷达虚拟阵元接收到的多观测快拍 $\boldsymbol{x}(t)=\boldsymbol{A}\boldsymbol{s}(t)+\boldsymbol{n}(t)$，$t=1,2,\cdots,N$。

步骤 1：对观测快拍数据进行时间平均以得到采样协方差矩阵 $\hat{\boldsymbol{R}}_x$。

步骤 2：向量化 $\hat{\boldsymbol{R}}_x$，根据式(2-6)得到 $\hat{\boldsymbol{y}}$，然后针对 $\hat{\boldsymbol{y}}$ 中元素进行去冗余和重排操作，得到式(2-7)所示 $\hat{\boldsymbol{z}}$。

步骤 3：根据式(2-20)构建 $\hat{\boldsymbol{z}}$ 的超完备稀疏表示模型。

步骤 4：剔除 $\hat{\boldsymbol{z}}$ 中包含的未知噪声分量，得到式(2-30)所示 $\bar{\boldsymbol{z}}$。

步骤 5：根据式(2-35)计算加权矩阵 $\boldsymbol{W}^{-1/2}$，并利用该加权矩阵正则化协方差向量 $\bar{\boldsymbol{z}}$ 中包含的估计误差，最终得到式(2-34)所示的 $\tilde{\boldsymbol{z}}$。

步骤 6：初始化超参数向量 $\boldsymbol{\gamma}$ 和格点误差向量 $\boldsymbol{\beta}$。

步骤 7：根据当前 $\boldsymbol{\beta}$ 和 $\boldsymbol{\gamma}$ 分别构建 $\tilde{\boldsymbol{\Phi}}(\boldsymbol{\beta})$ 和 $\boldsymbol{\Gamma}$。

步骤 8:根据式(2-37)和式(2-38)分别计算 $\boldsymbol{\mu}$ 和 $\boldsymbol{\Sigma}_{\bar{p}}$。

步骤 9:根据式(2-41)(或其不动点迭代形式)及式(2-61)～式(2-62)分别更新 $\boldsymbol{\gamma}$ 和 $\boldsymbol{\beta}$。

步骤 10:若满足终止条件或达到最大迭代次数,终止迭代过程。否则,返回步骤 7 并重复执行剩余流程。

输出数据:估计参数集合($\boldsymbol{\gamma}$,$\boldsymbol{\beta}^{\text{new}}$)。

现在以一个简单例子验证所提算法在 DOA 估计方面相比传统技术所具有的巨大性能优势。以 6 阵元嵌套阵为例,其阵元位置坐标为[$0,d,2d,3d,7d,11d$],d 表示半波长,如图 2.10 所示比较了当信源数目为 7,入射 DOA 集合为[$-60.7°,-45.4°,-33.3°,-20.6°,5.8°,31.5°,52.2°$]时,所提算法、SS-MUSIC 算法和 L1-SVD 算法的空间谱。空域离散化间隔 r 设为 1°,SNR 设为 0 dB,采样快拍数设为 100。需注意,所设 DOA 均偏离真实离散格点,所设信源数目大于物理阵元数,因而本实验属于欠定 DOA 估计范畴。同时需强调一点,即本仿真结果与相同信号环境下,嵌套 MIMO 雷达(以 6 阵元嵌套阵作为虚拟阵结构形式)的仿真结果完全相同,其原因在于式(2-6)所示嵌套阵接收数据的协方差向量与式(2-15)所示嵌套 MIMO 雷达虚拟阵接收数据的协方差向量具有完全一致的表达形式,因而基于这同一信号模型的测向算法具有完全一致的 DOA 估计结果,故有关嵌套 MIMO 雷达的测向仿真实验不再赘述。

如图 2.10 所示仿真结果表明,L1-SVD 算法无法检测入射方向为 5.8°和 52.2°的两个信号,这是由于 L1-SVD 算法是直接基于阵列接收数据协方差矩阵估计 DOA 的(其他两种算法均是基于协方差向量估计 DOA 的),因此它无法有效利用嵌套阵的虚拟孔径扩展特性,从而导致其在本仿真条件下最多仅可分辨 5 个信源。与 L1-SVD 算法相反,SS-MUSIC 算法和所提算法均可成功分辨所有 7 个入射信源,然而所提算法的谱峰远比 SS-MUSIC 算法的谱峰尖锐,因而所提算法具有远高于 SS-MUSIC 算法的角度分辨性能。同时可观察到,所提算法的全部谱峰均对准真实 DOA 方向,但 SS-MUSIC 算法的某些谱峰偏离真实 DOA 方向,从而证实 2.4.2 小节所设计算法可有效补偿格点误差。

下面对所提算法在实现过程中需注意的几个问题进行补充说明。

补充说明 1:在算法初始化过程中,$\boldsymbol{\gamma}^{(0)}$ 可根据信号功率的最小方差估计值设定,即 $\boldsymbol{\mu}^{(0)}=\tilde{\boldsymbol{\Phi}}^{\mathrm{H}}(\boldsymbol{\beta})[\tilde{\boldsymbol{\Phi}}(\boldsymbol{\beta})\tilde{\boldsymbol{\Phi}}^{\mathrm{H}}(\boldsymbol{\beta})]^{-1}\tilde{\boldsymbol{z}}$,$\gamma_i^{(0)}=|\boldsymbol{\mu}_i^{(0)}|^2$。$\boldsymbol{\beta}^{(0)}$ 可设为 0。

补充说明 2:$\boldsymbol{\gamma}$ 和 $\boldsymbol{\beta}$ 的迭代更新终止准则为 $||\boldsymbol{\gamma}^{(q+1)}-\boldsymbol{\gamma}^{(q)}||_2/||\boldsymbol{\gamma}^{(q)}||\leqslant\tau$ 或迭代次数达到预设上限,其中 τ 为预设阈值。在本章仿真实验中,均设 $\tau=10^{-4}$,最大迭代次数为 500。

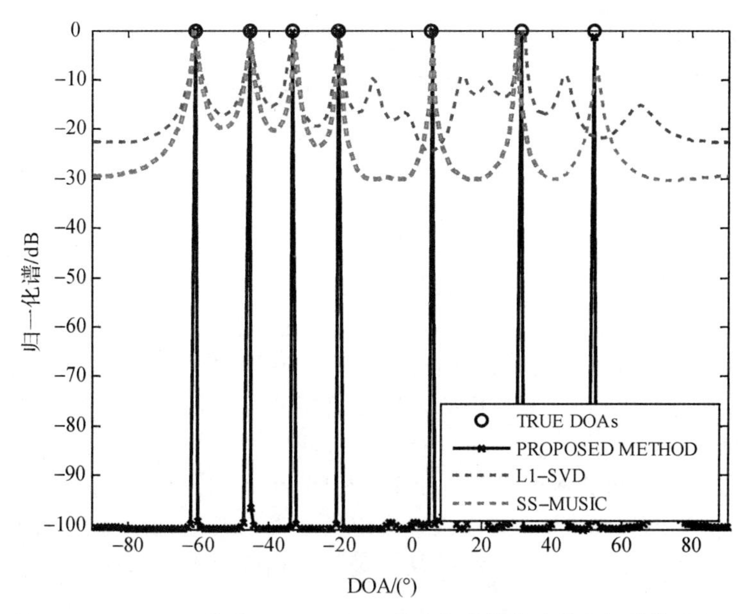

图 2.10 L1-SVD 算法、SS-MUSIC 算法与所提算法的空间谱峰对比图

补充说明 3:在稀疏重构类算法中,最大可分辨信源数是一个必须阐明的问题。该问题与式(2-34)中稀疏向量 $\bar{\boldsymbol{p}}$ 的唯一重构条件密切相关。以下定理给出了有关本书算法最大可分辨信源数的论断。

定理:对于内、外层阵元数分别为 M_1,M_2($M_1+M_2=M$)的嵌套阵而言,最大可分辨信源数为 $M_2(M_1+1)-1$。

证明:考虑式(2-34)所示 SMV 问题,即 $\tilde{\boldsymbol{z}}=\tilde{\boldsymbol{\Phi}}(\boldsymbol{\beta})\bar{\boldsymbol{p}}+\tilde{\boldsymbol{\varepsilon}}$,其中,$\tilde{\boldsymbol{\Phi}}(\boldsymbol{\beta})=\boldsymbol{W}^{-1/2}\boldsymbol{J}\boldsymbol{\Phi}(\boldsymbol{\beta})$,$\boldsymbol{\Phi}(\boldsymbol{\beta})$为超完备基矩阵,$\bar{\boldsymbol{p}}$ 表示待重构稀疏向量。根据文献[102]中的引理 1 可知,$\tilde{\boldsymbol{z}}=\tilde{\boldsymbol{\Phi}}(\boldsymbol{\beta})\bar{\boldsymbol{p}}+\tilde{\boldsymbol{\varepsilon}}$ 存在唯一稀疏解 $\bar{\boldsymbol{p}}$ 的充要条件为

$$\|\bar{\boldsymbol{p}}\|_0\leqslant \mathrm{Krank}[\tilde{\boldsymbol{\Phi}}(\boldsymbol{\beta})]/2 \tag{2-63}$$

式中 $\tilde{\boldsymbol{\Phi}}(\boldsymbol{\beta})$的条件秩,即 $\mathrm{Krank}[\tilde{\boldsymbol{\Phi}}(\boldsymbol{\beta})]$,定义为保证 $\tilde{\boldsymbol{\Phi}}(\boldsymbol{\beta})$任意 m 列数据互相独立的最大 m 值。下述分析将阐明 $\tilde{\boldsymbol{\Phi}}(\boldsymbol{\beta})$的条件秩。

首先确定 $\mathrm{Krank}[\boldsymbol{J}\boldsymbol{\Phi}(\boldsymbol{\beta})]$。根据文献[81]所提出的合阵准则,可知 $\boldsymbol{\Phi}(\boldsymbol{\beta})$中所含的最大自由度为$\mathrm{DOF}_{\max}^{\boldsymbol{\Phi}(\boldsymbol{\beta})}=2M_2(M_1+1)-1$。回顾 $\boldsymbol{J}\boldsymbol{\Phi}(\boldsymbol{\beta})$的构造过程可知,$\boldsymbol{J}\boldsymbol{\Phi}(\boldsymbol{\beta})$的 $2M_2(M_1+1)-2$ 个行向量为范德蒙矩阵 $\boldsymbol{\Phi}(\boldsymbol{\beta})$的 $2M_2(M_1+1)-1$个行向量的子集,因此将 $\boldsymbol{J}$ 左乘于 $\boldsymbol{\Phi}(\boldsymbol{\beta})$仅会损失一个自由度,即 $\boldsymbol{J}\boldsymbol{\Phi}(\boldsymbol{\beta})$的最大可利用自由度为$\mathrm{DOF}_{\max}^{\boldsymbol{J}\boldsymbol{\Phi}(\boldsymbol{\beta})}=2M_2(M_1+1)-2$。当阵列结构不存在模糊时,可断定 $\mathrm{Krank}[\boldsymbol{J}\boldsymbol{\Phi}(\boldsymbol{\beta})]=2M_2(M_1+1)-2$。

其次确定 Krank$[\tilde{\boldsymbol{\Phi}}(\boldsymbol{\beta})]$。根据 $\boldsymbol{W}^{-1/2}$ 的构建过程，易知 $\boldsymbol{W}^{-1/2}$ 满秩，则有

$$\text{Krank}[\tilde{\boldsymbol{\Phi}}(\boldsymbol{\beta})]=\text{Krank}[\boldsymbol{W}^{-1/2}\boldsymbol{J}\boldsymbol{\Phi}(\boldsymbol{\beta})]=\text{Krank}[\boldsymbol{J}\boldsymbol{\Phi}(\boldsymbol{\beta})]=2M_2(M_1+1)-2 \tag{2-64}$$

联立式(2-63)和式(2-64)可知，所提算法的最大可分辨信源数等于 $M_2(M_1+1)-1$。证明完毕。

根据以上定理可知，嵌套阵的潜在自由度扩展特性使其在解决欠定 DOA 估计问题(即 $K>M$)中游刃有余。嵌套阵具备自由度扩展特性的根源在于，与其信号模型契合的经典 DOA 估计算法充分利用了原始采样数据的“差分集”，从而形成虚拟扩展孔径，同时这类算法利用原始协方差矩阵构建维数倍增的半正定矩阵(以之模拟虚拟阵协方差矩阵)，以便于传统超分辨谱估计技术的直接应用。

补充说明 4:与其他空间谱估计算法相同，在 2.4.2 小节所提算法中，目标 DOA 由重构出的空间谱的谱峰位置决定。不失一般性，设 $\boldsymbol{\gamma}$ 的 K 个谱峰所对应的格点坐标为 $n_k,k=1,2,\cdots,K$ ，则与之相应的 K 个 DOA 估计值可表示为

$$\hat{\theta}_k=\tilde{\theta}_{n_k}+\beta_{n_k}^{\text{new}},\quad k=1,2,\cdots,K$$

补充说明 5:在超定情形下，DOA 估计 RMSE(Root Mean Square Error)的 CRLB(Cramer - Rao Lower Bound)具有与文献[171]所示结果完全一致的形式。在欠定情形下，CRLB 的表达式需作适当修正[157]。考虑文章表述的自洽性，下面简要介绍文献[157]的研究成果。在窄带独立信号环境下，用于估计 DOA 的嵌套阵协方差向量如式(2-6)所示，其估计误差服从高斯分布(此分布所对应的协方差矩阵为 $\boldsymbol{W_R}\overset{\text{def}}{=\!=}\hat{\boldsymbol{R}}_x^{\text{T}}\otimes\hat{\boldsymbol{R}}_x/N$)，因此 $\hat{\boldsymbol{y}}$(即 $\boldsymbol{y}$ 的采样近似)关于未知变量 $\boldsymbol{\theta},\boldsymbol{p},\sigma_{\text{n}}^2$ 的似然函数为

$$p(\hat{\boldsymbol{y}}\mid\boldsymbol{\theta},\boldsymbol{p},\sigma_n^2)=$$
$$|\pi\boldsymbol{W_R}|^{-1}\exp\{-[\hat{\boldsymbol{y}}-\sigma_n^2\boldsymbol{I}_n-(\boldsymbol{A}^*\odot\boldsymbol{A})\boldsymbol{p}]^{\text{H}}\boldsymbol{W_R}^{-1}[\hat{\boldsymbol{y}}-\sigma_n^2\boldsymbol{I}_n-(\boldsymbol{A}^*\odot\boldsymbol{A})\boldsymbol{p}]\} \tag{2-65}$$

根据以上似然函数，基于协方差向量的 DOA 估计 CRLB 可采用与文献[171]中附录 E 类似的方法推导出。在文献[171]推导过程中设采样快拍数为 1，信号向量为实值向量，则可得欠定 DOA 估计情形下，嵌套阵协方差向量所对应的 CRLB:

$$\text{CRLB}^{-1}(\boldsymbol{\theta})=2\text{diag}(\boldsymbol{p})\times$$
$$\{\text{Re}(\boldsymbol{D}_{\boldsymbol{\theta}}^{\text{H}}\boldsymbol{W_R}^{-1}\boldsymbol{D}_{\boldsymbol{\theta}})-\text{Re}(\boldsymbol{D}_{\boldsymbol{\theta}}^{\text{H}}\boldsymbol{W_R}^{-1}\boldsymbol{B}_{\boldsymbol{\theta}})[\text{Re}(\boldsymbol{B}_{\boldsymbol{\theta}}^{\text{H}}\boldsymbol{W_R}^{-1}\boldsymbol{B}_{\boldsymbol{\theta}})]^{-1}\text{Re}(\boldsymbol{B}_{\boldsymbol{\theta}}^{\text{H}}\boldsymbol{W_R}^{-1}\boldsymbol{D}_{\boldsymbol{\theta}})\}\text{diag}(\boldsymbol{p}) \tag{2-66}$$

式中，$\boldsymbol{B}_{\boldsymbol{\theta}}=[\boldsymbol{A}^{*}\odot\boldsymbol{A},\boldsymbol{I}_{n}]$，$\boldsymbol{D}_{\boldsymbol{\theta}}=[\partial[\boldsymbol{a}^{*}(\boldsymbol{\theta})\otimes\boldsymbol{a}(\boldsymbol{\theta})]/\partial\boldsymbol{\theta}|_{\boldsymbol{\theta}=\theta_{1}},\partial[\boldsymbol{a}^{*}(\boldsymbol{\theta})\otimes\boldsymbol{a}(\boldsymbol{\theta})]/\partial\boldsymbol{\theta}|_{\boldsymbol{\theta}=\theta_{2}},\cdots,\partial[\boldsymbol{a}^{*}(\boldsymbol{\theta})\otimes\boldsymbol{a}(\boldsymbol{\theta})]/\partial\boldsymbol{\theta}|_{\boldsymbol{\theta}=\theta_{K}}]$，$\boldsymbol{a}(\boldsymbol{\theta})$采用与式(2-2)相同的定义。

2.5 仿真实验与分析

本节以大量仿真实验证实 2.4 节所提出的基于 SBL 准则的嵌套 MIMO 雷达 DOA 估计算法在多种信号环境下所具备的优越性能。与之对比的包括五种算法，即 SS-MUSIC 算法[89]、L1-SVD 算法[150]、L1-SRACV 算法[152]、CMSR 算法[151, 155]和 SPICE 算法[153, 154]。上述无偏估计算法的理论统计性能下界——CRLB 也同时在仿真中给出。在以下仿真实验中，假设空间存在多个互相独立的点目标，其 RCS 在不同脉冲重复周期中服从均值为 0 的单位复高斯分布，目标个数和 DOA 随不同仿真情境变化，接收机噪声设为白噪声。由于上述参与性能对比的部分算法需已知目标个数先验信息，因此为使比较结果公平起见，不妨假设目标个数已知。

后续仿真中，$\text{SNR}\stackrel{\text{def}}{=\!=}10\log_{10}(\sigma_{k}^{2}/\sigma_{n}^{2})$，其中 σ_{k}^{2} 表示第 k 个目标的反射系数，所有目标反射系数均假设一致。蒙特卡洛实验次数设为 500，DOA 估计 RMSE 定义为

$$\text{RMSE}=\sqrt{\frac{1}{500K}\sum_{t=1}^{500}\sum_{k=1}^{K}(\hat{\theta}_{k,t}-\theta_{k})^{2}} \qquad (2-67)$$

式中，$\hat{\theta}_{k,t}$ 表示第 t 次蒙特卡洛实验中，第 k 个目标 DOA 的估计值。此外，在应用稀疏 DOA 估计算法时，全空域$[-90°,90°]$被以间隔 $\Delta\theta=1°$ 均匀划分，以得到离散角度集 $\boldsymbol{\Theta}$。需强调，为提高 DOA 估计精度，所提算法采用直接计算未知格点误差的细化手段，而其他参与对比的稀疏重构类算法则采用文献[150]提出的自适应网格细化手段，以减小由网格密分所带来的运算效率损失。

2.5.1 超定 DOA 估计性能比较

本小节考虑比较以上所列各类算法在超定情境下的 DOA 估计性能。以阵元位置集合为 $[0,d,2d,5d]$ 的 4 阵元嵌套阵为例，设计 MIMO 雷达使其虚拟阵型符合该嵌套阵列结构，其中 d 为半波长。采用 2.3.2 小节所示阵列结构优化算法，可得其中一组符合设计需求的解为发射阵元位置集合 $[0,4d]$，接收阵元位置集合 $[0,d,2d]$。嵌套 MIMO 雷达发射波形相互正交。假设空间两等 RCS 目标之 DOA 分别为 $-4°+\delta\theta$ 和 $4°+\delta\theta$，其中 $\delta\theta$ 表示每次蒙特卡洛实验中从集合 $[-0.5°,0.5°]$ 中随机选取的角度值。由于 L1-SVD 算法和 L1-SRACV

算法需预知噪声方差信息,因此给出噪声方差的近似估计方法:即噪声方差可由对协方差矩阵$\hat{\boldsymbol{R}}_x$ 的 $M-K$ 个最小特征值作数学平均得到,其中 K 表示目标数目。然而,在所提算法实现过程中,并不需预知噪声方差信息。如图 2.11 所示给出了采样快拍数(即积累脉冲数)为 500,SNR 变化范围为[-10 dB,20 dB]时,6 种算法(L1 - SRACV 算法、CMSR 算法、SPICE 算法、L1 - SVD 算法、SS - MUSIC 算法和所提算法)的 RMSE 变化情况。

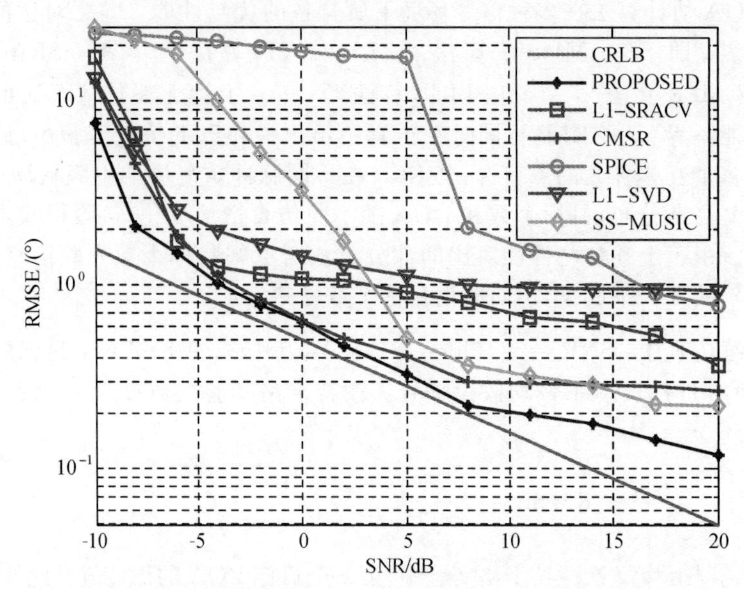

图 2.11　嵌套 MIMO 雷达超定 DOA 估计 RMSE 随 SNR 的变化情况图

由图 2.11 所示仿真结果可知,除 SPICE 算法外,其余四类稀疏重构算法均可于低 SNR 下成功分辨两目标,然而当 SNR 高于 3 dB 时,L1 - SVD 算法和 L1 - SRACV 算法均具有高于 SS - MUSIC 算法的 DOA 估计误差,当 SNR 高于 14 dB 时,SS - MUSIC 算法的 DOA 估计精度超过 CMSR 算法。图 2.11 所示稀疏重构类算法在低 SNR 下具有性能优势的原因已在文献[149 - 159]中详细阐明。同时可观察到,所提算法具有最佳 DOA 估计性能,对此现象的解释可从以下两方面开展。一方面,所提算法充分利用了差合阵列的自由度扩展特性,而 L1 - SVD 算法和 L1 - SRACV 算法从本质上讲是基于“物理阵元级“的 DOA 估计算法。另一方面,与其他基于 l_p 范数优化的稀疏重构算法相比,所提算法采用从理论上讲更加精确的多级概率模型近似理想 l_0 范数,且采用包含格点误差信息的阵列流形字典描述真实观测模型,因此有效克服了模型失配问题。从图 2.11 中也可看出,即使在高 SNR 下,SPICE 算法也具有较大的 DOA 估计误差,此现象表明了 SPICE 算法在分辨空域邻近目标时的性能局限。

接下来,固定 SNR 为 0 dB,并设定采样快拍数变化范围为[50,1 000],其余参数设置与上一实验相同。如图 2.12 所示描述了上述算法的 DOA 估计 RMSE 随快拍数的变化情况,各类算法的平均运算时间在表 2.1 中给出。由图 2.12 所示仿真结果可知,所提算法和 CMSR 算法仅需约 200 次快拍便可达到较优的估计性能,且所提算法具有比 CMSR 算法更小的 RMSE。SS - MUSIC 算法在快拍数低于 800 时无法有效分辨两目标,且其 DOA 估计精度在大快拍数条件下仍低于所提算法。随着采样快拍数的增加,L1 - SVD 算法和 L1 - SRACV 算法的 DOA 估计性能逐渐提高,且在大快拍数条件下,L1 - SVD 算法的测向精度稍逊于 L1 - SRACV 算法。然而,由于噪声功率估计误差的存在,以上两种算法的 DOA 估计 RMSE 始终高于 CMSR 算法和所提算法。此外,需注意到,即使采样快拍数增至 1 000,SPICE 算法也无法有效分辨两目标。

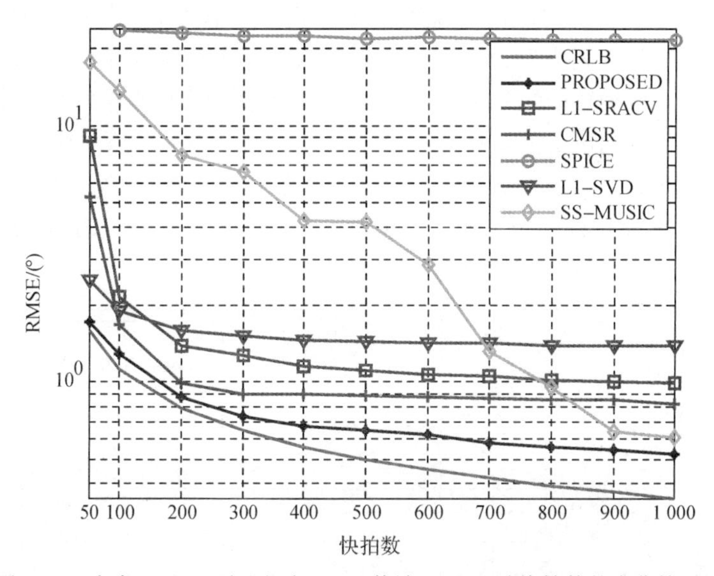

图 2.12 嵌套 MIMO 雷达超定 DOA 估计 RMSE 随快拍数的变化情况图

表 2.1 超定 DOA 估计情境中各算法运算时间对比(单位:s)

快拍数＼算法	SS - MUSIC	L1 - SVD	SPICE	PROPOSED	CMSR	L1 - SRACV
50	0.003	0.598	0.101	0.114	0.462	0.686
300	0.003	0.601	0.107	0.121	0.465	0.713
500	0.004	0.608	0.109	0.123	0.471	0.735
700	0.005	0.647	0.112	0.145	0.474	0.740
1 000	0.005	0.700	0.144	0.249	0.482	0.743

表 2.1 所列六种算法的运算时间随快拍数增加而增加。进一步,除 SPICE 算法外,所提算法具有比其他稀疏重构类算法更高的运算效率。此外,尽管 SS－MUSIC 算法在所列六种算法中具有最高的运算效率,然而考虑到其在小快拍数下的严重性能损失,这种运算效率的优势是没有意义的。

最后,为了比较以上所提算法的超分辨性能,固定快拍数为 500,SNR 为 0 dB,两目标 DOA 分别设为 $-|\theta_2-\theta_1|/2+\delta\theta$ 和 $|\theta_2-\theta_1|/2+\delta\theta$,其中 $\delta\theta$ 的定义方式与前述实验相同。当目标间距,即 $|\theta_2-\theta_1|$,从 3°变化到15°时,六种算法所对应的 RMSE 曲线如图 2.13 所示。图 2.13 所示仿真结果证实了稀疏重构类算法在分辨空域邻近目标方面相比于 SS－MUSIC 算法的性能优势。图中仿真结果显示,所提算法可有效分辨的最小目标间距为 4°,小于 CMSR 算法、L1－SRACV算法、L1－SVD 算法、SS－MUSIC 算法所对应的最小可分辨目标间距,即 6°,8°,9°,10°。此外,所提算法的 DOA 估计精度在绝大多数目标间距设定点上均具有优于其他算法的估计效果,然而当目标间距大于14°时,L1－SVD 算法具有高于所提算法的 DOA 估计精度。关于此现象的解释为所提算法从本质上讲相当于仅利用了单测量矢量(即协方差向量),因而其所对应的目标函数中的局部极小点并不能像多测量矢量情形中那样易于消去[127],进而使得所提算法的 RMSE 在目标间距增至 15° 时依然不能较好地逼近 CRLB。最后需指出,SPICE 算法在所有目标间距设定点上均失效。

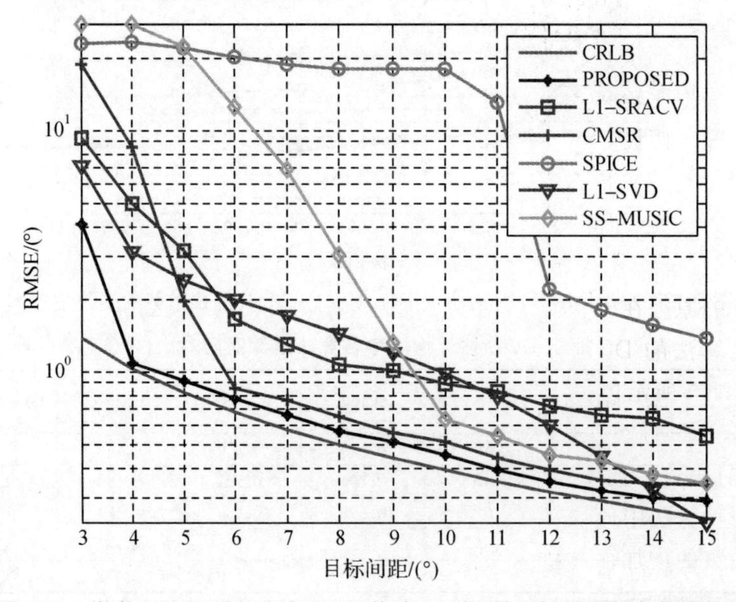

图 2.13　嵌套 MIMO 雷达超定 DOA 估计 RMSE 随目标间距的变化情况图

2.5.2 欠定DOA估计性能比较

本小节验证所提算法在欠定情形下的DOA估计性能。以阵元位置集合为$[0,d,2d,3d,7d,11d]$的6阵元嵌套阵为例,设计MIMO雷达使其虚拟阵型符合该嵌套阵列结构,其中d为半波长。采用2.3.2小节所示阵列结构优化算法,可得其中一组符合设计需求的解为发射阵元位置集合$[0,2d]$,接收阵元位置集合$[0,d,5d,9d]$。嵌套MIMO雷达发射波形相互正交。需注意,在以上所设计出的嵌套MIMO雷达阵列结构中,实际有效虚拟阵元个数为6。

首先,通过蒙特卡洛实验比较各类算法的DOA估计RMSE随SNR的变化情况。这里需强调,本实验及后续实验不包含L1-SVD算法和L1-SRACV算法的仿真结果,其原因在于这两类算法无法分辨多于虚拟阵元数的目标。本实验中,采样快拍数设定为500,目标DOA分别设为$-57°+\delta\theta$,$-44°+\delta\theta$,$-28°+\delta\theta$,$3°+\delta\theta$,$12°+\delta\theta$,$26°+\delta\theta$,$41°+\delta\theta$,其中$\delta\theta$的设定方式参阅2.5.1小节。如图2.14所示给出当SNR变化范围设定为[-10 dB, 20 dB]时,各类算法的DOA估计RMSE对比情况。由图2.14可知,所提算法仍具有优于其他对比算法的DOA估计性能,这一性能优势在高SNR下体现得尤为明显。需注意一点,即随着SNR的增高,所提算法的RMSE曲线并未较好地贴合CRLB,产生这一现象的原因是关于$\bar{\boldsymbol{p}}$的高斯分布假设偏离其实际信号模型,因此后续研究中将致力于改进所提算法中涉及的概率模型,使其充分考虑到$\bar{\boldsymbol{p}}$内各非0元素之间的相关性。

其次将比较图2.14所示四种算法的DOA估计RMSE随采样快拍数的变化情况。假设SNR=0 dB,采样快拍数变化范围为[50,1 000],其余参数设置情况同上一实验。仿真结果如图2.15所示。同时,四种算法的运算时间也于表2.2中罗列出来。从图2.15可明显看出,所提算法在所有采样快拍值点上均具有最优DOA估计效果。需指出,SS-MUSIC算法的测向性能逊于所提算法的原因在于其所采用的空间平滑技术会导致孔径损失。同时注意到,CMSR算法的DOA估计性能介于SS-MUSIC算法与所提算法之间。此外,图2.15所示仿真结果还表明,SPICE算法的测向性能最差,这也从侧面证实了SPICE算法在分辨空域邻近信号方面的劣势。从表2.2中可看出,SS-MUSIC算法的计算效率于四种算法中最高,与之相反,CMSR算法的计算效率于四种算法中最低。对表中所列四种算法而言,它们的平均运算时间随采样快拍数的增加而增加,同时,所提算法的计算效率始终低于SPICE算法。然而,考虑到SS-MUSIC算法与SPICE算法在小快拍数下的严重性能下降问题,所提算法的性能损失是可以忍受的。

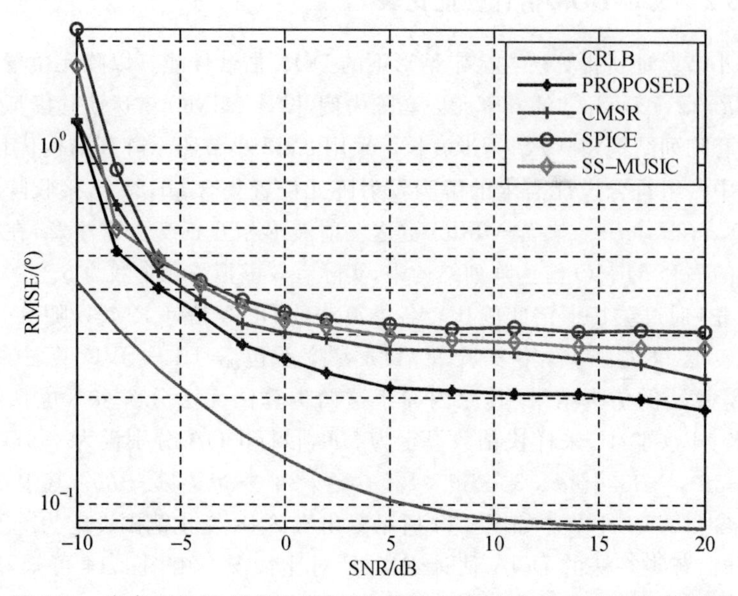

图 2.14　嵌套 MIMO 雷达欠定 DOA 估计 RMSE 随 SNR 的变化情况图

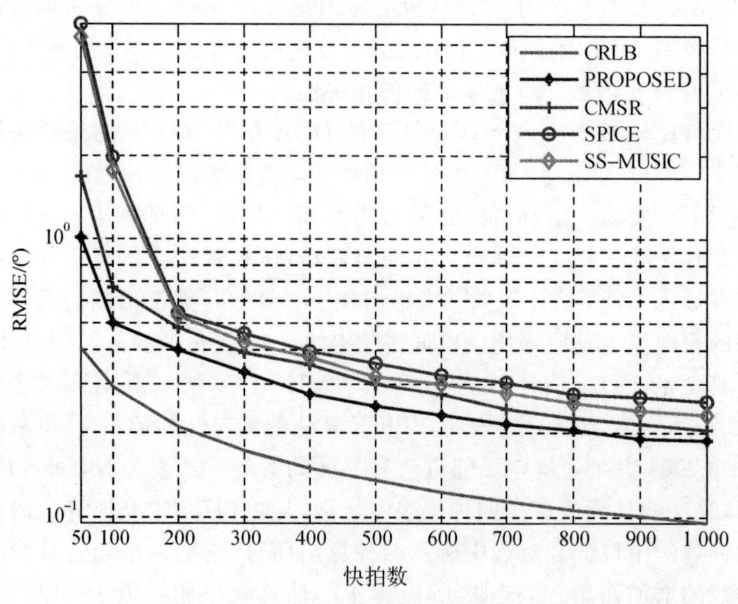

图 2.15　嵌套 MIMO 雷达欠定 DOA 估计 RMSE 随快拍数的变化情况图

表 2.2 欠定 DOA 估计情境中各算法运算时间对比(单位:s)

快拍数 \ 算法	SS-MUSIC	PROPOSED	SPICE	CMSR
50	0.005	0.586	0.311	1.213
300	0.006	0.598	0.379	1.219
500	0.008	0.627	0.385	1.227
700	0.009	0.642	0.419	1.251
1 000	0.012	0.703	0.432	1.255

最后,将检验 SNR 或采样快拍数对以上四种算法检测概率的影响。检测概率定义为 $p_{\mathrm{d}} \stackrel{\mathrm{def}}{=\!=} p\{\,|\,\theta_i - \hat{\theta}_i\,| < \varphi_\theta, \forall i\}$,其中,$\varphi_\theta$ 定义为目标最小 DOA 间隔的一半。在以下两仿真实验中,目标 DOA 分别设为 $-40^\circ+\delta\theta$,$-30^\circ+\delta\theta$,$-20^\circ+\delta\theta$,$10^\circ+\delta\theta$,$14^\circ+\delta\theta$,$30^\circ+\delta\theta$,$40^\circ+\delta\theta$;$\delta\theta$ 及其余仿真参数的设置同前述实验相同。根据 φ_θ 的定义可知,在本实验仿真条件下,$\varphi_\theta=2^\circ$。如图 2.16 所示给出快拍数固定为 500,SNR 变动范围设定为[−10 dB,20 dB]时,四种算法检测概率的对比情况。由图 2.16 可看出,各算法的检测性能随 SNR 的增加而提高,并最终趋于一稳定值。具体来说,当 SNR 高于 5 dB 时,CMSR 的误检概率降至 15%以下(该值远低于 SS-MUSIC 算法所对应的 25%的误检概率值)。SPICE 算法的检测概率始终低于 CMSR 算法和 SS-MUSIC 算法,即使当 SNR 高于 5 dB 时,SPICE 算法仅可保持 55%的有效检测概率。所提算法在 SNR≥5 dB 时,可达到近似 100%的检测概率,同时注意到,其余算法始终具有逊于所提算法的检测性能。产生这一现象的原因在于目标的正确检测依赖于空域离散超完备基的表示形式,与真实模型契合的表示形式可提高检测概率,反之将降低检测概率。因此,基于充分考虑格点失配因子的空域离散模型的所提算法具有最优的检测性能。

如图 2.17 所示给出各算法检测概率随采样快拍数的变化情况,其中 SNR 设定为 5 dB,采样快拍数变动范围设为[50,1 000],其余仿真参数设置情况与图 2.16 相同。图 2.17 的仿真结果表明,所提算法具有最优的检测性能。

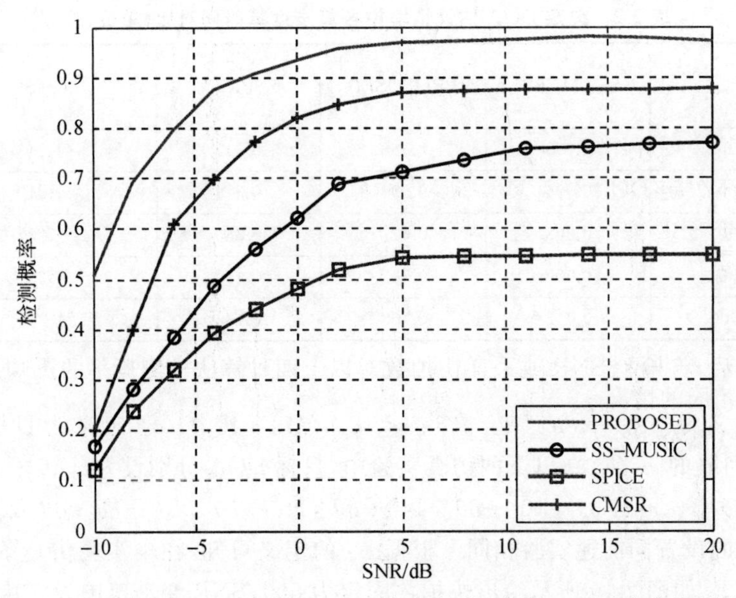

图 2.16　嵌套 MIMO 雷达欠定 DOA 估计检测概率随 SNR 的变化情况图

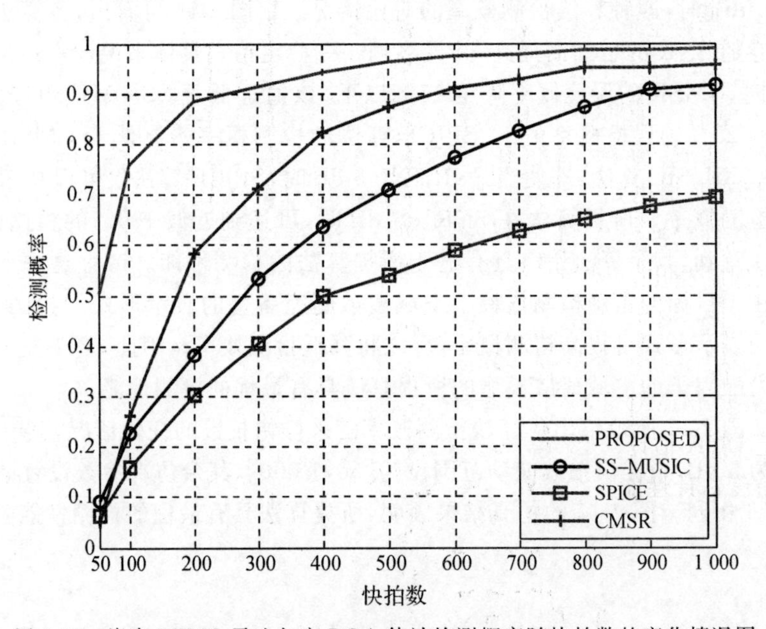

图 2.17　嵌套 MIMO 雷达欠定 DOA 估计检测概率随快拍数的变化情况图

2.6 本章小结

本章主要介绍了两方面内容:①基于嵌套阵的自由度扩展特性,提出了一种适用于欠定 DOA 估计场合的 MIMO 雷达阵列结构设计新方法;②提出了一种基于 SBL 准则的嵌套 MIMO 雷达高分辨测向方法,下述对其进行简要归纳总结。

第一部分,首先分析对传统 MIMO 雷达的虚拟阵元进行嵌套采样给 DOA 估计性能带来的影响;然后提出嵌套 MIMO 雷达阵型设计方法,在虚拟阵元数相同的情况下,该阵型比传统均匀阵型分辨更多的目标。

第二部分,将基于 SBL 准则的稀疏重构技术扩展应用到嵌套 MIMO 雷达 DOA 估计场合中。对于嵌套 MIMO 雷达而言,为了有效利用虚拟阵的潜在自由度扩展特性,其信号模型对应于传统稀疏 DOA 估计问题中的单测量矢量情形。针对该 SMV 稀疏重构问题,提出了一种基于 SBL 准则的高分辨测向算法,该算法充分利用了虚拟阵之差合阵列所具有的高自由度特性,同时可有效补偿由空域离散化过程所引入的格点误差。书中已指出,现有稀疏重构算法的 DOA 估计精度受格点失配效应影响,为了解决此问题,提出利用二阶泰勒展开技术近似表示真实超完备阵列流形字典的观点,以此提高模型拟合精度。之后,基于以上所建立的包含格点失配因子和协方差矩阵估计误差的信号模型,提出一种可有效消除未知噪声分量,同时正则化协方差矩阵估计误差的线性变换设计方法,以克服 SBL 类算法对噪声功率估计误差的敏感性。同时需指出,当利用谱峰搜索技术确定出目标粗略方位后,采用低复杂度的一维多项式求根过程逐次计算各谱峰位置对应的格点误差。

本章仿真结果表明:①与具有相同收发阵元数目的传统均匀 MIMO 雷达相比,嵌套 MIMO 雷达可有效提高 MIMO 雷达系统的自由度,解决前者面临的欠定 DOA 估计问题;②本章提出的稀疏 DOA 估计算法具有比现有算法更优的角度估计性能。

第3章
基于空域稀疏性的互质MIMO雷达DOA估计算法

3.1 引 言

与第2章所采用的阵列结构优化准则不同,本章提出一种基于互质阵的MIMO雷达阵型设计方法,以解决传统均匀MIMO雷达可分辨目标数受虚拟阵元数限制的问题。此外,本章还发展了一种基于SBL准则的互质MIMO雷达高分辨DOA估计算法,其采用梯度下降技术迭代更新空域离散角度集和超参数向量,从而使超完备字典最终契合于真实稀疏字典,以克服传统稀疏重构算法所固有的格点失配问题。同时需指出,本章采用基于MM准则的超参数学习模式加快算法收敛速度。下面对本章涉及的互质阵概念和稀疏重构技术作一简要回顾。

如第2章所述,DOA估计技术已在包括雷达、声呐、射电天文和无线通信等众多领域得到广泛应用[133,143,174-177]。众所周知,信号DOA信息可用于确定阵列入射电磁波空间谱、信源位置等感兴趣参量。从本质上讲,DOA估计属于谐波恢复理论范畴,并可采用该类问题所对应的经典子空间类求解算法,如MUSIC算法[111,178]、ESPRIT算法[148,179],获得信源方位信息。若将以上算法应用于阵元数为M的ULA信号模型中,则最多仅可分辨$M-1$个信源。然而,随着阵列理论的不断发展,欠定DOA估计问题日益引起学者的广泛关注与研究[81,180]。文献[181-183]已指出,传统DOA估计算法无法分辨多于物理阵元数的目标的根源在于阵列结构的非最优性,因此若要提高参数可辨识性,需在阵列结构优化、信号处理算法等方面进行深入创新。

根据已有研究成果,若稀疏阵(阵元非等间距排布)的阵列结构经过合理设计,则其可实现欠定参数估计功能。稀疏阵的可利用自由度由原始物理阵所对应的差合阵列[81]的阵元数目决定。需要指出,差合阵元位置与物理阵元位置差分集中的元素一一对应。通过减小物理阵元位置差分集中冗余元素的数目,可在给定物理阵元数条件下虚拟出“长”差合阵列(至少应保证差合阵元数目大于物理阵元数目）。基于此，多种高自由度阵列结构已被学者设计出来。例如，MRA[86]即是保证物理阵元位置差分集中无冗余元素的理论最优阵列，且MRA所虚拟的差合阵列中各阵元位置于空间连续分布，不存在“空洞”。MHA(Minimum Hole Array)[184]可保证差合阵列中无冗余阵元，同时使空洞数目最小化。然而，上述两类非均匀阵列结构的缺陷在于给定物理阵元数目条件下，各阵元位置无法由简明闭式解确定，且阵列可扩展的最大自由度也无法精确计算出来。因此，针对这两类阵列的参数估计性能分析不易开展。此外，对MRA与MHA而言，构建对应其差合阵列接收数据的半正定协方差矩阵需牵涉到复杂的迭代计算过程。近年来提出的嵌套阵与互质阵可克服上述非均匀阵在阵列结构设计、扩展协方差矩阵构造等方面所面临的问题。嵌套阵已于第2章作过详细介绍，其通常由两级ULA嵌套组合而成，其中内层子阵的阵元间距为半波长。若嵌套阵之物理阵元数目为M，则可仅通过利用阵列接收数据的二阶统计信息（即协方差矩阵）确定$O(M^2)$个信源方位。与MRA和MHA不同，在物理阵元数目给定情况下，嵌套阵的阵元位置和可扩展自由度均能通过公式精确计算出来。需指出，嵌套阵的一个固有缺陷为其内层阵列之阵元间距较小，在实际工程应用中通常会引起互耦效应，因而不可避免地会恶化DOA估计性能。为了克服嵌套阵的内在结构缺陷，互质阵[90]概念应运而生。互质阵通常由两个共线ULA子阵组成，其中一个ULA的阵元数目为M，阵元间距为N倍半波长；另一个ULA的阵元数目为N，阵元间距为M倍半波长。通过选择互质整数对(M,N)，可使由其决定的物理阵元数为$M+N-1$（因为两子阵共用一阵元）的互质阵最多可分辨$O(MN)$个信源。从互质阵之阵列构型可明显看出，其阵元间距较大，可有效减轻互耦现象。与上述标准互质阵列结构不同，文献[185]提出一种名为“扩展互质阵”的阵列结构，其可视作将标准互质阵中某一子阵的阵元数目倍增（一般选择阵元数目较少的子阵进行阵列结构扩展）得到。与标准互质阵相比，扩展互质阵的差合阵列中包含更多的连续阵元（需强调，与嵌套阵不同，互质阵的差合阵列中存在空洞）。以物理阵元数为$N+2M-1$的扩展互质阵为例，其差合阵列中“连续部分”的阵元位置坐标范围为$[-MN-M+1,MN+M-1]d$，其中d为半波长。本章主要聚焦于扩展互质阵的研究，为行文明晰起见，以下均以“互质阵”这一称谓指代扩展互质阵。

如前所述，互质阵具有结构简单、设计灵活、可利用自由度高以及阵元间距“大”等重要应用价值，因而基于互质阵信号模型的测向算法已由国内外学者相继展开研究。根据所采用的估计准则，现有互质阵DOA估计算法可分为两大类:即子空间类算法和稀疏重构类算法。下面对这两类算法的研究现状作一简单梳理。

以 MUSIC 算法和 ESPRIT 算法为代表的子空间类超分辨算法经过近数十年的快速发展,其理论体系日益成熟,应用范围日益广泛。然而,上述算法在解决欠定 DOA 估计问题时往往束手无策,其根源在于这类算法的可靠性通常依赖于阵列接收数据协方差矩阵中信号子空间与噪声子空间的有效分离。在欠定 DOA 估计情形中,由于信源个数已超过物理阵列自由度,因而原始数据协方差矩阵中已不包含可有效扩展成信号子空间的低秩分量,进而导致子空间类算法失效。为了解决此问题,文献[185]在对互质阵信号模型进行深入研究的基础上,提出一种 MUSIC 算法的有效扩展形式,即 SS - MUSIC 算法,以充分利用互质阵的高自由度信息。该算法以向量化的协方差矩阵模拟互质阵差合阵列的接收数据。在此等效信号模型中,信源幅度信息被功率信息所替代,因而使得各信源之间完全相干,此时需利用空间平滑算法解相干,以恢复差合阵接收数据协方差矩阵的秩。然而,由于 SS - MUSIC 算法中包含的空间平滑操作仅可应用于互质阵差合阵列中的连续部分,因而 SS - MUSIC 算法未能充分利用互质阵的扩展自由度信息。此外,该算法仅在采样协方差矩阵与真实协方差矩阵之间拟合误差较小、信源数目已知等条件下具有较好的估计性能,然而,上述理想情况在实际应用中通常较难满足,从而导致 SS - MUSIC 算法在低 SNR 和小快拍数情形下出现严重性能下降现象[186]。基于以上分析,需另辟蹊径,设计非理想信号环境下的嵌套阵高效欠定 DOA 估计算法。

基于大多数应用环境中信源 DOA 空域分布的稀疏性,近年来涌现的稀疏重构技术[94, 109, 187-189]是突破传统子空间类算法性能局限的重要手段。稀疏重构类算法的一般操作流程为首先离散化观测模型的参数空间,以将原非线性参数估计问题转换为线性模型中的稀疏重构问题;其次应用具体稀疏重构算法恢复稀疏支撑集,以此确定信源 DOA 信息。现有大量文献已验证了稀疏重构类算法在低 SNR、小快拍和邻近信源等非理想信号环境下相比于传统子空间类算法所具有的巨大性能优势[93, 190, 191]。具体来说,现有稀疏 DOA 估计算法可分为两类:第一类为基于 $l_p(0\leqslant p\leqslant 1)$ 范数优化的算法,其中 l_p 范数约束项用于促进解的稀疏性;第二类为基于 SBL 准则的算法[156]。第一类算法的典型代表包括 L1 - SVD 算法[156]、L1 - SRACV 算法[152]、SPICE 算法[192, 193]和 CMSR 算法[151, 155]等,然而这些算法在求解过程中往往需预知一些未知参数(如噪声方差、正则化参数等)。与之相反,基于 SBL 准则的稀疏重构算法采用具备精确统计解释的多级概率模型求解稀疏向量，在算法迭代过程中，信源功率与噪声方差作为感兴趣的参量可直接估计出来，因而无须选择复杂的用户参数。此外，文献[122，123，127，159]已从理论上严谨地证明了与基于 l_p 范数优化的稀疏重构算法相比，SBL 类算法具有更高的 l_0 范数拟合精度、更小的结构误差与收敛误差以及更灵活的信号特性利用方式，因而将 SBL 准则应用于稀疏重构领域可进一步提高参数估计精度。总之，SBL 类算法的上述性能优势促使将其应用范围拓展至互质阵中。

尽管以上所提各类稀疏重构算法以其在非理想信号环境中的高分辨特性得到学者普遍关注与深入研究，然而，这类算法存在共同的性能瓶颈，一方面，大多数已于阵列信号处理领域得到应用的稀疏重构算法仅适用于 ULA 构型和原始数据域（即实际物理阵列所接收数据），然而，前文已提及，ULA 并不具备虚拟孔径扩展特性（与之相反，MRA，MHA，互质阵等稀疏阵列具备虚拟孔径扩展特性），因而 L1－SVD，L1－SRACV，SBL 等基于原始数据域的稀疏重构算法无法有效利用协方差向量（即向量化的协方差矩阵）的扩展自由度信息实现欠定 DOA 估计目的。这里需指出，SPICE 和 CMSR 等少数稀疏重构算法可有效应用于相关域（即协方差向量）信号模型，从而可充分利用稀疏阵差合阵列的高自由度信息。另一方面，传统稀疏重构算法对信号入射空域进行离散化近似，并假设所有目标的真实 DOA 均严格位于离散格点上，然而由于信源入射方向的随机性，这一假定条件在多数实际应用环境中无法满足。由目标方位与格点坐标不符所带来的离散误差称为格点误差，其会严重降低稀疏重构类算法的 DOA 估计精度[161，194，195]。为了减小信源真实 DOA 与邻近格点之间的偏差，空域离散划分需十分精密，然而已有大量文献指出[162，163]，过密的格点会极大增加稀疏重构算法的计算量，极端情况下会导致算法无法求解。为了克服格点失配问题，文献[196]提出将真实稀疏字典近似为预设字典（由各离散格点决定）和结构字典（即预设字典在各离散格点上的泰勒展开形式）之和的解决思路。采用文献[196]所述算法可同时估计出原始稀疏信号分量与格点失配因子，将估计出的格点误差补偿到信号稀疏支撑集中，即可得到信号真实 DOA。然而文献[196]仅采用一阶泰勒展开技术近似真实稀疏字典，因而其 DOA 估计精度仍受到高阶模型失配误差的影响，这促使探索更精确有效的格点误差校正途径。

为克服以上所列各类稀疏重构算法的种种性能局限，本章提出一种基于协方差向量稀疏表示的互质 MIMO 雷达高分辨 DOA 估计算法，该算法既可充分利用互质 MIMO 雷达虚拟阵的自由度扩展特性，又可有效校正空域离散过程中引入的格点误差,因而具有较高的角度分辨性能和估计精度。其中互质 MIMO 雷达的阵列结构设计方法与第 2 章所述相同,即通过优化配置 MIMO 雷达的收发阵列构型,使其虚拟阵列结构符合互质阵的排列规则。确定出互质 MIMO 雷达的物理结构后,首先计算该雷达系统匹配滤波输出数据所对应的采样协方差矩阵(与传统子空间类算法的处理流程一致),然后通过重构协方差向量在空域离散超完备字典中的稀疏支撑集,估计各目标真实 DOA。在算法实现过程中,对向量化的协方差矩阵施以去冗余元素和重排操作,以模拟互质阵差合阵列的单快拍接收数据(通常称之为协方差向量)。需指出,与实际物理阵相比,虚拟差合阵列具有更大的自由度。得到协方差向量后,利用一特定线性变换消去其中包含的未知噪声分量,采用该预处理操作的原因在于非精确噪声方差估计值会不可避免地降低 SBL 类算法的参数估计精度。此外,根据采样协方差矩阵估计误差的概率统计特性,于上述去噪线性变换中融入一正则化操作,以单位化协方差向量估计误差,从而简化 SBL 迭代过程。经过数据预处理后,DOA 估计可视作信号稀疏支撑集和格点误差的联合重构问题。为求解该问题,将原始“确定”数据模型转化为其概率对偶形式,并应用 RVM 理论高效估计各感兴趣参量。在参数求解过程中,采用 MM 准则(具体来说,首先确定原优化问题中目标函数的上界,并以之作为中间函数,然后通过梯度下降法搜索该中间函数的极小点,以此确定各待估参量)加快所提算法收敛速度,同时补偿格点误差。此外,所提算法无须已知探测目标数目,且可充分利用互质 MIMO 雷达虚拟阵的潜在自由度扩展特性,因而能够有效解决欠定 DOA 估计问题。本章仿真实验充分验证了所提算法在 DOA 估计精度和目标检测概率方面相比传统算法所具有的巨大性能优势。

本章内容安排如下。3.2 节简要回顾互质阵信号处理基础。3.3 节介绍互质 MIMO 雷达阵列结构设计算法。3.4 节阐述基于 SBL 准则的互质 MIMO 雷达高分辨测向算法,并对算法最大可分辨目标数和 DOA 估计精度的理论下界作了详细推导。3.5 节以大量仿真实例验证所提算法的优越性能。3.6 节对本章内容进行小结。

3.2 互质阵信号处理基础

本节从信号模型和 DOA 估计经典算法两方面简要介绍互质阵信号处理基础。

3.2.1 互质阵信号模型

以3.1节所述扩展互质阵为例，其由两个阵元数分别为 N 和 $2M$ 的ULA子阵构成，且 M 和 N 互质。不失一般性，假定 M 小于 N 。子阵1中 N 个阵元的位置坐标集合为 $\{Mnd, 0 \leqslant n \leqslant N-1\}$ ，子阵2中 $2M$ 个阵元的位置坐标集合为 $\{Nmd, 0 \leqslant m \leqslant 2M-1\}$ ，其中 $d=\lambda/2$ 为单位阵元间距，λ 为载频波长。两子阵所有阵元共线放置，且两参考阵元位置重合，因此互质阵从总体上可视作一物理阵元数为 $2M+N-1$ 的非均匀阵。图3.1所示为上述互质阵的物理结构图。

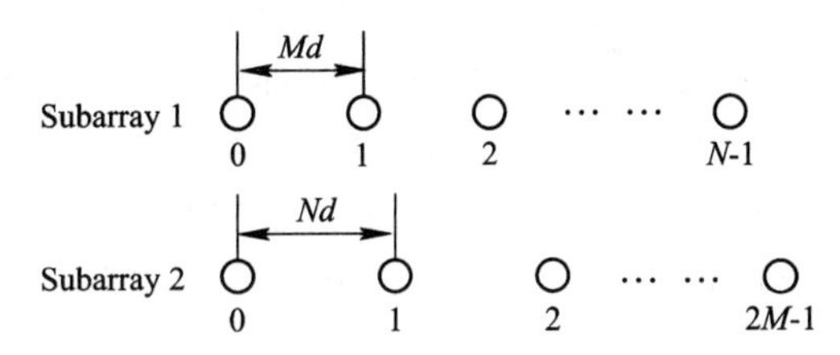

图3.1 阵元数为 $2M+N-1$ 的互质阵物理结构图

假定空间 K 个独立窄带信源同时入射到图3.1所示互质阵上，入射方向集为 $\boldsymbol{\theta}=[\theta_1, \theta_2, \cdots, \theta_K]^{\mathrm{T}}$，各信源基带波形可表示为 $s_k(t), t=1,2,\cdots,Q$ ，其中 $k=1,2,\cdots,K$ 。基于如上假设，采样时刻为 t 时 $(2M+N-1)\times 1$ 维的接收数据矢量可表示为

$$\boldsymbol{x}(t)=\sum_{k=1}^{K}\boldsymbol{a}(\theta_k)s_k(t)+\boldsymbol{n}(t)=\boldsymbol{A}(\boldsymbol{\theta})\boldsymbol{s}(t)+\boldsymbol{n}(t) \tag{3-1}$$

式中，$t=1,2,\cdots,Q$ ，$\boldsymbol{s}(t)=[s_1(t), s_2(t), \cdots, s_K(t)]^{\mathrm{T}} \in \mathbf{C}^{K\times 1}$ 为信号波形矢量，$s_k(t)$ 服从均值为0，方差为 σ_k^2 的复高斯分布，$\boldsymbol{n}(t)=[n_1(t), n_2(t), \cdots, n_{2M+N-1}(t)]^{\mathrm{T}} \in \mathbf{C}^{(2M+N-1)\times 1}$ 表示独立同分布的白高斯噪声矢量，即 $\boldsymbol{n}(t) \sim CN(\boldsymbol{O}, \sigma_n^2\boldsymbol{I}_{2M+N-1})$ ，且噪声分量与信号分量互不相关，$\boldsymbol{A}(\boldsymbol{\theta})=[\boldsymbol{a}(\theta_1), \boldsymbol{a}(\theta_2), \cdots, \boldsymbol{a}(\theta_K)] \in \mathbf{C}^{(2M+N-1)\times K}$ 为阵列流形矩阵，其第 k 个列矢量表示相应于第 k 个信源方位的阵列导向矢量，即

$$\boldsymbol{a}(\theta_k)=[1, \mathrm{e}^{\mathrm{j}\frac{2\pi d_2}{\lambda}\sin\theta_k}, \cdots, \mathrm{e}^{\mathrm{j}\frac{2\pi d_{2M+N-1}}{\lambda}\sin\theta_k}]^{\mathrm{T}} \tag{3-2}$$

式中，$d_i(i=1,2,\cdots,2M+N-1)$ 表示第 i 个阵元的位置坐标，且第一个阵元设为参考阵元，即 $d_1=0$。如果采样快拍数无限多，则可得 $\boldsymbol{x}$ 的理想协方差矩阵，有

$$\boldsymbol{R}_x=\mathrm{E}[\boldsymbol{x}(t)\boldsymbol{x}^{\mathrm{H}}(t)]=\boldsymbol{A}(\boldsymbol{\theta})\boldsymbol{R}_s\boldsymbol{A}^{\mathrm{H}}(\boldsymbol{\theta})+\sigma_n^2\boldsymbol{I}_{2M+N-1}=$$

$$\sum_{k=1}^{K}\sigma_k^2\boldsymbol{a}(\theta_k)\boldsymbol{a}^{\mathrm{H}}(\theta_k)+\sigma_n^2\boldsymbol{I}_{2M+N-1} \tag{3-3}$$

式中,$\boldsymbol{R}_s=\mathrm{E}[\boldsymbol{s}(t)\boldsymbol{s}^{\mathrm{H}}(t)]=\mathrm{diag}(\sigma_1^2,\sigma_2^2,\cdots,\sigma_K^2)$为信号波形协方差矩阵,其对角线元素$\sigma_1^2,\sigma_2^2,\cdots,\sigma_K^2$表示信号功率。本章后续内容所依据的重要假设前提为物理阵元数小于信源(目标)数,即$2M+N-1<K$,或可表示为$K=O(MN)$。在此假设条件下,矩阵$\boldsymbol{A}(\boldsymbol{\theta})$为"胖矩阵"(即矩阵行数小于列数),故此时信号模型可称为欠定的。在该欠定信号模型中,矩阵$\boldsymbol{A}(\boldsymbol{\theta})\boldsymbol{R}_s\boldsymbol{A}^{\mathrm{H}}(\boldsymbol{\theta})$中包含的信号子空间不再具有低秩特性,导致传统子空间类超分辨算法失效。如3.1节所述,适用于互质阵信号模型的欠定DOA估计算法的典型代表为文献[185]提出的SS-MUSIC算法,该算法首先利用空间平滑技术[197-199]构造相应于差合阵列接收数据的扩展协方差矩阵(即包含互质阵所有可利用自由度信息的协方差矩阵),然后将传统MUSIC算法应用于该扩展协方差矩阵(此时该扩展协方差矩阵中信号子空间与噪声子空间可有效分离)中,以估计各入射信源DOA。下面将简要归纳SS-MUSIC算法的设计步骤。

3.2.2 互质阵DOA估计经典算法

与文献[90]中所采用的信号处理流程类似,向量化式(3-3)所示协方差矩阵$\boldsymbol{R}_x$,可得单测量矢量$\boldsymbol{y}$,有

$$\begin{aligned}\boldsymbol{y}&\overset{\text{def}}{=\!=}\mathrm{vec}(\boldsymbol{R}_x)=\mathrm{vec}[\boldsymbol{A}(\boldsymbol{\theta})\boldsymbol{R}_s\boldsymbol{A}^{\mathrm{H}}(\boldsymbol{\theta})]+\sigma_n^2\mathrm{vec}(\boldsymbol{I}_{2M+N-1})=\\&[\boldsymbol{A}^*(\boldsymbol{\theta})\odot\boldsymbol{A}(\boldsymbol{\theta})]\boldsymbol{p}+\sigma_n^2\boldsymbol{I}_n\end{aligned} \tag{3-4}$$

式中,$\boldsymbol{A}^*(\boldsymbol{\theta})\odot\boldsymbol{A}(\boldsymbol{\theta})=[\boldsymbol{a}^*(\theta_1)\otimes\boldsymbol{a}(\theta_1),\boldsymbol{a}^*(\theta_2)\otimes\boldsymbol{a}(\theta_2),\cdots,\boldsymbol{a}^*(\theta_K)\otimes\boldsymbol{a}(\theta_K)]$,$\boldsymbol{p}=[\sigma_1^2,\sigma_2^2,\cdots,\sigma_K^2]^{\mathrm{T}}$,$\boldsymbol{I}_n=[\boldsymbol{e}_1^{\mathrm{T}},\boldsymbol{e}_2^{\mathrm{T}},\cdots,\boldsymbol{e}_{2M+N-1}^{\mathrm{T}}]^{\mathrm{T}}$,$\boldsymbol{e}_i(i=1,2,\cdots,2M+N-1)$表示第$i$个元素为1,其余元素为0的$(2M+N-1)\times1$维列向量。式(3-4)最后一等式可由KR积性质[167,200]得到。观察式(3-4)易知,$\boldsymbol{y}$与式(3-1)中的$\boldsymbol{x}(t)$具有类似的结构特征,可将其视作一个孔径扩展的虚拟阵的单快拍接收数据,该虚拟阵对应的阵列流形矩阵为$\boldsymbol{A}^*(\boldsymbol{\theta})\odot\boldsymbol{A}(\boldsymbol{\theta})$。根据第2章所述相关背景知识,可知$\boldsymbol{A}^*(\boldsymbol{\theta})\odot\boldsymbol{A}(\boldsymbol{\theta})$即为原始物理阵之差合阵列所对应的阵列流形矩阵,该差合阵列中各阵元位置由物理阵元位置的"互差集"$\{\pm(Mn-Nm)d\}$和"自差集"$\{\pm Mnd\}\cup\{\pm Nmd\}$共同决定,其中$0\leqslant m\leqslant 2M-1$,$0\leqslant n\leqslant N-1$。由互质阵的物理结构可知,其所对应的差合阵列孔径为$2(2M-1)Nd$。此外,该差合阵列中共包含$3MN+M-N$个有效阵元,其中分布范围为$[-(MN+M-1)d,(MN+M-1)d]$的阵元是空间连续的。这里需指出,上述物理阵元位置差分集(即互差集和自差集的并集)中

非冗余元素个数决定了互质阵可扩展自由度的上界。

在式(3-4)所示信号模型中,$\boldsymbol{p}$ 中元素代表信号功率信息,此时各等效信源之间可认为完全相关。此外,式(3-4)中所含噪声分量为具有特殊结构的确知向量。根据以上分析可知,传统子空间类超分辨 DOA 估计算法,如 MUSIC 算法,无法应用于式(3-4)所示的相干信号环境中。为克服此缺点,可利用空间平滑技术重构 $\boldsymbol{y}$ 所对应的满秩协方差矩阵[185]。由于空间平滑技术需利用子阵间的阵列平移不变性,因而上述空间平滑操作仅针对差合阵列中的连续部分。

因互质阵物理阵元位置差分集中部分元素重复出现,故上述理想协方差矩阵 $\boldsymbol{R}_x$ 中含有冗余信息。基于此,为节省运算时间,需对式(3-4)中 $\boldsymbol{y}$ 进行降维操作,以消除其中冗余元素。为达到此目的,需提取出 $\boldsymbol{y}$ 中所有非重复元素,并对所得挑选结果进行向量重排操作,可得新数据矢量 $\boldsymbol{z}$,有

$$\boldsymbol{z}=\boldsymbol{B}(\boldsymbol{\theta})\boldsymbol{p}+\sigma_n^2\boldsymbol{e} \tag{3-5}$$

式中,$\boldsymbol{B}(\boldsymbol{\theta})=[\boldsymbol{b}(\theta_1),\boldsymbol{b}(\theta_2),\cdots,\boldsymbol{b}(\theta_K)]\in\mathbf{C}^{(3MN+M-N)\times K}$ 相当于一阵元总数为 $3MN+M-N$,阵元分布范围为 $[-N(2M-1)d,N(2M-1)d]$ 的非均匀线阵所对应的阵列流形矩阵,$\boldsymbol{e}$ 表示中间位置元素为 1,其余位置元素为 0 的 $(3MN+M-N)\times 1$ 维列矢量。至此,式(3-5)可视作一阵元总数为 $3MN+M-N$ 的非均匀线阵的单快拍接收数据,其中 $\boldsymbol{p}$ 表示相干信号向量,$\sigma_n^2\boldsymbol{e}$ 表示具有确定结构的噪声项。需强调,在上述非均匀线阵中,连续阵元的位置分布范围为 $[(-MN-M+1)d,(MN+M-1)d]$。

为应用空间平滑算法解相干,需按序抽取出 $\boldsymbol{z}$ 中部 $2(MN+M)-1$ 个元素,并以之构成矢量 $\boldsymbol{z}_0$,该新矢量相当于阵元总数为 $2(MN+M)-1$,阵元位置分布范围为 $[(-MN-M+1)d,(MN+M-1)d]$ 的 ULA 的单快拍接收数据。得到 $\boldsymbol{z}_0$ 后,可按文献[185]所述方法构建平滑协方差矩阵为

$$\boldsymbol{R}_{ss}=\frac{1}{MN+M}\sum_{i=1}^{MN+M}\boldsymbol{z}_{0i}\boldsymbol{z}_{0i}^{\mathrm{H}}=\frac{1}{MN+M}(\boldsymbol{B}_1\boldsymbol{R}_s\boldsymbol{B}_1^{\mathrm{H}}+\sigma_n^2\boldsymbol{I}_{MN+M})^2 \tag{3-6}$$

式中,$\boldsymbol{z}_{0i}$ 表示由 $\boldsymbol{z}_0$ 的第 $MN+M+1-i$ 行到第 $2(MN+M-1)+2-i$ 行元素组成的列向量,$\boldsymbol{B}_1$ 表示由 $\boldsymbol{B}(\boldsymbol{\theta})$ 的第 $0.5(MN-M-N+1)+MN+M+1$ 行到第 $3MN+M-N-0.5(MN-M-N+1)$ 行元素组成的阵列流形矩阵。得到满秩平滑协方差矩阵 $\boldsymbol{R}_{ss}$ 后,即可应用传统 MUSIC 算法实现欠定 DOA 估计目的(最大可分辨信源数为 $MN+M-1$)。

3.3 互质 MIMO 雷达阵列结构设计算法

本节讨论基于互质阵的 MIMO 雷达阵列结构优化算法,以突破传统均匀阵型对 MIMO 雷达自由度的限制。有关 MIMO 雷达回波信号模型、MIMO 雷达匹配滤波输出与互质阵接收数据等效性的介绍已于 2.3 节详细给出,本节不再赘述。现在详细阐释互质 MIMO 雷达阵型设计方法,该方法与 2.3 节所提嵌套 MIMO 雷达阵型设计方法类似。

以 M 发 N 收 MIMO 雷达为例,期望用此系统虚拟出阵元总数为 $Q(Q=MN)$ 的互质阵,即各虚拟阵元的位置与互质阵各阵元的位置一一对应,但是,该最优阵型配置通常是不存在的。如果将限制条件放宽(即 $MN>Q$),则可得到存在部分冗余虚拟阵元的次优 MIMO 雷达阵型配置,即求解如式(3-7)所示优化问题:

$$\begin{aligned}&\min_{\{x_{\mathrm{T},m}\},\{x_{\mathrm{R},n}\}} \quad M+N\\&\text{限制条件}\ |\{x_{\mathrm{T},m}\}|=M,\ |\{x_{\mathrm{R},n}\}|=N,\ \{x_{\mathrm{T},m}+x_{\mathrm{R},n}\}\supset\\&\{x_{\mathrm{V},1},x_{\mathrm{V},2},\cdots,x_{\mathrm{V},Q}\}\end{aligned} \tag{3-7}$$

式中,$|\{\cdot\}|$ 表示集合的势,$x_{\mathrm{T},m}(m=1,2,\cdots,M)$ 为发射阵元位置坐标,$x_{\mathrm{R},n}(n=1,2,\cdots,N)$ 为接收阵元位置坐标,$x_{\mathrm{V},i}(i=1,2,\cdots,Q)$ 为互质阵阵元坐标。

通过计算机搜索求解式(3-7),可得到互质 MIMO 雷达的阵型配置。与同收发阵元数目的均匀 MIMO 雷达相比,互质 MIMO 雷达自由度更大,可以解决前者存在的欠定 DOA 估计问题。

现在给出几个简单的互质 MIMO 雷达阵型设计实例。假设期望得到虚拟阵元数为 8 的互质 MIMO 雷达阵型,经计算机搜索可得到多组解,如图 3.2 所示为其中一组解(x 轴单位为半波长)。

图 3.2 中点划线表示互质 MIMO 雷达虚拟阵列中冗余阵元的位置坐标,对该"冗余"性的理解可从如图 3.3 与图 3.4 中直观得到。

比较图 3.3 与图 3.4 所示结果可知,互质 MIMO 雷达虚拟阵中冗余阵元的存在并不能提高系统的可扩展自由度,仅增加了某些特定位置上差合阵元的重复出现次数,因此实际应用中通常可舍去这些冗余阵元输出的匹配滤波数据,以降低后续信号处理算法的运算复杂度。

假设信噪比为 5 dB,快拍数(发射脉冲数)为 300。如图 3.5 所示为采用

图 3.2 阵型的 DOA 估计结果(点划线对应目标真实方位)。由于采用二发五收均匀 MIMO 雷达阵型最多可估计 9 个目标的 DOA,因此由图 3.5 所示结果可知,互质 MIMO 雷达可有效解决传统均匀 MIMO 雷达所面临的欠定 DOA 估计问题。

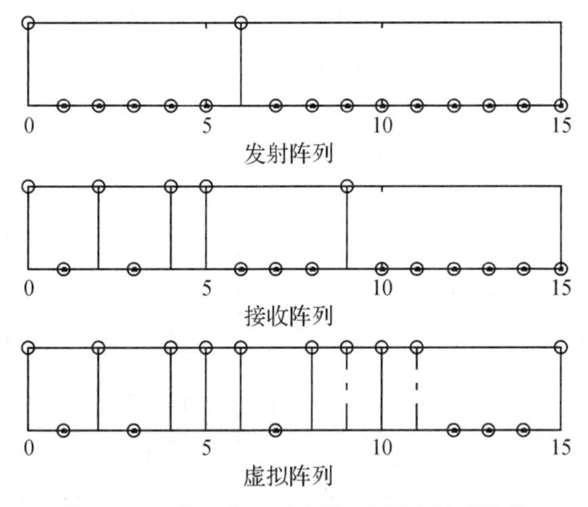

图 3.2 二发五收互质 MIMO 雷达阵列结构

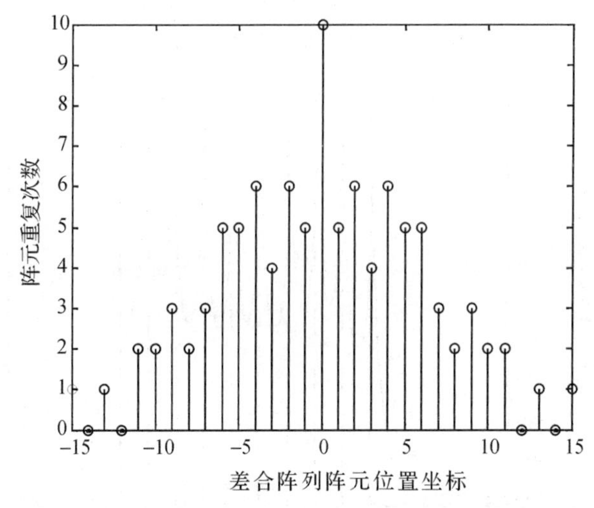

图 3.3 二发五收互质 MIMO 雷达虚拟阵的差合阵列

观察图 3.2 中虚拟阵列结构可知,其为非均匀阵。根据传统阵列信号处理理论,若直接针对该虚拟阵所接收的原始数据(即不经过前文所述的向量化协方差矩阵、虚拟差合阵元过程)进行 DOA 估计,则测向结果存在模糊现象。

然而,文献[201, 202]已通过严格理论推导证明,互质阵之特殊阵列结构可有效消除上述直接数据域中的 DOA 估计模糊效应。这里需指出,嵌套阵信号处理中无类似结论。如图 3.6 所示结果可简单验证如上结论,其中,所采用的 MIMO 雷达阵型如图 3.2 所示,并加入二发五收均匀 MIMO 雷达的测向结果以作对比,信噪比设为 5 dB,快拍数设为 300。

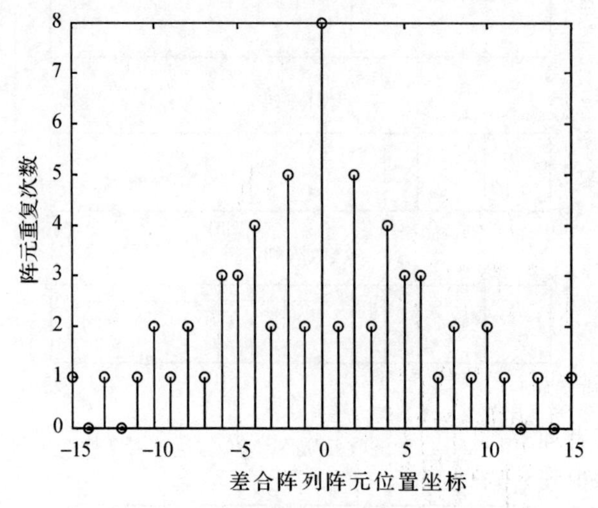

图 3.4 八阵元互质阵的差合阵列

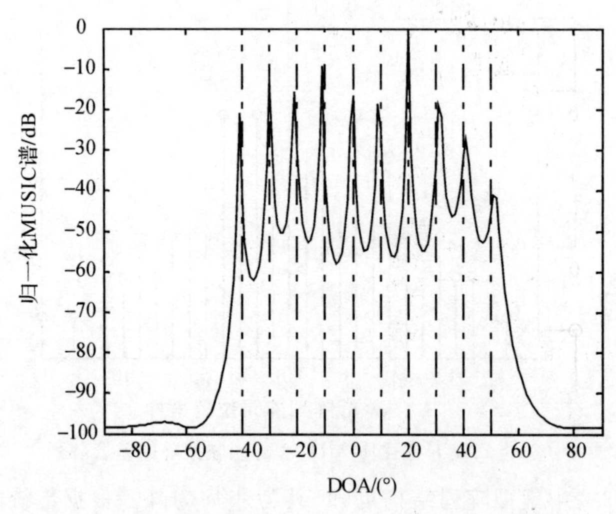

图 3.5 互质 MIMO 雷达 DOA 估计结果(目标个数为 10)

由图 3.6 所示结果可知,互质 MIMO 雷达直接数据域测向结果中不存在模糊现象。同时注意到，由于互质 MIMO 雷达虚拟孔径更大，因此谱峰更尖锐，空间分辨率更高。

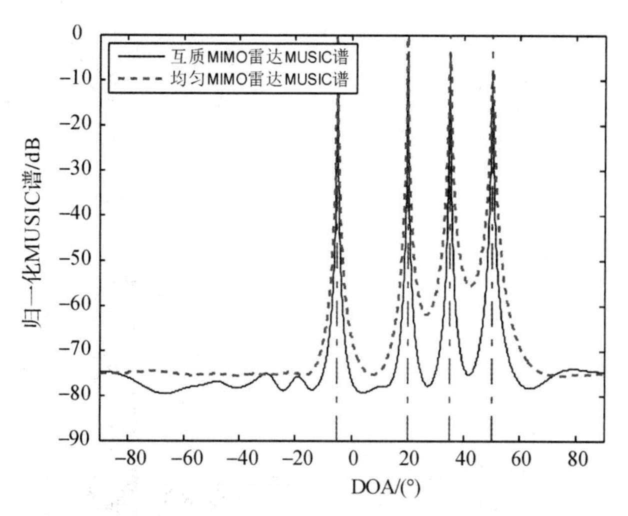

图 3.6 互质及均匀 MIMO 雷达直接数据域 DOA 估计结果对比(目标个数为 4)

为加深读者理解，下面给出另一互质 MIMO 雷达阵列结构设计实例。假设期望得到虚拟阵元数为 6 的互质 MIMO 雷达阵型，利用计算机搜索可得式(3-7)所示优化问题的多组解，如图 3.7 所示为其中一组解。

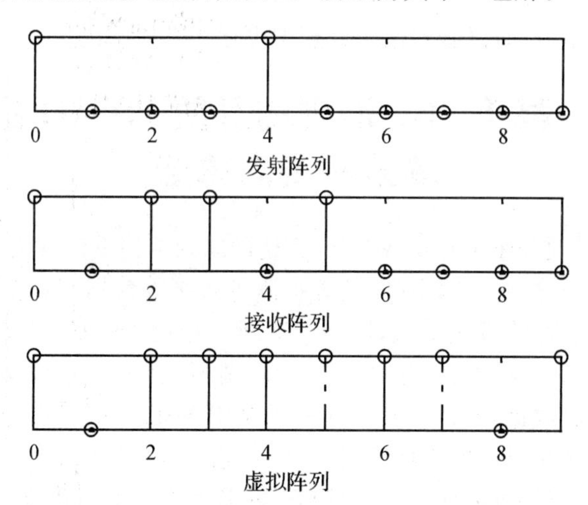

图 3.7 二发四收互质 MIMO 雷达阵列结构

文献[157]已指出，对任一指定阵列系统而言，其相关域数据(即前文所述协方差向量)比原始数据积累更高的 SNR，因而相关数据域测向结果往往比直接数据域测向结果具有更高的角度分辨性能和非理想信号环境适应性。如图 3.8 所示结果可直观验证该结论，其中互质 MIMO 雷达构型如图 3.7 所示，信噪比和快拍数分别假定为 5 dB 和 300。

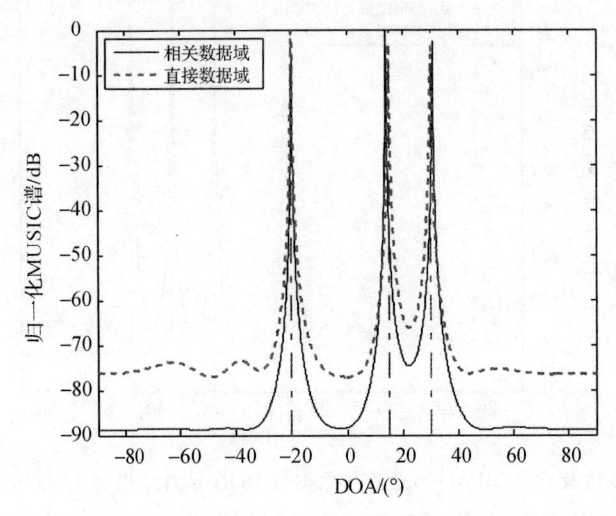

图 3.8　互质 MIMO 雷达相关数据域与直接数据域 DOA 估计结果对比(目标个数为 3)

由图 3.8 所示结果可知，与直接数据域测向结果相比，相关数据域测向结果谱峰更尖锐，角度分辨率更高，从而验证了其积累 SNR 高于直接域数据这一事实。此外需强调，嵌套阵信号处理中也存在类似结论。

3.4　基于 SBL 准则的互质 MIMO 雷达高分辨测向算法

3.3 节已详细介绍了互质 MIMO 雷达的阵列结构设计方法，同时指出，互质 MIMO 雷达匹配滤波输出(即其虚拟阵等效接收数据)具有和传统互质阵接收数据完全一致的表达形式，因而二者所对应的 DOA 估计算法可相互通用。为表述清晰和符号统一起见，采用 3.2 节所述信号模型表示互质 MIMO 雷达虚拟阵接收数据，并针对其设计一种基于 SBL 准则的高分辨测向算法。本节的研究工作从以下四方面开展。

(1)简要介绍协方差向量在空域离散超完备字典中的稀疏表示形式。

(2)基于对协方差向量采样估计误差统计特性的深入分析，提出一种可同时实现协方差向量去噪和正则化其估计误差的预处理算法的设计思路。

(3)阐释了所提基于 SBL 准则的高分辨 DOA 估计算法的基本思想，同时详细讨论了如何利用 MM 准则加快算法收敛速度、细化 DOA 估计结果。

(4)总结所提算法的基本操作流程,并对其实现过程中需注意的问题进行补充说明。

3.4.1 协方差向量的稀疏表示

式(3-4)和式(3-5)分别所示的单测量矢量 $\boldsymbol{y}$ 和 $\boldsymbol{z}$ 均为理想条件下的表达形式,然而实际应用中,因采样快拍数有限,故上述理想表达式不可避免地会受到信号自相关项和信号-噪声互相关项的“污染”。有限采样快拍(不失一般性,设为 Q)下,理想协方差矩阵 $\boldsymbol{R}_x$ 可由下式近似,即

$$\hat{\boldsymbol{R}}_x=\frac{1}{Q}\sum_{t=1}^{Q}\boldsymbol{x}(t)\boldsymbol{x}^{\mathrm{H}}(t) \tag{3-8}$$

此时,由所推得的协方差向量和的估计形式可分别表示为

$$\hat{\boldsymbol{y}}=[\boldsymbol{A}^{*}(\boldsymbol{\theta})\odot\boldsymbol{A}(\boldsymbol{\theta})]\boldsymbol{p}+\sigma_n^2\boldsymbol{I}_n+\boldsymbol{\varepsilon} \tag{3-9}$$

$$\hat{\boldsymbol{z}}=\boldsymbol{B}(\boldsymbol{\theta})\boldsymbol{p}+\sigma_n^2\boldsymbol{e}+\bar{\boldsymbol{\varepsilon}} \tag{3-10}$$

式中,$\boldsymbol{\varepsilon}$ 和 $\bar{\boldsymbol{\varepsilon}}$ 分别表示 $\hat{\boldsymbol{y}}$ 和 $\hat{\boldsymbol{z}}$ 中所含的估计误差,与式(3-4)转换为式(3-5)所采用的降维过程类似,$\bar{\boldsymbol{\varepsilon}}$ 可由 $\boldsymbol{\varepsilon}$ 经去冗余元素和向量重排操作得到。

如 3.1 节和 3.2 节所述,互质阵的差合阵列中存在某些空间非连续的空洞,而基于子阵平移不变性的 SS-MUSIC 算法仅可作用于上述差合阵列中的空间连续部分,这不可避免地会损失部分互质阵的可利用自由度。此外,SS-MUSIC 算法所采用的空间平滑操作进一步将差合阵列中 ULA 子阵的有效自由度减半。以上缺点限制了 SS-MUSIC 算法在互质 MIMO 雷达高分辨测向场景中的应用范围。考虑到实际信号入射方向的空域稀疏性,同时为充分利用互质阵的全部有效自由度,采用近年来兴起的稀疏重构技术解决互质 MIMO 雷达高分辨 DOA 估计问题。下面详细描述协方差向量空域稀疏模型的建立。

如第 2 章所述,式(3-10)所代表的 DOA 估计问题可利用稀疏重构技术求解。依稀疏 DOA 估计算法经典框架,信号所有可能入射方向(即 $-90°$ 到 $90°$ 之间所有方位点)需进行空域离散化,由此得到空域离散角度集 $\boldsymbol{\Theta}=[\tilde{\theta}_1,\tilde{\theta}_2,\cdots,\tilde{\theta}_I]$。这里应用到一个重要的前提假设条件,即所有目标的真实 DOA 均精确位于 $\boldsymbol{\Theta}$ 中所划分格点上,且针对互质阵信号模型而言,$I\gg(3MN+M-N)>K$。上述空域离散角度集 $\boldsymbol{\Theta}$ 所对应的阵列流形字典可表示为

$\bar{\boldsymbol{B}}(\boldsymbol{\Theta})=[\boldsymbol{b}(\tilde{\theta}_1),\boldsymbol{b}(\tilde{\theta}_2),\cdots,\boldsymbol{b}(\tilde{\theta}_I)]$，其中 $\boldsymbol{b}(\tilde{\theta}_i)$ 与式(3-10)中的 $\boldsymbol{b}(\theta_k)$ 具有类似的表达形式(将 $\boldsymbol{b}(\theta_k)$ 中的角度参量 θ_k 换为 $\tilde{\theta}_i$ 即可得到 $\boldsymbol{b}(\tilde{\theta}_i)$)。举例来说，将信号可能入射空域$[-90°,90°]$以间隔 $\Delta\theta=1°$进行均匀采样，可得空域离散角度集 $\boldsymbol{\Theta}=[-90°,-89°,\cdots,90°]$和与其相应的超完备阵列流形字典。经过如上分析，可得 $\hat{\boldsymbol{z}}$ 在空域超完备基下的稀疏表示形式为

$$\hat{\boldsymbol{z}}=\bar{\boldsymbol{B}}(\boldsymbol{\Theta})\bar{\boldsymbol{p}}+\sigma_n^2\boldsymbol{e}+\bar{\boldsymbol{\varepsilon}} \tag{3-11}$$

式中，$\bar{\boldsymbol{B}}(\boldsymbol{\Theta})\in\mathbf{C}^{(3MN+M-N)\times I}$ 表示超完备阵列流形字典，$\bar{\boldsymbol{p}}$ 为 $\boldsymbol{p}$ 从角度集 $\boldsymbol{\theta}$ 到角度集 $\boldsymbol{\Theta}$ 的补零扩展形式，即 $\bar{\boldsymbol{p}}$ 中非0元素位置与 $\{\theta_k\}_{k=1}^K$ 在 $\boldsymbol{\Theta}$ 中的对应位置一致，也即是说，若 $\bar{\boldsymbol{p}}$ 的估计量中第 i 个元素非0，则可据此断定 $\tilde{\theta}_i(i=1,2,\cdots,I)$ 方向存在入射信源。因此，后续工作为如何在噪声方差信息 σ_n^2 与信源数目信息 K 未知情况下，从稀疏模型(3-11)中估计出信源DOA $\{\theta_k\}_{k=1}^K$。

3.4.2 协方差向量预处理

进入具体测向步骤前，首先应对采样协方差向量 $\hat{\boldsymbol{z}}$ 作预处理，以避免估计其中所含的噪声方差和采样近似误差，从而使 $\hat{\boldsymbol{z}}$ 转换为其无噪的、仅含有限信源分量的正则化表示形式。此外，读者需注意，式(3-9)和式(3-10)所代表的DOA估计问题实质上是等价的，式(3-9)经去冗余元素和向量重排操作后，即可得到式(3-10)，该降维操作同样应用于 $\boldsymbol{\varepsilon}$ 到 $\bar{\boldsymbol{\varepsilon}}$ 的转化过程中。一般来说，若接收数据协方差矩阵中含有冗余元素，则 $\hat{\boldsymbol{z}}$ 可视作比 $\hat{\boldsymbol{y}}$ 更简洁合理的信号模型，其原因在于绝大多数稀疏重构算法的运算量随求解问题维数的增加呈几何级数增长。因此，下面将选择式(3-11)所示降维协方差向量 $\hat{\boldsymbol{z}}$ 的稀疏表示形式作为信号模型，提出旨在消除噪声分量、正则化协方差向量估计误差的预处理算法。

在独立信号环境中，可移除 $\hat{\boldsymbol{z}}$ 中所含噪声分量，以使协方差向量与信源DOA之间的关系更加清晰地显现出来。定义 $\hat{\boldsymbol{z}}$ 的去噪形式为$\hat{\boldsymbol{z}}_1$，即

$$\hat{\boldsymbol{z}}_1=\hat{\boldsymbol{z}}-\sigma_n^2\boldsymbol{e}=\bar{\boldsymbol{B}}(\boldsymbol{\Theta})\bar{\boldsymbol{p}}+\bar{\boldsymbol{\varepsilon}} \tag{3-12}$$

式(3-12)表明$\hat{\boldsymbol{z}}_1$ 为 I 个信号导向矢量 $\boldsymbol{b}(\tilde{\theta}_i),i=1,2,\cdots,I$ 的含 $\bar{\boldsymbol{\varepsilon}}$ 加权和形式，因而若进一步将协方差向量估计误差 $\bar{\boldsymbol{\varepsilon}}$ 从$\hat{\boldsymbol{z}}_1$ 中消去，则各信源DOA可方便地估计出来。然而，对大多数DOA估计问题来说，噪声方差 σ_n^2 通常被认

为是未知量。从直观上理解,可通过平均协方差矩阵小特征值的手段获得噪声方差的估计值,然而该操作需已知信源数目,并且于欠定 DOA 估计环境中失效(因为此时信号子空间混叠进噪声子空间)。此外,如前所提,SBL 类稀疏重构算法在迭代过程中输出的噪声方差估计值通常是不精确的,然而此类算法的参数估计精度却与噪声方差估计精度成正比,这一重要关联启示设计一巧妙线性变换,以直接将 $\hat{z}$ 中所含噪声分量消去。需强调,在上述线性变换设计过程中,需同时考虑实现正则化 $\hat{z}$ 中所含估计误差这一重要功能。总之,所提预处理操作可简化 SBL 迭代过程、促进解的稀疏性以及提高参数估计精度。下面详细描述该预处理操作的实现过程。

文献[169]已揭示,协方差向量估计误差满足渐近高斯分布,有

$$\boldsymbol{\varepsilon}=\mathrm{vec}(\hat{\boldsymbol{R}}_x-\boldsymbol{R}_x)\sim CN\left(\boldsymbol{O},\frac{1}{Q}\boldsymbol{R}_x^{\mathrm{T}}\otimes\boldsymbol{R}_x\right) \tag{3-13}$$

然而,通过对比 $\boldsymbol{\varepsilon}$ 和 $\bar{\boldsymbol{\varepsilon}}$ 的结构特征,可知式(3-11)中所含协方差向量估计误差的概率分布特性不同于式(3-13)中所示形式。具体来讲,$\bar{\boldsymbol{\varepsilon}}$ 的统计特性不仅依赖于 $\boldsymbol{R}_x$ 内各元素,也与前文提及的去冗余元素和向量重排操作密切相关,这些因素使 $\bar{\boldsymbol{\varepsilon}}$ 的统计参数不易计算。因此,将通过深入分析 $\hat{\boldsymbol{y}}$ 到 $\hat{z}$ 的具体转化过程,建立 $\boldsymbol{\varepsilon}$ 与 $\bar{\boldsymbol{\varepsilon}}$ 之间的显式变换关系。

从本质上讲,互质阵可视作一类特殊结构的 ULA(即缺失某些阵元的 ULA)。举例来说,3.2 节所述互质阵的物理阵元位置坐标集合 $D=\{d_i,i=1,2,\cdots,2M+N-1\}$ 即可视作一 ULA 阵元位置坐标集合的子集,该关系的数学表述形式为 $D\subset\{0,1,\cdots,(2M-1)N\}$ 。不失一般性,假设 D 中元素按升序排列,且 $d_1=0$, $d_{2M+N-1}=(2M-1)N$,其中 $2M+N-1$ 表示互质阵物理阵元个数。进一步,若第 k 个信源入射到上述阵元总数为 $(2MN-N+1)$ 的 ULA 上,则相应的导向矢量 $\boldsymbol{d}(\theta_k)$可表示为

$$\boldsymbol{d}(\theta_k)=[1,\mathrm{e}^{\mathrm{j}\frac{2\pi d}{\lambda}\sin\theta_k},\cdots,\mathrm{e}^{\mathrm{j}\frac{2\pi(2M-1)Nd}{\lambda}\sin\theta_k}]^{\mathrm{T}} \tag{3-14}$$

定义选择矩阵 $\boldsymbol{\Phi}\in\{0,1\}^{(2M+N-1)\times[N(2M-1)+1]}$,其任一行(不妨设为第 i 行)中,仅第 (d_i+1) 个位置的元素为 1,其余位置的元素均为 0。容易得到:

$$\boldsymbol{a}(\theta_k)=\boldsymbol{\Phi}\boldsymbol{d}(\theta_k) \tag{3-15}$$

进一步,可得

$$\begin{aligned}\boldsymbol{a}^*(\theta_k)\otimes\boldsymbol{a}(\theta_k)&=[\boldsymbol{\Phi}\boldsymbol{d}(\theta_k)]^*\otimes[\boldsymbol{\Phi}\boldsymbol{d}(\theta_k)]=[\boldsymbol{\Phi}\boldsymbol{d}^*(\theta_k)]\otimes[\boldsymbol{\Phi}\boldsymbol{d}(\theta_k)]=\\&(\boldsymbol{\Phi}\otimes\boldsymbol{\Phi})[\boldsymbol{d}^*(\theta_k)\otimes\boldsymbol{d}(\theta_k)]\end{aligned} \tag{3-16}$$

上式最后一等式关系可根据 Kronecker 积性质[170]得到。同时需注意,对矢量

$\boldsymbol{d}(\theta_k)$而言，有

$$\begin{aligned}\boldsymbol{d}^*(\theta_k)\otimes\boldsymbol{d}(\theta_k)=&[\boldsymbol{d}(\theta_k),\mathrm{e}^{-\mathrm{j}\frac{2\pi d}{\lambda}\sin\theta_k}\boldsymbol{d}(\theta_k),\cdots,\mathrm{e}^{-\mathrm{j}\frac{2\pi(2M-1)Nd}{\lambda}\sin\theta_k}\boldsymbol{d}(\theta_k)]^{\mathrm{T}}=\\&[1,\mathrm{e}^{\mathrm{j}\frac{2\pi d}{\lambda}\sin\theta_k},\cdots,\mathrm{e}^{\mathrm{j}\frac{2\pi(2M-1)Nd}{\lambda}\sin\theta_k},|\,\mathrm{e}^{-\mathrm{j}\frac{2\pi d}{\lambda}\sin\theta_k},1,\cdots,\mathrm{e}^{\mathrm{j}\frac{2\pi(2MN-N-1)d}{\lambda}\sin\theta_k},|\cdots\\&\cdots,|\,\mathrm{e}^{-\mathrm{j}\frac{2\pi(2M-1)Nd}{\lambda}\sin\theta_k},\mathrm{e}^{-\mathrm{j}\frac{2\pi(2MN-N-1)d}{\lambda}\sin\theta_k},\cdots,1]^{\mathrm{T}}\end{aligned}\tag{3-17}$$

由式(3-17)可知，$\boldsymbol{d}^*(\theta_k)\otimes\boldsymbol{d}(\theta_k)$可被表示为如下等价形式，即

$$\boldsymbol{d}^*(\theta_k)\otimes\boldsymbol{d}(\theta_k)=\boldsymbol{G}\boldsymbol{h}(\theta_k)\tag{3-18}$$

式中，

$$\boldsymbol{G}=\left[\begin{array}{ccccccc}0&\cdots&0&1&0&\cdots&0\\0&\cdots&0&0&1&\cdots&0\\\vdots&&\vdots&\vdots&\vdots&&\vdots\\0&\cdots&0&0&0&\cdots&1\\\hline 0&\cdots&1&0&0&\cdots&0\\0&\cdots&0&1&0&\cdots&0\\\vdots&&\vdots&\vdots&&\vdots&\vdots\\0&\cdots&0&0&\cdots&1&0\\\hline\vdots&\vdots&\vdots&\vdots&\vdots&\vdots&\vdots\\\hline 1&0&\cdots&0&0&\cdots&0\\0&1&\cdots&0&0&\cdots&0\\\vdots&\vdots&&\vdots&&&\vdots\\0&0&\cdots&1&0&\cdots&0\end{array}\right]\in\mathbf{R}^{[N(2M-1)+1]^2\times[2N(2M-1)+1]}\tag{3-19}$$

$$\boldsymbol{h}(\theta_k)=[\mathrm{e}^{-\mathrm{j}\frac{2\pi(2M-1)Nd}{\lambda}\sin\theta_k},\cdots,\mathrm{e}^{-\mathrm{j}\frac{2\pi d}{\lambda}\sin\theta_k},1,\mathrm{e}^{\mathrm{j}\frac{2\pi d}{\lambda}\sin\theta_k},\cdots,\mathrm{e}^{\mathrm{j}\frac{2\pi(2M-1)Nd}{\lambda}\sin\theta_k}]^{\mathrm{T}}\tag{3-20}$$

由式(3-20)所示$\boldsymbol{h}(\theta_k)$的表达式可知，其可视作第k个信源入射到阵元位置坐标集合为$\Omega\overset{\text{def}}{=\!=}\{-(2M-1)N,\cdots,-1,0,1,\cdots,(2M-1)N\}$的ULA上所形成的导向矢量。然而，$\boldsymbol{h}(\theta_k)$并非是我们最终期望得到的差合阵列导向矢量(该导向矢量为后述DOA估计算法所必需)。为构建差合阵列流形矩阵，我们需强调差合阵元位置坐标集合可被认为是Ω的子集。上述结果验证了3.2节所作推论，即互质阵之差合阵列于结构上可视作存在“某些空洞”的ULA。为便于符号表述，记差合阵元位置坐标集合为$\bar{D}=\{\bar{d}_i,i=1,2,\cdots,3MN+M-N\}=\{\pm(d_i-d_j),1\leqslant i,j\leqslant 2M+N-1\}$。此外，假定$\bar{D}$中元素按升序排列，且$\bar{d}_1=-(2M-1)N$，$\bar{d}_{3MN+M-N}=(2M-1)N$。接下来，依

与式(3-15)类似的推导过程，可知相应于 θ_k 的差合阵列导向矢量具有以下重要性质：

$$\boldsymbol{b}(\theta_k)=\boldsymbol{\Psi h}(\theta_k) \tag{3-21}$$

式中，$\boldsymbol{\Psi}\in\{0,1\}^{(3MN+M-N)\times[2N(2M-1)+1]}$ 为选择矩阵，其第 i 行中，仅第 $(\bar{d}_i+2MN-N+1)$ 个位置的元素为1，其余位置的元素均为0。联立式(3-18)与式(3-21)，可得

$$\boldsymbol{d}^*(\theta_k)\otimes\boldsymbol{d}(\theta_k)=\boldsymbol{G\Psi}^{-1}\boldsymbol{b}(\theta_k) \tag{3-22}$$

进一步，根据 $\boldsymbol{\Psi}$ 的行满秩特性，可知其 Moore-Penrose 逆矩阵一定存在(为数学符号统一起见，仍以 $(\cdot)^{-1}$ 表示 Moore-Penrose 逆)，且可被表示为[170]

$$\boldsymbol{\Psi}^{-1}=\boldsymbol{\Psi}^{\mathrm{T}}(\boldsymbol{\Psi\Psi}^{\mathrm{T}})^{-1} \tag{3-23}$$

将式(3-23)代入式(3-22)，可得 $\boldsymbol{d}^*(\theta_k)\otimes\boldsymbol{d}(\theta_k)$ 的更明晰的表达式为

$$\boldsymbol{d}^*(\theta_k)\otimes\boldsymbol{d}(\theta_k)=\boldsymbol{G\Psi}^{\mathrm{T}}(\boldsymbol{\Psi\Psi}^{\mathrm{T}})^{-1}\boldsymbol{b}(\theta_k) \tag{3-24}$$

利用以上表达式，可将 $\boldsymbol{A}^*(\boldsymbol{\theta})\odot\boldsymbol{A}(\boldsymbol{\theta})$ 表示为以下等价形式，有

$$\boldsymbol{A}^*(\boldsymbol{\theta})\odot\boldsymbol{A}(\boldsymbol{\theta})=(\boldsymbol{\Phi}\otimes\boldsymbol{\Phi})\boldsymbol{G\Psi}^{\mathrm{T}}(\boldsymbol{\Psi\Psi}^{\mathrm{T}})^{-1}\boldsymbol{B}(\boldsymbol{\theta}) \tag{3-25}$$

实际上，$\boldsymbol{A}^*(\boldsymbol{\theta})\odot\boldsymbol{A}(\boldsymbol{\theta})$ 中的冗余行与 $\boldsymbol{\varepsilon}$ 中的冗余元素可按相同方式消去。换言之，作用于矩阵 $\boldsymbol{A}^*(\boldsymbol{\theta})\odot\boldsymbol{A}(\boldsymbol{\theta})$ 上的降维变换 $[(\boldsymbol{\Phi}\otimes\boldsymbol{\Phi})\boldsymbol{G\Psi}^{\mathrm{T}}(\boldsymbol{\Psi\Psi}^{\mathrm{T}})^{-1}]^{-1}$，同样可应用于矢量 $\boldsymbol{\varepsilon}$ 中，即

$$\boldsymbol{\varepsilon}=(\boldsymbol{\Phi}\otimes\boldsymbol{\Phi})\boldsymbol{G\Psi}^{\mathrm{T}}(\boldsymbol{\Psi\Psi}^{\mathrm{T}})^{-1}\bar{\boldsymbol{\varepsilon}} \tag{3-26}$$

如前所述，真实噪声方差不易通过现有技术手段精确估计出来。尤其在欠定 DOA 估计中，接收数据协方差矩阵已不包含可有效张成噪声子空间的低秩分量，因而在此应用背景下，噪声方差理论上无法被估计出来。下面推导一种可靠、有效和简便的噪声分量剔除方法。首先应注意到式(3-11)中的噪声分量 $\sigma_n^2\boldsymbol{e}$ 仅含一个非0元素，且其值为 σ_n^2。基于该观察结果，可通过移除 $\hat{\boldsymbol{z}}$ 中央(即 σ_n^2 在 $\sigma_n^2\boldsymbol{e}$ 中所处位置)元素的手段实现剔除 $\hat{\boldsymbol{z}}$ 中所含噪声分量的目的，这同时意味着 $\hat{\boldsymbol{z}}$ 中剩余的 $(3MN+M-N-1)$ 个元素及其相应位置(与 $\sigma_n^2\boldsymbol{e}$ 中0元素的位置一致)保持不变。上述去噪操作可以如下严谨的数学公式(等效为一投影变换)表示为

$$\bar{\boldsymbol{z}}=\boldsymbol{J}\hat{\boldsymbol{z}}=\boldsymbol{J}\bar{\boldsymbol{B}}(\boldsymbol{\Theta})\bar{\boldsymbol{p}}+\boldsymbol{J\varepsilon} \tag{3-27}$$

式中，$\boldsymbol{J}$ 表示一 $(3MN+M-N-1)\times(3MN+M-N)$ 维的选择矩阵，其具体表达式为

$$\boldsymbol{J}=\begin{bmatrix}\boldsymbol{I}_{[(3MN+M-N-1)/2]} & \boldsymbol{O}_{[(3MN+M-N-1)/2]\times[(3MN+M-N-1)/2+1]}\\ \boldsymbol{O}_{[(3MN+M-N-1)/2]\times[(3MN+M-N-1)/2+1]} & \boldsymbol{I}_{[(3MN+M-N-1)/2]}\end{bmatrix} \tag{3-28}$$

以上所提去噪算法避免了噪声方差估计过程，并可促进协方差向量无噪稀疏表示形式的生成。现式(3-27)中所含估计误差已不同于式(3-11)中的相应形式。回顾式(3-13)所示 $\boldsymbol{\varepsilon}$ 的渐近高斯分布特性，并将之应用于式(3-26)和式(3-27)所示信号模型中，可得

$$\boldsymbol{J}\boldsymbol{\varepsilon} \sim CN\left(\boldsymbol{O}, \boldsymbol{J}\boldsymbol{F}^{-1}(\boldsymbol{R}_x^{\mathrm{T}} \otimes \boldsymbol{R}_x)(\boldsymbol{J}\boldsymbol{F}^{-1})^{\mathrm{T}}/Q\right) \tag{3-29}$$

这里，为指代方便起见，我们利用符号 $\boldsymbol{F}$ 表示矩阵乘积 $(\boldsymbol{\Phi} \otimes \boldsymbol{\Phi})\boldsymbol{G}\boldsymbol{\Psi}^{\mathrm{T}}(\boldsymbol{\Psi}\boldsymbol{\Psi}^{\mathrm{T}})^{-1} \in \mathbf{R}^{(2M+N-1)^2 \times (3MN+M-N)}$。联立式(3-27)与式(3-29)，可推得

$$\boldsymbol{W}^{-1/2}(\bar{\boldsymbol{z}} - \boldsymbol{J}\bar{\boldsymbol{B}}(\boldsymbol{\Theta})\bar{\boldsymbol{p}}) \sim CN\left(\boldsymbol{O}, \boldsymbol{I}_{3MN+M-N-1}\right) \tag{3-30}$$

式中，权矩阵 $\boldsymbol{W}^{-1/2}$ 为 $\boldsymbol{W}^{-1}$ 的厄米特二次方根，$\boldsymbol{W}=\boldsymbol{J}\boldsymbol{F}^{-1}(\boldsymbol{R}_x^{\mathrm{T}} \otimes \boldsymbol{R}_x)(\boldsymbol{J}\boldsymbol{F}^{-1})^{\mathrm{T}}/Q$。式(3-30)所示正则化变换可使加权协方差向量 $\boldsymbol{W}^{-1/2}\bar{\boldsymbol{z}}$ 的估计误差满足渐近标准正态分布。根据以上分析结果，最终得到的无噪稀疏 DOA 估计数据模型可表示为

$$\tilde{\boldsymbol{z}} = \boldsymbol{W}^{-1/2}\bar{\boldsymbol{z}} = \tilde{\boldsymbol{B}}(\boldsymbol{\Theta})\bar{\boldsymbol{p}} + \tilde{\boldsymbol{\varepsilon}} \tag{3-31}$$

式中，$\tilde{\boldsymbol{B}}(\boldsymbol{\Theta}) = \boldsymbol{W}^{-1/2}\boldsymbol{J}\bar{\boldsymbol{B}}(\boldsymbol{\Theta}) \in \mathbf{C}^{(3MN+M-N-1)\times I}$ 表示新超完备基，$\tilde{\boldsymbol{\varepsilon}} = \boldsymbol{W}^{-1/2}\boldsymbol{J}\bar{\boldsymbol{\varepsilon}} \in \mathbf{C}^{(3MN+M-N-1)\times 1}$。这里需指出，行满秩矩阵 $\boldsymbol{J}$ 的伪逆矩阵一定存在，且可被表示为以下形式[170]，即

$$\boldsymbol{J}^{-1} = \boldsymbol{J}^{\mathrm{T}}(\boldsymbol{J}\boldsymbol{J}^{\mathrm{T}})^{-1} \tag{3-32}$$

根据式(3-32)所示结果，易知新信号模型(3-31)中所含权矩阵 $\boldsymbol{W}^{-1/2}$ 可被展开为以下更直观的形式，即

$$\boldsymbol{W}^{-1/2} = \left[Q(\boldsymbol{J}\boldsymbol{J}^{\mathrm{T}})^{-1}\boldsymbol{J}\boldsymbol{F}^{\mathrm{T}}(\boldsymbol{R}_x^{\mathrm{T}} \otimes \boldsymbol{R}_x)^{-1}\boldsymbol{F}\boldsymbol{J}^{\mathrm{T}}(\boldsymbol{J}\boldsymbol{J}^{\mathrm{T}})^{-1}\right]^{1/2} \tag{3-33}$$

最后需强调一点，即实际应用中，协方差矩阵 $\boldsymbol{R}_x$ 通常仅可由有限采样快拍数据的时间平均得到，因此 $\boldsymbol{W}^{-1/2}$ 的估计量可相应表示为 $\left[Q(\boldsymbol{J}\boldsymbol{J}^{\mathrm{T}})^{-1}\boldsymbol{J}\boldsymbol{F}^{\mathrm{T}}(\hat{\boldsymbol{R}}_x^{\mathrm{T}} \otimes \hat{\boldsymbol{R}}_x)^{-1}\boldsymbol{F}\boldsymbol{J}^{\mathrm{T}}(\boldsymbol{J}\boldsymbol{J}^{\mathrm{T}})^{-1}\right]^{1/2}$。

3.4.3 基于 SBL 准则的高精度 DOA 估计算法

到目前为止，已通过数据预处理过程剔除(正则化)$\hat{\boldsymbol{z}}$ 中所含噪声分量(估计误差)，并进而得到原始协方差向量 $\hat{\boldsymbol{z}}$ 的去噪、正则稀疏表示形式 $\tilde{\boldsymbol{z}}$。下面将提出一种基于 SBL 准则的高精度测向算法，该算法可同时实现信号稀疏支撑集恢复和超完备字典参数更新等功能。所提算法的最大可分辨信源数将留至 3.4.4 小节讨论。

为与所提算法的迭代求解方式保持一致，以上标 $^{(q)}$ 指代各参数在第 q 次

迭代过程中的更新形式。考虑式(3-31)所示协方差向量 $\tilde{\boldsymbol{z}}$ 的稀疏表示模型，并引入一超参数集 $\boldsymbol{\gamma}=[\gamma_1,\gamma_2,\cdots,\gamma_I]^{\mathrm{T}}$ 表示各空域离散格点 $\tilde{\theta}_1,\tilde{\theta}_2,\cdots,\tilde{\theta}_I$ 上的入射信号功率，即

$$\bar{\boldsymbol{p}} \sim CN(\boldsymbol{O},\boldsymbol{\Gamma}) \tag{3-34}$$

式中，$\boldsymbol{\Gamma}=\mathrm{diag}(\boldsymbol{\gamma})$。由于 $\bar{\boldsymbol{p}}$ 为 $\boldsymbol{p}$ 从 $\boldsymbol{\theta}$ 到 $\boldsymbol{\Theta}$ 的补零扩展形式，因此 $\boldsymbol{\gamma}$ 中仅含 K 个非0元素，这些元素在 $\boldsymbol{\gamma}$ 中的位置与 $\boldsymbol{\theta}$ 在 $\boldsymbol{\Theta}$ 中的位置完全一致。在参数迭代更新过程中，由 RVM[122] 的内在作用机理可知大多数 γ_i 将趋于0，因此向量 $\bar{\boldsymbol{p}}$ 的稀疏性得以体现。此外，根据3.4.2小节分析可知，$\tilde{\boldsymbol{z}}$ 中所含估计误差，即 $\tilde{\boldsymbol{\varepsilon}}$，于统计学上服从均值为 $\boldsymbol{O}$，方差为 $\boldsymbol{I}_{3MN+M-N-1}$ 的高斯分布。基于如上假设，可得 $\tilde{\boldsymbol{z}}$ 关于 $\boldsymbol{\gamma}^{(q)},\boldsymbol{\Theta}^{(q)}$ 的概率分布函数为

$$\begin{aligned}
p(\tilde{\boldsymbol{z}}\mid\boldsymbol{\gamma}^{(q)},\boldsymbol{\Theta}^{(q)}) = &\int p(\tilde{\boldsymbol{z}}\mid\bar{\boldsymbol{p}}^{(q)},\boldsymbol{\Theta}^{(q)})p(\bar{\boldsymbol{p}}^{(q)}\mid\boldsymbol{\gamma}^{(q)})\mathrm{d}\,\bar{\boldsymbol{p}}^{(q)} = \\
&\left|\pi\boldsymbol{\Sigma}_{\tilde{z}}^{(q)}\right|^{-1}\exp\{-\tilde{\boldsymbol{z}}^{\mathrm{H}}(\boldsymbol{\Sigma}_{\tilde{z}}^{(q)})^{-1}\tilde{\boldsymbol{z}}\}\times \\
\int\left|\pi\boldsymbol{\Sigma}_{\bar{p}^{(q)}}\right|^{-1}&\exp\{-[(\bar{\boldsymbol{p}}^{(q)}-\boldsymbol{\mu}^{(q)})^{\mathrm{H}}(\boldsymbol{\Sigma}_{\bar{p}^{(q)}})^{-1}(\bar{\boldsymbol{p}}^{(q)}-\boldsymbol{\mu}^{(q)})]\}\mathrm{d}\,\bar{\boldsymbol{p}}^{(q)} = \\
&\left|\pi\boldsymbol{\Sigma}_{\tilde{z}}^{(q)}\right|^{-1}\exp\{-\tilde{\boldsymbol{z}}^{\mathrm{H}}(\boldsymbol{\Sigma}_{\tilde{z}}^{(q)})^{-1}\tilde{\boldsymbol{z}}\}
\end{aligned} \tag{3-35}$$

式中，

$$\boldsymbol{\mu}^{(q)}=\boldsymbol{\Gamma}^{(q)}\tilde{\boldsymbol{B}}^{\mathrm{H}}(\boldsymbol{\Theta}^{(q)})[\boldsymbol{I}_{3MN+M-N-1}+\tilde{\boldsymbol{B}}(\boldsymbol{\Theta}^{(q)})\boldsymbol{\Gamma}^{(q)}\tilde{\boldsymbol{B}}^{\mathrm{H}}(\boldsymbol{\Theta}^{(q)})]^{-1}\tilde{\boldsymbol{z}} \tag{3-36}$$

$$\begin{aligned}
\boldsymbol{\Sigma}_{\bar{p}^{(q)}}=\boldsymbol{\Gamma}^{(q)}-\boldsymbol{\Gamma}^{(q)}\tilde{\boldsymbol{B}}^{\mathrm{H}}(\boldsymbol{\Theta}^{(q)})[\boldsymbol{I}_{3MN+M-N-1}+ \\
\tilde{\boldsymbol{B}}(\boldsymbol{\Theta}^{(q)})\boldsymbol{\Gamma}^{(q)}\tilde{\boldsymbol{B}}^{\mathrm{H}}(\boldsymbol{\Theta}^{(q)})]^{-1}\tilde{\boldsymbol{B}}(\boldsymbol{\Theta}^{(q)})\boldsymbol{\Gamma}^{(q)}
\end{aligned} \tag{3-37}$$

$$\boldsymbol{\Sigma}_{\tilde{z}}^{(q)}=\boldsymbol{I}_{3MN+M-N-1}+\tilde{\boldsymbol{B}}(\boldsymbol{\Theta}^{(q)})\boldsymbol{\Gamma}^{(q)}\tilde{\boldsymbol{B}}^{\mathrm{H}}(\boldsymbol{\Theta}^{(q)}) \tag{3-38}$$

需指出，式(3-31)中的系数向量 $\bar{\boldsymbol{p}}$ 表示入射信号功率于超完备离散方向集上的分布形式，因此 $\bar{\boldsymbol{p}}$ 为非负向量。然而，$\bar{\boldsymbol{p}}$ 的上述非高斯特性将极大降低SBL算法的收敛速度，因此在后续算法设计过程中，将不考虑 $\bar{\boldsymbol{p}}$ 的这一非负特性，而假设其服从高斯分布。式(3-35)深刻揭示了 $\tilde{\boldsymbol{z}}$ 与 $\boldsymbol{\gamma}$ 的内在关联，同时需强调，SBL算法的核心在于超参数 $\gamma_i(i=1,2,\cdots,I)$ 更新准则的设计，不同的 γ_i 更新方式决定了不同的算法收敛速率和参数估计精度。

超参数向量 $\boldsymbol{\gamma}$ 可借助 EM 算法[122, 172, 203, 204] 估计出。具体地，取式(3-35)的负对数并忽略其中的常数项，得到旨在优化 $\boldsymbol{\gamma}^{(q)}$ 的目标函数为

$$L(\boldsymbol{\gamma}^{(q)},\boldsymbol{\Theta}^{(q)})=\ln\left|\boldsymbol{\Sigma}_{\tilde{z}}^{(q)}\right|+\tilde{\boldsymbol{z}}^{\mathrm{H}}(\boldsymbol{\Sigma}_{\tilde{z}}^{(q)})^{-1}\tilde{\boldsymbol{z}} \tag{3-39}$$

EM算法[172]通过最小化该目标函数估计 $\boldsymbol{\gamma}^{(q)}$。在EM算法的迭代过程中，E-step 根据式(3-36)和式(3-37)分别计算 $\bar{\boldsymbol{p}}^{(q)}$ 的一阶和二阶后验期望，Mstep 通过最小化 $L(\boldsymbol{\gamma}^{(q)},\boldsymbol{\Theta}^{(q)})$（即令 $\partial L(\boldsymbol{\gamma}^{(q)},\boldsymbol{\Theta}^{(q)})/\partial\boldsymbol{\gamma}^{(q)}=0$）计算 $\boldsymbol{\gamma}^{(q)}$，$\boldsymbol{\gamma}^{(q)}$ 的具体更新策略为

$$\gamma_i^{(q)}=\left|\mu_i^{(q)}\right|^2+(\boldsymbol{\Sigma}_{\bar{\boldsymbol{p}}}^{(q)})_{i,i} \tag{3-40}$$

估计出超参数向量 $\boldsymbol{\gamma}$ 后，$\bar{\boldsymbol{p}}$ 的最大后验概率估计可直接由式(3-36)计算出，计算结果中非0元素的位置即代表入射信源方位。

上述 EM 算法虽可得到较满意的估计结果，然而其收敛速度却较慢（EM 算法的收敛速率主要由 γ_i 的更新方式决定）。为加快 EM 算法的收敛速度，Tripping[122] 等人提出基于不动点迭代技术的 γ_i 更新方法，即 $\gamma_i^{(q)}=\left|\mu_i^{(q)}\right|^2/(1-(\boldsymbol{\Sigma}_{\bar{\boldsymbol{p}}^{(q)}})_{i,i}/\gamma_i^{(q-1)})+\zeta$，其中 ζ 为一极小正数，例如 10^{-10}。然而，不动点迭代策略在含噪信号环境中通常是不稳健的。下面将推导一种基于 MM 准则[205-207] 的 γ_i 更新方法，该方法不但具有较快的收敛速度，而且对含噪数据模型稳健。

考虑式(3-39)所示代价函数，其由两项组成，其中第一项 $\ln\left|\boldsymbol{\Sigma}_{\tilde{z}}^{(q)}\right|$ 是关于 $\boldsymbol{\gamma}^{(q)}$ 的凹函数，第二项 $\tilde{z}^{\mathrm{H}}(\boldsymbol{\Sigma}_{\tilde{z}}^{(q)})^{-1}\tilde{z}$ 是关于 $\boldsymbol{\gamma}^{(q)}$ 的凸函数。优化目标为最小化上述代价函数，该目标可通过最小化此代价函数的上界（关键在于确定代价函数中第一项的上界）来实现。

以 $\overline{\boldsymbol{\gamma}^{(q)}}$ 代表超参数空间中任一点，并令

$$\overline{\boldsymbol{\Gamma}^{(q)}}=\boldsymbol{\Gamma}^{(q)}\big|_{\boldsymbol{\gamma}(q)=\overline{\boldsymbol{\gamma}(q)}} \tag{3-41}$$

对凹函数来说，其可行域内任一点所对应的函数值的上界均由过该点的切平面决定，据此可得不等式（对任意 $\boldsymbol{\gamma}^{(q)}$ 均成立）为

$$\begin{aligned}\ln\left|\boldsymbol{\Sigma}_{\tilde{z}}^{(q)}\right|\leqslant&\ln\left|\boldsymbol{I}_{3MN+M-N-1}+\tilde{\boldsymbol{B}}(\boldsymbol{\Theta}^{(q)})\overline{\boldsymbol{\Gamma}^{(q)}}\tilde{\boldsymbol{B}}^{\mathrm{H}}(\boldsymbol{\Theta}^{(q)})\right|+\\&\sum_{i=1}^{I}\mathrm{tr}[(\overline{\boldsymbol{\Sigma}_{\tilde{z}}^{(q)}})^{-1}\tilde{\boldsymbol{B}}(\boldsymbol{\Theta}^{(q)})_{:,i}\tilde{\boldsymbol{B}}^{\mathrm{H}}(\boldsymbol{\Theta}^{(q)})_{:,i}](\gamma_i^{(q)}-\overline{\gamma_i^{(q)}})=\\&\sum_{i=1}^{I}\mathrm{tr}[(\overline{\boldsymbol{\Sigma}_{\tilde{z}}^{(q)}})^{-1}\tilde{\boldsymbol{B}}(\boldsymbol{\Theta}^{(q)})_{:,i}\tilde{\boldsymbol{B}}^{\mathrm{H}}(\boldsymbol{\Theta}^{(q)})_{:,i}]\gamma_i^{(q)}+\\&\ln\left|\overline{\boldsymbol{\Sigma}_{\tilde{z}}^{(q)}}\right|-\sum_{i=1}^{I}\mathrm{tr}[(\overline{\boldsymbol{\Sigma}_{\tilde{z}}^{(q)}})^{-1}\tilde{\boldsymbol{B}}(\boldsymbol{\Theta}^{(q)})_{:,i}\tilde{\boldsymbol{B}}^{\mathrm{H}}(\boldsymbol{\Theta}^{(q)})_{:,i}]\overline{\gamma_i^{(q)}}\end{aligned} \tag{3-42}$$

式中，$\overline{\boldsymbol{\Sigma}_{\tilde{z}}^{(q)}}=\boldsymbol{I}_{3MN+M-N-1}+\tilde{\boldsymbol{B}}(\boldsymbol{\Theta}^{(q)})\overline{\boldsymbol{\Gamma}^{(q)}}\tilde{\boldsymbol{B}}^{\mathrm{H}}(\boldsymbol{\Theta}^{(q)})$。将式(3-42)代入式(3-39)所示代价函数中，得

$$L(\boldsymbol{\gamma}^{(q)},\boldsymbol{\Theta}^{(q)})\leqslant\sum_{i=1}^{I}\mathrm{tr}[(\overline{\boldsymbol{\Sigma}_{\tilde{z}}^{(q)}})^{-1}\widetilde{\boldsymbol{B}}(\boldsymbol{\Theta}^{(q)})_{:,i}\widetilde{\boldsymbol{B}}^{\mathrm{H}}(\boldsymbol{\Theta}^{(q)})_{:,i}]\gamma_i^{(q)}+$$

$$\tilde{\boldsymbol{z}}^{\mathrm{H}}(\boldsymbol{\Sigma}_{\tilde{z}}^{(q)})^{-1}\tilde{\boldsymbol{z}}+\ln|\overline{\boldsymbol{\Sigma}_{\tilde{z}}^{(q)}}|-\sum_{i=1}^{I}\mathrm{tr}[(\overline{\boldsymbol{\Sigma}_{\tilde{z}}^{(q)}})^{-1}\widetilde{\boldsymbol{B}}(\boldsymbol{\Theta}^{(q)})_{:,i}\widetilde{\boldsymbol{B}}^{\mathrm{H}}(\boldsymbol{\Theta}^{(q)})_{:,i}]\overline{\gamma_i^{(q)}}\overset{\mathrm{def}}{=\!=}$$

$$\overline{L(\boldsymbol{\gamma}^{(q)},\boldsymbol{\Theta}^{(q)})}\tag{3-43}$$

函数$\overline{L(\boldsymbol{\gamma}^{(q)},\boldsymbol{\Theta}^{(q)})}$为关于$\boldsymbol{\gamma}^{(q)}$的凸函数，并且当$\boldsymbol{\gamma}^{(q)}=\overline{\boldsymbol{\gamma}^{(q)}}$时，有$L(\overline{\boldsymbol{\gamma}^{(q)}},\boldsymbol{\Theta}^{(q)})=\overline{L(\overline{\boldsymbol{\gamma}^{(q)}},\boldsymbol{\Theta}^{(q)})}$。进一步，对$\overline{L(\boldsymbol{\gamma}^{(q)},\boldsymbol{\Theta}^{(q)})}$的极小点$\boldsymbol{\gamma}_{\min}^{(q)}$来说，存在如下关系：$L(\boldsymbol{\gamma}_{\min}^{(q)},\boldsymbol{\Theta}^{(q)})\leqslant\overline{L(\boldsymbol{\gamma}_{\min}^{(q)},\boldsymbol{\Theta}^{(q)})}\leqslant\overline{L(\overline{\boldsymbol{\gamma}^{(q)}},\boldsymbol{\Theta}^{(q)})}=L(\overline{\boldsymbol{\gamma}^{(q)}},\boldsymbol{\Theta}^{(q)})$。这一关系暗示：若在$\boldsymbol{\gamma}^{(q)}$空间内最小化中间函数$\overline{L(\boldsymbol{\gamma}^{(q)},\boldsymbol{\Theta}^{(q)})}$，则所得极小点同样可有效减小原代价函数$L(\boldsymbol{\gamma}^{(q)},\boldsymbol{\Theta}^{(q)})$的函数值。式(3-43)所示极小化问题可采用现有凸优化工具包求解，然而通过大量仿真实验证明，这通常会耗费比EM算法更多的运算时间，并导致更差的参数估计精度。因此，下面将考虑构建另一中间函数。在展示研究成果之前，先介绍如下等式关系，以利于推导$\overline{L(\boldsymbol{\gamma}^{(q)},\boldsymbol{\Theta}^{(q)})}$的同伦形式。

$$\tilde{\boldsymbol{z}}^{\mathrm{H}}(\boldsymbol{\Sigma}_{\tilde{z}}^{(q)})^{-1}\tilde{\boldsymbol{z}}\equiv\min_{\bar{\boldsymbol{p}}^{(q)}}[\|\tilde{\boldsymbol{z}}-\widetilde{\boldsymbol{B}}(\boldsymbol{\Theta}^{(q)})\bar{\boldsymbol{p}}^{(q)}\|_2^2+(\bar{\boldsymbol{p}}^{(q)})^{\mathrm{H}}(\boldsymbol{\Gamma}^{(q)})^{-1}\bar{\boldsymbol{p}}^{(q)}]\tag{3-44}$$

式(3-44)证明：经过简单计算可得

$$\|\tilde{\boldsymbol{z}}-\widetilde{\boldsymbol{B}}(\boldsymbol{\Theta}^{(q)})\bar{\boldsymbol{p}}^{(q)}\|_2^2=\tilde{\boldsymbol{z}}^{\mathrm{H}}\tilde{\boldsymbol{z}}-\tilde{\boldsymbol{z}}^{\mathrm{H}}\widetilde{\boldsymbol{B}}(\boldsymbol{\Theta}^{(q)})\bar{\boldsymbol{p}}^{(q)}-$$

$$(\bar{\boldsymbol{p}}^{(q)})^{\mathrm{H}}\widetilde{\boldsymbol{B}}^{\mathrm{H}}(\boldsymbol{\Theta}^{(q)})\tilde{\boldsymbol{z}}+(\bar{\boldsymbol{p}}^{(q)})^{\mathrm{H}}\widetilde{\boldsymbol{B}}^{\mathrm{H}}(\boldsymbol{\Theta}^{(q)})\widetilde{\boldsymbol{B}}(\boldsymbol{\Theta}^{(q)})\bar{\boldsymbol{p}}^{(q)}\tag{3-45}$$

因此式(3-44)中等号右边的目标函数可被展开为如下形式：

$$(\bar{\boldsymbol{p}}^{(q)})^{\mathrm{H}}[\widetilde{\boldsymbol{B}}^{\mathrm{H}}(\boldsymbol{\Theta}^{(q)})\widetilde{\boldsymbol{B}}(\boldsymbol{\Theta}^{(q)})+(\boldsymbol{\Gamma}^{(q)})^{-1}]\bar{\boldsymbol{p}}^{(q)}-$$

$$(\bar{\boldsymbol{p}}^{(q)})^{\mathrm{H}}\widetilde{\boldsymbol{B}}^{\mathrm{H}}(\boldsymbol{\Theta}^{(q)})\tilde{\boldsymbol{z}}-\tilde{\boldsymbol{z}}^{\mathrm{H}}\widetilde{\boldsymbol{B}}(\boldsymbol{\Theta}^{(q)})\bar{\boldsymbol{p}}^{(q)}+\tilde{\boldsymbol{z}}^{\mathrm{H}}\tilde{\boldsymbol{z}}\tag{3-46}$$

上式的极小点为

$$\bar{\boldsymbol{p}}_{\min}^{(q)}=[\widetilde{\boldsymbol{B}}^{\mathrm{H}}(\boldsymbol{\Theta}^{(q)})\widetilde{\boldsymbol{B}}(\boldsymbol{\Theta}^{(q)})+(\boldsymbol{\Gamma}^{(q)})^{-1}]^{-1}\widetilde{\boldsymbol{B}}^{\mathrm{H}}(\boldsymbol{\Theta}^{(q)})\tilde{\boldsymbol{z}}=$$

$$\boldsymbol{\Gamma}^{(q)}\widetilde{\boldsymbol{B}}^{\mathrm{H}}(\boldsymbol{\Theta}^{(q)})[\boldsymbol{I}_{3MN+M-N-1}+\widetilde{\boldsymbol{B}}(\boldsymbol{\Theta}^{(q)})\boldsymbol{\Gamma}^{(q)}\widetilde{\boldsymbol{B}}^{\mathrm{H}}(\boldsymbol{\Theta}^{(q)})]^{-1}\tilde{\boldsymbol{z}}\tag{3-47}$$

其中，最后一等式推导过程中利用了矩阵等式关系$(\boldsymbol{I}+\boldsymbol{AB})^{-1}\boldsymbol{A}\equiv\boldsymbol{A}(\boldsymbol{I}+\boldsymbol{BA})^{-1}$。

得到$\bar{\boldsymbol{p}}_{\min}^{(q)}$后,需计算其对应的目标函数极小值。由于

$$\begin{aligned}\tilde{z}-\tilde{\boldsymbol{B}}(\boldsymbol{\Theta}^{(q)})\bar{\boldsymbol{p}}_{\min}^{(q)}= & [\boldsymbol{I}_{3MN+M-N-1}-\tilde{\boldsymbol{B}}(\boldsymbol{\Theta}^{(q)})\boldsymbol{\Gamma}^{(q)}\tilde{\boldsymbol{B}}^{\mathrm{H}}(\boldsymbol{\Theta}^{(q)})(\boldsymbol{\Sigma}_{\tilde{z}}^{(q)})^{-1}]\tilde{z}= \\ & [\boldsymbol{\Sigma}_{\tilde{z}}^{(q)}-\tilde{\boldsymbol{B}}(\boldsymbol{\Theta}^{(q)})\boldsymbol{\Gamma}^{(q)}\tilde{\boldsymbol{B}}^{\mathrm{H}}(\boldsymbol{\Theta}^{(q)})](\boldsymbol{\Sigma}_{\tilde{z}}^{(q)})^{-1}\tilde{z}= \\ & (\boldsymbol{\Sigma}_{\tilde{z}}^{(q)})^{-1}\tilde{z}\end{aligned} \tag{3-48}$$

故有

$$\begin{aligned}& \|\tilde{z}-\tilde{\boldsymbol{B}}(\boldsymbol{\Theta}^{(q)})\bar{\boldsymbol{p}}_{\min}^{(q)}\|_2^2+(\bar{\boldsymbol{p}}_{\min}^{(q)})^{\mathrm{H}}(\boldsymbol{\Gamma}^{(q)})^{-1}\bar{\boldsymbol{p}}_{\min}^{(q)}= \\ & \tilde{z}^{\mathrm{H}}(\boldsymbol{\Sigma}_{\tilde{z}}^{(q)})^{-1}(\boldsymbol{\Sigma}_{\tilde{z}}^{(q)})^{-1}\tilde{z}+\tilde{z}^{\mathrm{H}}(\boldsymbol{\Sigma}_{\tilde{z}}^{(q)})^{-1}\tilde{\boldsymbol{B}}(\boldsymbol{\Theta}^{(q)})\boldsymbol{\Gamma}^{(q)}\tilde{\boldsymbol{B}}^{\mathrm{H}}(\boldsymbol{\Theta}^{(q)})(\boldsymbol{\Sigma}_{\tilde{z}}^{(q)})^{-1}\tilde{z}= \\ & \tilde{z}^{\mathrm{H}}(\boldsymbol{\Sigma}_{\tilde{z}}^{(q)})^{-1}\tilde{z}\end{aligned} \tag{3-49}$$

证毕。

将式(3-44)代入式(3-43)可得

$$\begin{aligned}& \overline{L(\boldsymbol{\gamma}^{(q)},\boldsymbol{\Theta}^{(q)})}=\min_{\bar{\boldsymbol{p}}^{(q)}}\|\tilde{z}-\tilde{\boldsymbol{B}}(\boldsymbol{\Theta}^{(q)})\bar{\boldsymbol{p}}^{(q)}\|_2^2+(\bar{\boldsymbol{p}}^{(q)})^{\mathrm{H}}(\boldsymbol{\Gamma}^{(q)})^{-1}\bar{\boldsymbol{p}}^{(q)}+ \\ & \sum_{i=1}^{I}\operatorname{tr}[(\overline{\boldsymbol{\Sigma}_{\tilde{z}}^{(q)}})^{-1}\tilde{\boldsymbol{B}}(\boldsymbol{\Theta}^{(q)})_{:,i}\tilde{\boldsymbol{B}}^{\mathrm{H}}(\boldsymbol{\Theta}^{(q)})_{:,i}]\gamma_i^{(q)}+ \\ & \ln|\overline{\boldsymbol{\Sigma}_{\tilde{z}}^{(q)}}|-\sum_{i=1}^{I}\operatorname{tr}[(\overline{\boldsymbol{\Sigma}_{\tilde{z}}^{(q)}})^{-1}\tilde{\boldsymbol{B}}(\boldsymbol{\Theta}^{(q)})_{:,i}\tilde{\boldsymbol{B}}^{\mathrm{H}}(\boldsymbol{\Theta}^{(q)})_{:,i}]\overline{\gamma_i^{(q)}}\end{aligned} \tag{3-50}$$

然后定义新函数:

$$\begin{aligned}& \beta(\boldsymbol{\gamma}^{(q)},\bar{\boldsymbol{p}}^{(q)},\boldsymbol{\Theta}^{(q)})\xlongequal{\text{def}}\|\tilde{z}-\tilde{\boldsymbol{B}}(\boldsymbol{\Theta}^{(q)})\bar{\boldsymbol{p}}^{(q)}\|_2^2+(\bar{\boldsymbol{p}}^{(q)})^{\mathrm{H}}(\boldsymbol{\Gamma}^{(q)})^{-1}\bar{\boldsymbol{p}}^{(q)}+ \\ & \sum_{i=1}^{I}\operatorname{tr}[(\overline{\boldsymbol{\Sigma}_{\tilde{z}}^{(q)}})^{-1}\tilde{\boldsymbol{B}}(\boldsymbol{\Theta}^{(q)})_{:,i}\tilde{\boldsymbol{B}}^{\mathrm{H}}(\boldsymbol{\Theta}^{(q)})_{:,i}]\gamma_i^{(q)}+ \\ & \ln|\overline{\boldsymbol{\Sigma}_{\tilde{z}}^{(q)}}|-\sum_{i=1}^{I}\operatorname{tr}[(\overline{\boldsymbol{\Sigma}_{\tilde{z}}^{(q)}})^{-1}\tilde{\boldsymbol{B}}(\boldsymbol{\Theta}^{(q)})_{:,i}\tilde{\boldsymbol{B}}^{\mathrm{H}}(\boldsymbol{\Theta}^{(q)})_{:,i}]\overline{\gamma_i^{(q)}}\end{aligned} \tag{3-51}$$

该函数为$\overline{L(\boldsymbol{\gamma}^{(q)},\boldsymbol{\Theta}^{(q)})}$的上界。同时注意到$\beta(\boldsymbol{\gamma}^{(q)},\bar{\boldsymbol{p}}^{(q)},\boldsymbol{\Theta}^{(q)})$为关于$\boldsymbol{\gamma}^{(q)}$和$\bar{\boldsymbol{p}}^{(q)}$的凸函数,因此,$\beta(\boldsymbol{\gamma}^{(q)},\bar{\boldsymbol{p}}^{(q)},\boldsymbol{\Theta}^{(q)})$即为我们最终确定的中间函数。

令$\beta(\boldsymbol{\gamma}^{(q)},\bar{\boldsymbol{p}}^{(q)},\boldsymbol{\Theta}^{(q)})$关于$\gamma_i^{(q)}$的偏导为0,可得

$$\gamma_i^{(q)}=\sqrt{\frac{(\bar{\boldsymbol{p}}_i^{(q)})^{\mathrm{H}}\bar{\boldsymbol{p}}_i^{(q)}}{[\tilde{\boldsymbol{B}}(\boldsymbol{\Theta}^{(q)})]_{:,i}^{\mathrm{H}}(\overline{\boldsymbol{\Sigma}_{\tilde{z}}^{(q)}})^{-1}[\tilde{\boldsymbol{B}}(\boldsymbol{\Theta}^{(q)})]_{:,i}}} \tag{3-52}$$

式(3-52)所示即为所提出的γ_i更新算法,该算法具有比EM算法更快的收敛速度,并且不会损失参数估计精度。

通过以上分析,已推导出了旨在从互质阵采样协方差向量中精确恢复入

射信号稀疏支撑集的迭代算法。迭代过程中产生的 $\gamma_i^{(q)}$ 反映了入射信号在预设离散方位格点上的能量分布情况，并且由于 SBL 算法的内在稀疏性约束[122,123]，使得迭代终止时输出的超参数向量中仅包含 K 个“峰点”。同时需指出，由于所有目标的真实 DOA 不可能精确位于预设格点上，因此空域离散化过程不可避免地会引致格点失配效应。格点误差的存在限制了传统稀疏重构类算法（这类算法均根据重构出的信号空间谱峰位置确定各信源入射DOA）的 DOA 估计精度，因此需对上述 DOA 估计结果进行后处理，以提高参数估计精度。

为克服格点失配效应，将超完备字典 $\widetilde{\boldsymbol{B}}(\boldsymbol{\Theta})\xlongequal{\text{def}}[\widetilde{\boldsymbol{B}}(\tilde{\theta}_1),\widetilde{\boldsymbol{B}}(\tilde{\theta}_2),\cdots,\widetilde{\boldsymbol{B}}(\tilde{\theta}_I)]$ 视作一未知参数矩阵，其中任一列向量 $\widetilde{\boldsymbol{B}}(\tilde{\theta}_i)$ 均由一未知方位参数 $\tilde{\theta}_i$ 决定。在下述格点误差校正算法中，方位参数集 $\boldsymbol{\Theta}$ 将在迭代过程中随超参数向量一同更新，以使 $\boldsymbol{\Theta}$ 最终与真实超完备 DOA 字典匹配。特别地，当 $\gamma_i^{(q)}$ 给定时，上述工作可简化为确定 $\boldsymbol{\Theta}$ 中各未知参数，以满足：

$$\begin{aligned}\min_{\boldsymbol{\Theta}}\quad L(\boldsymbol{\gamma}^{(q)},\boldsymbol{\Theta})=&\ln\left|\boldsymbol{I}_{3MN+M-N-1}+\widetilde{\boldsymbol{B}}(\boldsymbol{\Theta})\boldsymbol{\Gamma}^{(q)}\widetilde{\boldsymbol{B}}^{\mathrm{H}}(\boldsymbol{\Theta})\right|+\\&\tilde{\boldsymbol{z}}^{\mathrm{H}}\left[\boldsymbol{I}_{3MN+M-N-1}+\widetilde{\boldsymbol{B}}(\boldsymbol{\Theta})\boldsymbol{\Gamma}^{(q)}\widetilde{\boldsymbol{B}}^{\mathrm{H}}(\boldsymbol{\Theta})\right]^{-1}\tilde{\boldsymbol{z}}\end{aligned}\tag{3-53}$$

式(3-53)所示优化问题的解析解很难得到。然而，为满足前述算法设计指标，通常仅需于下次迭代过程中搜寻满足不等式的 $\boldsymbol{\Theta}^{(q+1)}$：

$$\begin{aligned}&\ln\left|\boldsymbol{I}_{3MN+M-N-1}+\widetilde{\boldsymbol{B}}(\boldsymbol{\Theta}^{(q+1)})\boldsymbol{\Gamma}^{(q)}\widetilde{\boldsymbol{B}}^{\mathrm{H}}(\boldsymbol{\Theta}^{(q+1)})\right|+\\&\tilde{\boldsymbol{z}}^{\mathrm{H}}\left[\boldsymbol{I}_{3MN+M-N-1}+\widetilde{\boldsymbol{B}}(\boldsymbol{\Theta}^{(q+1)})\boldsymbol{\Gamma}^{(q)}\widetilde{\boldsymbol{B}}^{\mathrm{H}}(\boldsymbol{\Theta}^{(q+1)})\right]^{-1}\tilde{\boldsymbol{z}}\leqslant\\&L(\boldsymbol{\gamma}^{(q)},\boldsymbol{\Theta}^{(q)})\end{aligned}\tag{3-54}$$

上式中 $\boldsymbol{\Theta}^{(q+1)}$ 可利用梯度下降法求得。事实上，已通过大量仿真实验证实，搜索满足式(3-54)的 $\boldsymbol{\Theta}^{(q+1)}$ 将比寻找式(3-53)所示优化问题的全局最小点更易实现。

确定出 $\boldsymbol{\Theta}^{(q+1)}$ 后，以之代替式(3-52)中的 $\boldsymbol{\Theta}^{(q)}$，即可经计算得到 $\boldsymbol{\gamma}^{(q+1)}$。下面，将证明新得到的参数估计集合($\boldsymbol{\gamma}^{(q+1)},\boldsymbol{\Theta}^{(q+1)}$)使得目标函数值非增，即 $L(\boldsymbol{\gamma}^{(q+1)},\boldsymbol{\Theta}^{(q+1)})\leqslant L(\boldsymbol{\gamma}^{(q)},\boldsymbol{\Theta}^{(q)})$。回顾以上分析过程，易知

$$\begin{aligned}L(\boldsymbol{\gamma}^{(q+1)},\boldsymbol{\Theta}^{(q+1)})\leqslant&\overline{L(\boldsymbol{\gamma}^{(q+1)},\boldsymbol{\Theta}^{(q+1)})}=L(\overline{\boldsymbol{\gamma}^{(q+1)}},\boldsymbol{\Theta}^{(q+1)})\leqslant\\&L(\boldsymbol{\gamma}^{(q)},\boldsymbol{\Theta}^{(q+1)})\leqslant L(\boldsymbol{\gamma}^{(q)},\boldsymbol{\Theta}^{(q)})\end{aligned}\tag{3-55}$$

其中,第一个不等式由式(3-43)推得,第二个等式可通过令 $\boldsymbol{\gamma}^{(q+1)}=\overline{\boldsymbol{\gamma}^{(q+1)}}$ 得到,第三个不等式由 MM 准则的内在作用机理决定,最后一个不等式根据式(3-54)得到。至此可得出结论,通过迭代下降(不需最小化)中间函数,可保证目标函数 $L(\boldsymbol{\gamma}^{(q)},\boldsymbol{\Theta}^{(q)})$ 在每次迭代过程中非增。

如前所述,所提算法牵涉到搜索满足条件(3-54)的 $\boldsymbol{\Theta}^{(q+1)}$ 的过程,这可通过梯度下降算法实现。利用链式法则,$L(\boldsymbol{\gamma}^{(q)},\boldsymbol{\Theta}^{(q)})$ 关于 $\tilde{\theta}_i^{(q)}$,$\forall i$ 的一阶偏导可按下式计算,有

$$\frac{\partial L(\boldsymbol{\gamma}^{(q)},\boldsymbol{\Theta}^{(q)})}{\partial\tilde{\theta}_i^{(q)}}=\frac{\partial(\ln|\boldsymbol{\Sigma}_{\tilde{z}}^{(q)}|)}{\partial\tilde{\theta}_i^{(q)}}+\frac{\partial[\tilde{z}^{\mathrm{H}}(\boldsymbol{\Sigma}_{\tilde{z}}^{(q)})^{-1}\tilde{z}]}{\partial\tilde{\theta}_i^{(q)}}=$$

$$\mathrm{tr}\left[(\boldsymbol{\Sigma}_{\tilde{z}}^{(q)})^{-1}\frac{\partial\boldsymbol{\Sigma}_{\tilde{z}}^{(q)}}{\partial\tilde{\theta}_i^{(q)}}\right]-\tilde{z}^{\mathrm{H}}(\boldsymbol{\Sigma}_{\tilde{z}}^{(q)})^{-1}\frac{\partial\boldsymbol{\Sigma}_{\tilde{z}}^{(q)}}{\partial\tilde{\theta}_i^{(q)}}(\boldsymbol{\Sigma}_{\tilde{z}}^{(q)})^{-1}\tilde{z}\quad(3-56)$$

式中,

$$\frac{\partial\boldsymbol{\Sigma}_{\tilde{z}}^{(q)}}{\partial\tilde{\theta}_i^{(q)}}=\frac{\partial[\boldsymbol{I}_{3MN+M-N-1}+\tilde{\boldsymbol{B}}(\boldsymbol{\Theta}^{(q)})\boldsymbol{\Gamma}^{(q)}\tilde{\boldsymbol{B}}^{\mathrm{H}}(\boldsymbol{\Theta}^{(q)})]}{\partial\tilde{\theta}_i^{(q)}}=$$

$$\frac{\partial\tilde{\boldsymbol{B}}(\boldsymbol{\Theta}^{(q)})}{\partial\tilde{\theta}_i^{(q)}}\boldsymbol{\Gamma}^{(q)}\tilde{\boldsymbol{B}}^{\mathrm{H}}(\boldsymbol{\Theta}^{(q)})+\tilde{\boldsymbol{B}}(\boldsymbol{\Theta}^{(q)})\boldsymbol{\Gamma}^{(q)}\frac{\partial\tilde{\boldsymbol{B}}^{\mathrm{H}}(\boldsymbol{\Theta}^{(q)})}{\partial\tilde{\theta}_i^{(q)}}$$

需强调,当前迭代过程中输出的 $\boldsymbol{\Theta}^{(q)}$ 可作为下次迭代过程的初始点,并进而通过梯度下降搜索得到 $\boldsymbol{\Theta}^{(q+1)}$。实际应用中,满足式(3-54)的 $\boldsymbol{\Theta}^{(q+1)}$ 往往仅通过有限迭代步骤即可搜索出。当式(3-54)的迭代求解过程终止后,转而更新参数集 $\{\tilde{\theta}_i\}_{i=1}^{I}$,以得到更佳的稀疏重构精度。为节省运算时间,每次迭代过程中仅需更新上述未知参数向量中的“大”元素值。

至此,已完成了相关域稀疏模型下基于 SBL 准则的互质 MIMO 雷达高分辨 DOA 估计算法的设计流程,所提算法采用迭代方式联合更新空域离散格点和超参数向量,并且往往仅经过最初的几次迭代过程便收敛至全局最优解。此外,如前所述,所提算法充分利用了接收数据的二阶统计特性,因此可保证对互质阵全部自由度信息的有效利用。最后,据前文分析结果可知,所提稀疏 DOA 估计算法无须已知信源个数和噪声方差等先验信息。

3.4.4 算法流程与补充说明

为了使读者对所提互质阵高分辨 DOA 估计算法的主要框架有一清晰了解,现将所提算法的具体操作步骤作下述归纳总结。

算法流程：

输入数据：观测快拍 $\boldsymbol{x}(t)=\boldsymbol{A}(\boldsymbol{\theta})\boldsymbol{s}(t)+\boldsymbol{n}(t),t=1,2,\cdots,Q$。

步骤1：对观测快拍 $\boldsymbol{x}(t)$ 作时间平均，计算采样协方差矩阵 $\hat{\boldsymbol{R}}_x$。

步骤2：向量化 $\hat{\boldsymbol{R}}_x$，得到式(3-9)所示 $\hat{\boldsymbol{y}}$，然后剔除 $\hat{\boldsymbol{y}}$ 中冗余元素并重排剩余元素的相对位置，得到式(3-10)所示 $\hat{\boldsymbol{z}}$。

步骤3：根据式(3-11)构建 $\hat{\boldsymbol{z}}$ 的超完备表示形式。

步骤4：消去 $\hat{\boldsymbol{z}}$ 中所含未知噪声分量，得到式(3-27)所示 $\bar{\boldsymbol{z}}$。

步骤5：根据式(3-33)计算权矩阵 $\boldsymbol{W}^{-1/2}$，并利用该权矩阵正则化协方差向量 $\bar{\boldsymbol{z}}$ 中所含估计误差，得到式(3-31)所示 $\tilde{\boldsymbol{z}}$。

步骤6：设定初始超参数向量 $\boldsymbol{\gamma}^{(0)}$。

步骤7：在第 $q=0,1,\cdots$ 步迭代过程中，依据当前参数估计结果 $\boldsymbol{\gamma}^{(q)}$，$\boldsymbol{\Theta}^{(q)}$，构建式(3-51)所示中间函数。利用梯度下降法更新离散角度集，得到 $\boldsymbol{\Theta}^{(q+1)}$，从而使式(3-54)所示的不等关系得到满足。用 $\boldsymbol{\Theta}^{(q+1)}$ 替换式(3-52)中的 $\boldsymbol{\Theta}^{(q)}$，从而更新超参数向量，得到 $\boldsymbol{\gamma}^{(q+1)}$。

步骤8：如果满足最终收敛准则或达到最大迭代次数，则迭代过程终止。否则，返回步骤7并重复执行剩余操作。

输出数据：估计参数集合($\boldsymbol{\gamma}^{(q)}$，$\boldsymbol{\Theta}^{(q)}$)。

上述算法在具体应用过程中需注意以下事项。

补充说明1：在算法初始化过程中，$\boldsymbol{\gamma}^{(0)}$ 中各元素可设定为信号功率的最小方差估计值，即 $\boldsymbol{\mu}^{(0)}=\tilde{\boldsymbol{B}}^{\mathrm{H}}(\boldsymbol{\Theta})[\tilde{\boldsymbol{B}}(\boldsymbol{\Theta})\tilde{\boldsymbol{B}}^{\mathrm{H}}(\boldsymbol{\Theta})]^{-1}\tilde{\boldsymbol{z}}$，且 $\gamma_i^{(0)}=|\mu_i^{(0)}|^2$。设计初始超完备字典 $\tilde{\boldsymbol{B}}(\boldsymbol{\Theta}^{(0)})$ 时，为减轻运算负担，空域离散间隔不宜选取过小。一般地，信号入射空域以1°为间隔均匀离散划分，此时量化误差约为0.5°。

补充说明2：超参数向量 $\boldsymbol{\gamma}$ 的更新过程的终止条件为满足最终收敛准则 $\|\boldsymbol{\gamma}^{(q+1)}-\boldsymbol{\gamma}^{(q)}\|_2/\|\boldsymbol{\gamma}^{(q)}\|_2\leqslant\tau$，或达到最大可允许迭代次数，其中 τ 为预设阈值。在后续仿真实验中，设 $\tau=10^{-4}$，最大迭代次数为500。

补充说明3：在稀疏重构类算法中，最大可分辨信源数是评价算法性能的一个重要指标。该参数可辨识性问题与 $\bar{\boldsymbol{p}}$ 的唯一解条件有关，其原因如式(3-31)所示，即DOA估计问题与 $\bar{\boldsymbol{p}}$ 的稀疏重构问题等价。以下定理阐明了所提算法的最大可分辨信源数。

定理：对于子阵数目分别为 $2M$ 和 N（两子阵共用一个参考阵元）的互质

阵来说，最大可分辨信源数为 $(3MN+M-N-1)/2$。

证明：考虑式(3－31)所示 SMV 模型，即 $\tilde{z}=\tilde{\boldsymbol{B}}(\boldsymbol{\Theta})\bar{\boldsymbol{p}}+\tilde{\boldsymbol{\varepsilon}}$，其中 $\tilde{\boldsymbol{B}}(\boldsymbol{\Theta})=\boldsymbol{W}^{-1/2}\boldsymbol{J}\bar{\boldsymbol{B}}(\boldsymbol{\Theta})$，$\bar{\boldsymbol{B}}(\boldsymbol{\Theta})$为超完备阵列流形矩阵，$\bar{\boldsymbol{p}}$ 表示待重构的稀疏向量。根据文献[102]中引理 1，可知 $\tilde{z}=\tilde{\boldsymbol{B}}(\boldsymbol{\Theta})\bar{\boldsymbol{p}}+\tilde{\boldsymbol{\varepsilon}}$ 存在唯一稀疏解 $\bar{\boldsymbol{p}}$ 的充要条件为

$$\|\bar{\boldsymbol{p}}\|_0\leqslant\frac{\mathrm{Krank}[\tilde{\boldsymbol{B}}(\boldsymbol{\Theta})]}{2}\tag{3-57}$$

其中 $\tilde{\boldsymbol{B}}(\boldsymbol{\Theta})$的条件秩，$\mathrm{Krank}[\tilde{\boldsymbol{B}}(\boldsymbol{\Theta})]$，定义为 $\tilde{\boldsymbol{B}}(\boldsymbol{\Theta})$中的最大线性独立列数。现在详细分析 $\tilde{\boldsymbol{B}}(\boldsymbol{\Theta})$的条件秩。

首先分析 $\mathrm{Krank}[\boldsymbol{J}\bar{\boldsymbol{B}}(\boldsymbol{\Theta})]$。根据合阵列理论[81]，可知 $\bar{\boldsymbol{B}}(\boldsymbol{\Theta})$由范德蒙矩阵 $\boldsymbol{H}(\boldsymbol{\Theta})=[\boldsymbol{h}(\tilde{\theta}_1),\boldsymbol{h}(\tilde{\theta}_2),\cdots,\boldsymbol{h}(\tilde{\theta}_I)]$中抽取出的 $3MN+M-N$ 个行向量组成，故 $\bar{\boldsymbol{B}}(\boldsymbol{\Theta})$的最大可利用自由度为$\mathrm{DOF}_{\max}^{\bar{\boldsymbol{B}}(\boldsymbol{\Theta})}=3MN+M-N$。回顾 $\boldsymbol{J}\bar{\boldsymbol{B}}(\boldsymbol{\Theta})$的构造过程，可知 $\boldsymbol{J}\bar{\boldsymbol{B}}(\boldsymbol{\Theta})$的 $3MN+M-N-1$ 个行向量同样由范德蒙矩阵 $\boldsymbol{H}(\boldsymbol{\Theta})$的 $2N(2M-1)+1$ 个行向量中抽取出，因而将 $\boldsymbol{J}$ 左乘于 $\bar{\boldsymbol{B}}(\boldsymbol{\Theta})$仅损失 $\bar{\boldsymbol{B}}(\boldsymbol{\Theta})$的一个自由度，即 $\boldsymbol{J}\bar{\boldsymbol{B}}(\boldsymbol{\Theta})$的最大可利用自由度为$\mathrm{DOF}_{\max}^{\boldsymbol{J}\bar{\boldsymbol{B}}(\boldsymbol{\Theta})}=3MN+M-N-1$。基于以上分析，可断定当阵列结构无模糊时，$\mathrm{Krank}[\boldsymbol{J}\bar{\boldsymbol{B}}(\boldsymbol{\Theta})]=3MN+M-N-1$。

接下来分析 $\mathrm{Krank}[\tilde{\boldsymbol{B}}(\boldsymbol{\Theta})]$。根据 $\boldsymbol{W}^{-1/2}$的构建过程可知，$\boldsymbol{W}^{-1/2}$为满秩矩阵，且其隐含以下等式关系：

$$\mathrm{Krank}[\tilde{\boldsymbol{B}}(\boldsymbol{\Theta})]=\mathrm{Krank}[\boldsymbol{W}^{-1/2}\boldsymbol{J}\bar{\boldsymbol{B}}(\boldsymbol{\Theta})]=\mathrm{Krank}[\boldsymbol{J}\bar{\boldsymbol{B}}(\boldsymbol{\Theta})]=3MN+M-N-1\tag{3-58}$$

联立式(3－57)与式(3－58)，可得如下结论：所提算法可分辨的最大信源数目为 $(3MN+M-N-1)/2$。证毕。

根据以上定理可知，充分利用互质阵的潜在自由度扩展特性可有效解决困扰传统 ULA 的欠定(针对互质阵来说，$K>2M+N-1$ 即为欠定情况) DOA 估计问题。互质阵的高自由度信息体现在由物理阵形成的差合阵列中，此差合阵列的单快拍接收数据可由原物理阵接收数据的协方差向量近似，利用该“虚拟”单快拍数据可构建自由度倍增的半正定协方差矩阵，随后即可将传统超分辨算法(如子空间类算法)直接应用于该扩展协方差矩阵上，以实现欠定 DOA 估计功能。

补充说明 4：下面简要介绍欠定信号模型下，DOA 估计 RMSE 的

CRLB[157]。在窄带独立信号环境中，互质阵 DOA 估计所依托的测量矢量模型由式(3-9)给出，其中协方差向量估计误差 $\boldsymbol{\varepsilon}$ 服从方差矩阵为 $\boldsymbol{W_R} \stackrel{\text{def}}{=} \hat{\boldsymbol{R}}_x^{\mathrm{T}} \otimes \hat{\boldsymbol{R}}_x / Q$ 的高斯分布。基于此，$\hat{\boldsymbol{y}}$ 关于未知变量 $\boldsymbol{\theta}$，$\boldsymbol{p}$ 和 σ_n^2 的概率分布函数可表示为

$$p(\hat{\boldsymbol{y}} \mid \boldsymbol{\theta}, \boldsymbol{p}, \sigma_n^2) = \left| \pi \boldsymbol{W_R} \right|^{-1} \times \exp\{-[\hat{\boldsymbol{y}} - \sigma_n^2 \boldsymbol{I}_n - (\boldsymbol{A}^*(\boldsymbol{\theta}) \odot \boldsymbol{A}(\boldsymbol{\theta}))\boldsymbol{p}]^{\mathrm{H}} \boldsymbol{W_R}^{-1} [\hat{\boldsymbol{y}} - \sigma_n^2 \boldsymbol{I}_n - (\boldsymbol{A}^*(\boldsymbol{\theta}) \odot \boldsymbol{A}(\boldsymbol{\theta}))\boldsymbol{p}]\} \quad (3-59)$$

基于如上似然函数，可知基于协方差向量数据模型的 DOA 估计 CRLB 可依与文献[157]中类似的方法推导出（此时需设定快拍数为 1，信源向量为实向量），即

$$\mathrm{CRLB}^{-1}(\boldsymbol{\theta}) = 2\mathrm{diag}(\boldsymbol{p}) \times \{\mathrm{Re}(\boldsymbol{D}_{\boldsymbol{\theta}}^{\mathrm{H}} \boldsymbol{W_R}^{-1} \boldsymbol{D}_{\boldsymbol{\theta}}) - \mathrm{Re}(\boldsymbol{D}_{\boldsymbol{\theta}}^{\mathrm{H}} \boldsymbol{W_R}^{-1} \boldsymbol{B}_{\boldsymbol{\theta}}) \times [\mathrm{Re}(\boldsymbol{B}_{\boldsymbol{\theta}}^{\mathrm{H}} \boldsymbol{W_R}^{-1} \boldsymbol{B}_{\boldsymbol{\theta}})]^{-1} \mathrm{Re}(\boldsymbol{B}_{\boldsymbol{\theta}}^{\mathrm{H}} \boldsymbol{W_R}^{-1} \boldsymbol{D}_{\boldsymbol{\theta}})\} \mathrm{diag}(\boldsymbol{p}) \quad (3-60)$$

式中，$\boldsymbol{B}_{\boldsymbol{\theta}} = [\boldsymbol{A}^*(\boldsymbol{\theta}) \odot \boldsymbol{A}(\boldsymbol{\theta}), \boldsymbol{I}_n]$，$\boldsymbol{D}_{\boldsymbol{\theta}} = \left[\left.\frac{\partial[\boldsymbol{a}^*(\theta) \otimes \boldsymbol{a}(\theta)]}{\partial\theta}\right|_{\theta=\theta_1}, \left.\frac{\partial[\boldsymbol{a}^*(\theta) \otimes \boldsymbol{a}(\theta)]}{\partial\theta}\right|_{\theta=\theta_2}, \cdots, \left.\frac{\partial[\boldsymbol{a}^*(\theta) \otimes \boldsymbol{a}(\theta)]}{\partial\theta}\right|_{\theta=\theta_K} \right]$，$\boldsymbol{a}(\theta)$ 的定义方式与式(3-2)相同。

3.5 仿真实验与分析

本节以大量仿真实验证实所提出的基于 SBL 准则的互质 MIMO 雷达高分辨测向算法在多种信号环境中的优异性能。参与性能对比的其他五种算法包括 SS-MUSIC 算法[185]、L1-SVD 算法[150]、L1-SRACV 算法[152]、CMSR 算法[151,155]和 SPICE 算法[192,193]。为给以上所列各类算法的 DOA 估计结果提供一个统一的评价标准，由式(3-60)或文献[171]定义的 CRLB，也于仿真图中被同时绘出。假设空域点目标之间相互独立，各目标反射系数于不同脉冲重复周期（采样快拍）内服从均值为 0 的标准正态分布，目标个数与 DOA 随不同仿真情景变化，接收机噪声假设为空时白噪声，互质 MIMO 雷达各发射波形之间相互正交。需要指出，由于上述部分 DOA 估计算法需预知目标个数（稀疏重构类算法可同时实现目标个数估计功能），为公平比较起见，下面将统一假设所有参与性能对比的算法均已知目标个数这一先验信息。

在以下仿真中，$\mathrm{SNR} \stackrel{\text{def}}{=} 10\log_{10}(\sigma_k^2/\sigma_n^2)$，其中 σ_k^2 为第 k 个目标的反射

系数，且所有目标的反射系数假设相等。蒙特卡洛实验次数设为 500，DOA 估计 RMSE 定义为

$$\mathrm{RMSE}=\sqrt{\frac{1}{500K}\sum_{l=1}^{500}\sum_{k=1}^{K}(\hat{\theta}_{k,l}-\theta_k)^2} \tag{3-61}$$

式中，$\hat{\theta}_{k,l}$ 表示第 l 次蒙特卡洛实验中，第 k 个目标的 DOA 估计值。此外，在稀疏重构类 DOA 估计算法中，全空域 [－90°，90°] 被以间隔 $\Delta\theta=1°$ 均匀划分，以得到离散角度集 $\boldsymbol{\Theta}$。当空域离散量化误差存在时，所提算法采用迭代更新超完备字典的手段拟合真实稀疏基，其余算法采用文献[150]提出的自适应网格细化方法（会不可避免地增加算法运算复杂度）校正格点误差。

3.5.1 超定 DOA 估计性能比较

本小节比较各类算法于超定信号模型下的 DOA 估计性能。互质 MIMO 雷达的阵列构型如图 3.7 所示，由图中结果可知，此互质 MIMO 雷达的虚拟阵中共包含 6 个有效阵元，且这 6 个阵元的位置坐标符合互质阵的空间排布规则。这里需强调，由于 MIMO 雷达匹配滤波输出（即虚拟阵接收数据）与互质阵接收数据的等效性，因此在参数设置相同的前提下，以下仿真结果与基于互质阵信号模型的仿真结果一致。如图 3.9 所示为 6 阵元互质阵（即上述互质 MIMO 雷达的虚拟阵）之物理阵、差合阵的阵列结构，图中阵元间距单位为半波长。由图 3.9(b)所示结果可知，上述互质阵的差合阵列中存在空洞（空间坐标分别为－8 和 8），因此 SS－MUSIC 算法最多仅可分辨 6 个目标（因 SS－MUSIC 算法中内嵌的空间平滑操作仅可作用于差合阵列中的空间连续部分）。进一步，假设空间存在两个相互独立的等功率点目标，DOA 分别设为 $-4°+\delta\theta$ 和 $4°+\delta\theta$，其中 $\delta\theta$ 为每次蒙特卡洛实验中从[－0.5°，0.5°]中随机取出的点，以消除预设空域离散角度集中隐含的先验信息。考虑到 L1－SVD 算法与 L1－SRACV 算法需预知噪声方差信息，因此以采样协方差矩阵 $\hat{\boldsymbol{R}}_x$ 的 $2M+N-1-K$ 个小特征值的算术平均近似噪声方差，其中 K 为已知的目标个数信息。需强调，所提算法无须预知目标个数信息。设定采样快拍数为 500，SNR 变化范围为[－10 dB，20 dB]，图 3.10 所示为 L1－SRACV 算法、CMSR 算法、SPICE 算法、L1－SVD 算法、SS－MUSIC 算法和所提算法的 DOA 估计 RMSE 结果对比。

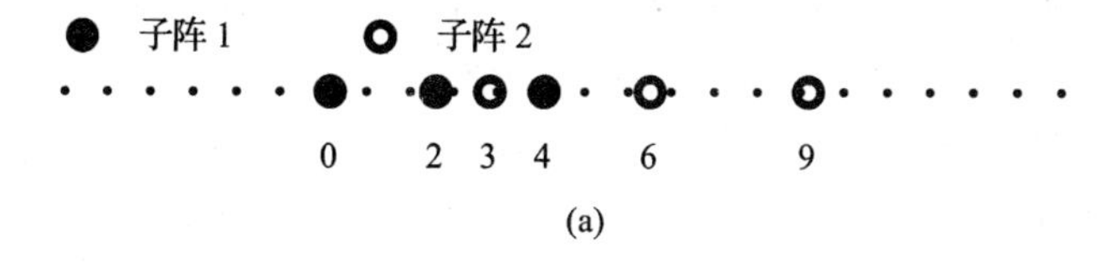

(a)

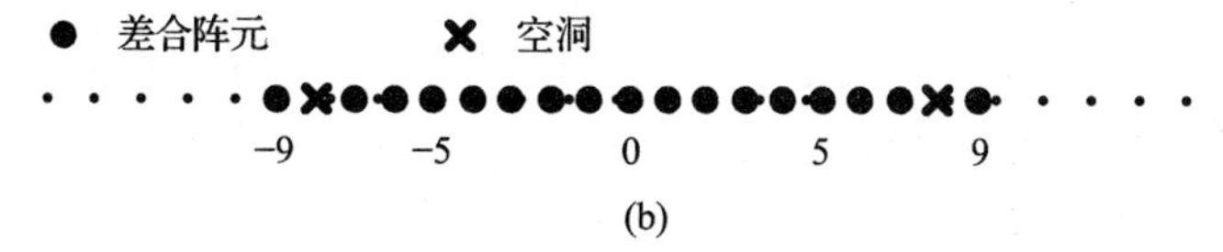

(b)

图 3.9 六阵元互质阵的阵列结构示意图

(a) 物理阵列结构；(b) 差合阵列结构

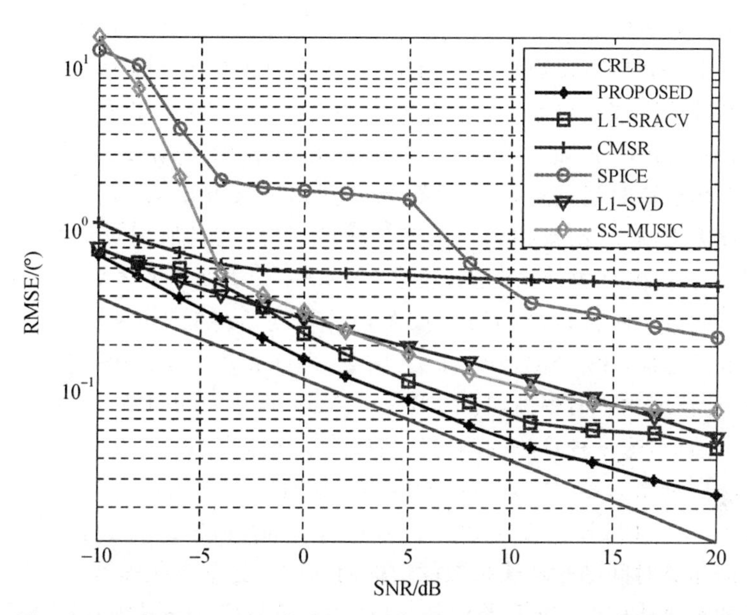

图 3.10 互质 MIMO 雷达超定 DOA 估计 RMSE 随 SNR 的变化情况图

由图 3.10 所示仿真结果可知，除 SPICE 算法外，其余四种稀疏重构类算法均可于低 SNR 下成功分辨两目标，其中，当 SNR 高于−4 dB 时，CMSR 算法的测向误差大于 SS－MUSIC 算法；当 SNR 高于 2 dB 时，利用 SS－MUSIC 算法可得到比 L1－SVD 算法更精确的 DOA 估计结果。此外，由图 3.10 中还可观察到，L1－SRACV 算法的 DOA 估计 RMSE 始终小于 SS－MUSIC 算法。上述稀疏重构类算法在低 SNR 信号环境下保持高分辨性能的原因已于文献[93，109，156，181－183，187－191，196]中作过详细解释。

同时注意到，所提算法在不同 SNR 下均具有最高的 DOA 估计精度，对这一现象的分析可从以下两方面进行。第一，所提算法充分利用了互质 MIMO 雷达虚拟阵的扩展自由度信息，而基于直接匹配滤波输出数据的 L1 - SVD 算法和 L1 - SRACV 算法仅利用了互质 MIMO 雷达虚拟阵的原始自由度信息。第二，其他稀疏 DOA 估计算法仅利用理想 l_0 范数的近似形式，即 l_1 范数，来促进解的稀疏性，并且这些算法所采用的存在格点误差的空域离散化模型并不能较好地拟合真实观测模型，与之相反，所提算法采用从理论上讲更精确的多级概率模型来近似理想 l_0 范数，并且通过迭代更新超完备字典的技术手段实现校正格点误差的目的。由图 3.10 中还可看出，SPICE 算法的 DOA 估计精度即使在高 SNR 仿真环境下也较差，从而证明了 SPICE 算法在分辨空域邻近目标方面的性能局限。

接下来，固定 SNR 为 0 dB，并设定采样快拍数变化范围为[50，1 000]，其余仿真参数设置情况与上一实验相同。如图 3.11 所示给出了前述六种算法的 DOA 估计 RMSE 随采样快拍数的变化情况，同时各算法于不同采样快拍数下的平均运算时间见表 3.1。由图 3.11 所示结果可知，L1 - SVD 算法和所提算法仅需大约 50 次快拍即可精确分辨两目标，并且所提算法始终具有比 L1 - SVD 算法更高的 DOA 估计精度。CMSR 算法直到采样快拍数升至 300 时才可有效分辨两目标，然而其 DOA 估计精度始终低于所提算法。随着采样快拍数的增加，SS - MUSIC 算法、L1 - SVD 算法和 L1 - SRACV 算法的 DOA 估计精度均有所提高，其中 L1 - SRACV 算法的测向精度稍高于其他两种算法。然而，这三种算法的测向性能始终劣于本书所提算法，其原因在于这三种算法所利用的噪声方差估计值的不精确性。此外需注意，即使采样快拍数升至 1 000，SPICE 算法也无法分辨两目标。此外，由表 3.1 所示结果可知，各算法的运算时间随采样快拍数的增加而增加。且本书所提算法具有比其他稀疏重构类算法(除 SPICE 算法外)更高的运算效率。与其他算法相比，尽管 SS - MUSIC 算法和 SPICE 算法的运算时间较短，然而考虑到这两种算法在小快拍数下较差的测向性能，这种运算效率的提升是可以忽略的。

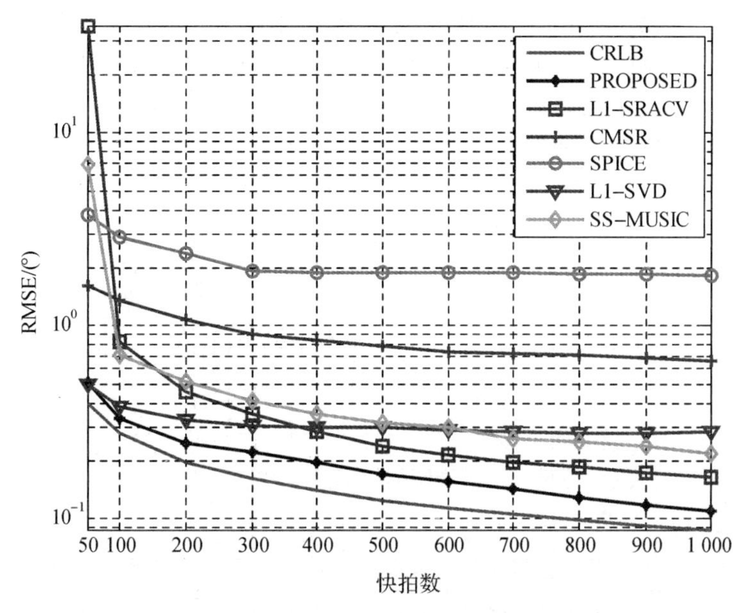

图 3.11 互质 MIMO 雷达超定 DOA 估计 RMSE 随快拍数的变化情况图

表 3.1 互质 MIMO 雷达超定 DOA 估计情境中各算法运算时间对比(单位:s)

快拍数 \ 算法	SS - MUSIC	SPICE	PROPOSED	CMSR	L1 - SVD	L1 - SRACV
50	0.003	0.301	0.341	0.472	0.653	1.548
300	0.004	0.337	0.369	0.482	0.681	1.566
500	0.005	0.352	0.399	0.499	0.716	1.608
700	0.007	0.369	0.403	0.525	0.721	1.639
1 000	0.008	0.386	0.412	0.582	0.848	1.652

最后比较上述算法的超分辨性能。采样快拍数和 SNR 分别被设定为 500 和 0 dB,两目标 DOA 分别被设为 $-|\theta_2-\theta_1|/2+\delta\theta$ 和 $|\theta_2-\theta_1|/2+\delta\theta$,其中 $\delta\theta$ 的定义方式与前述实验相同。当两目标的角度间隔 $|\theta_2-\theta_1|$ 从 3°到 15°变化时,以上所提六种算法的 DOA 估计 RMSE 曲线如图 3.12 所示。由图 3.12 所示结果可知,稀疏重构类算法具有比 SS - MUSIC 算法更优的分辨空域邻近目标能力。同时注意到,所提算法的角度分辨门限约为 3°,远低于 L1 - SRACV 算法、L1 - SVD 算法、SS - MUSIC 算法、CMSR 算法所对应的 5°、6°、7°、9°的角度分辨门限。所提算法的 DOA 估计精度在绝大多数角度间隔设定点上均高于其他算法,但当两目标角度间隔大于 10°时,

L1－SVD 算法的 DOA 估计精度高于所提算法。对此现象的解释为所提算法相当于仅利用了单个测量矢量，因此目标函数中的局部极小点不能像多测量矢量信号环境中那样容易排除[127]，并导致所提算法的 DOA 估计 RMSE 即使在目标角度间隔增至 15°时也不能较好地逼近 CRLB。此外，由图 3.12 所示结果还可看出，SPICE 算法在所有仿真情境中均失效。

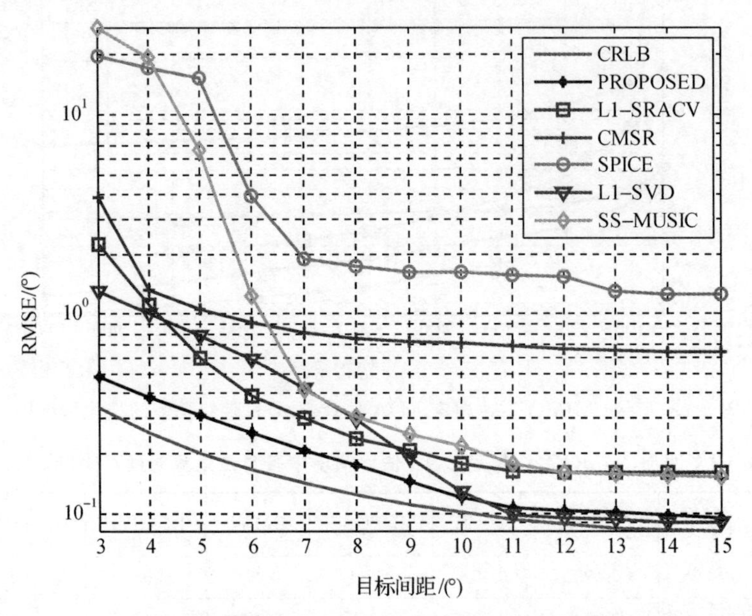

图 3.12　互质 MIMO 雷达超定 DOA 估计 RMSE 随目标间距的变化情况图

3.5.2　欠定 DOA 估计性能比较

为证实所提算法具有可分辨多于虚拟阵元数的目标的能力，于本小节中研究所提算法在欠定信号模型中的 DOA 估计性能。在以下仿真实验中，假设独立等功率目标个数为 10，各目标反射系数于不同采样快拍中服从标准复高斯分布。互质 MIMO 雷达的阵列构型如图 3.2 所示，由图中结果可知，此互质 MIMO 雷达的有效虚拟阵元个数为 8，且这 8 个阵元的位置坐标符合互质阵列的空间排布规则。如图 3.13 所示画出了 8 阵元互质阵的阵列结构图，图中阵元间距单位设为半波长。由该图所示结果可知，上述互质 MIMO 雷达虚拟阵所对应的差合阵列中存在空洞，其位置坐标分别为－14，－12，12，14。为详细比较所提算法与其他现有算法的 DOA 估计性能，考虑以下四种仿真情形。

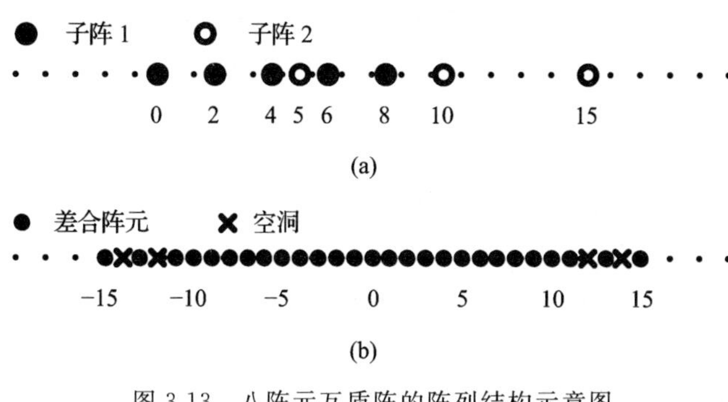

图 3.13　八阵元互质阵的阵列结构示意图

(a) 物理阵列结构;(b) 差合阵列结构

在本小节的第一个仿真实验中,检验各算法于不同 SNR 下的测向性能。需注意,以下各仿真实验中不包含 L1 - SVD 算法和 L1 - SRACV 算法的测向结果,因为这两种算法未能充分利用互质 MIMO 雷达虚拟阵的扩展自由度信息,因而不能分辨多于虚拟阵元数的目标。本次实验中,固定采样快拍数为 500,目标 DOA 分别为 $-60°+\delta\theta$,$-45°+\delta\theta$,$-30°+\delta\theta$,$-15°+\delta\theta$,$0°+\delta\theta$,$12°+\delta\theta$,$25°+\delta\theta$,$40°+\delta\theta$,$55°+\delta\theta$ 和$70°+\delta\theta$,其中 $\delta\theta$ 的设置方式与前面实验相同。SNR 变动范围为[−10 dB,20 dB],各算法 DOA 估计 RMSE 随 SNR 的变化情况如图 3.14 所示。由图 3.14 所示结果可知,所提算法具有与图 3.10 类似的性能变化趋势,并且于不同 SNR 下均具有比其他算法更高的 DOA 估计精度。除所提算法外,其他算法的 DOA 估计结果均与目标真实方位间存在较大偏差。需要注意一点,即所提算法的 DOA 估计 RMSE 曲线即使在高 SNR 环境中也无法较好地逼近 CRLB,引致这一现象的原因在于所提算法对 $\bar{\boldsymbol{p}}$ 所作的高斯分布假设偏离其真实统计特性,因此在后续研究中将考虑修正所提算法的内在概率模型,以充分反映 $\bar{\boldsymbol{p}}$ 内各元素之间的相关性。

本小节的第二个仿真实验比较不同采样快拍数下各算法(即上一实验中参与性能对比的四种算法)的 DOA 估计性能。本实验中 SNR 被设定为 0 dB,采样快拍数变化范围为[50,1 000]。仿真结果如图 3.15 所示。与表 3.1 类似,表 3.2 列举出了本实验中各算法的运算时间。由图 3.15 所示结果可明显看出,所提算法在不同采样快拍数下均具有最优的测向性能。与所提算法相比,SS - MUSIC 算法的测向性能有所下降(尤其是在小快拍数下),其原因在于,SS - MUSIC 算法中所采用的空间平滑操作会损失部分阵列孔径。当采样快拍数小于 500 时,CMSR 算法的测向性能介于所提算法与 SS - MUSIC 算法之间。与 SS - MUSIC 算法不同,所提算法可有效利用互质

MIMO 雷达虚拟阵之差合阵列的全部自由度信息,因而具有更高的 DOA 估计精度。同时需注意,SPICE 算法的 DOA 估计性能较差,从而证明了该算法在分辨空域邻近目标方面的局限性。总之,本实验又一次证实了所提算法在测向精度方面相比其他算法所具有的巨大性能优势。此外,由表 3.2 所示结果可知,所有参与运算时间对比的算法中,SS-MUSIC 算法的运算速度最快,CMSR 算法的运算速度最慢。各算法的运算时间均随采样快拍数的增加而增加。同时需注意,所提算法的运算效率低于 SPICE 算法。然而,考虑到 SS-MUSIC 算法和 SPICE 算法在小快拍数下较低的测向精度,其运算效率方面的优势可忽略,因此在对测向精度和运算时间均要求较高的应用场合,所提算法为最佳选择。

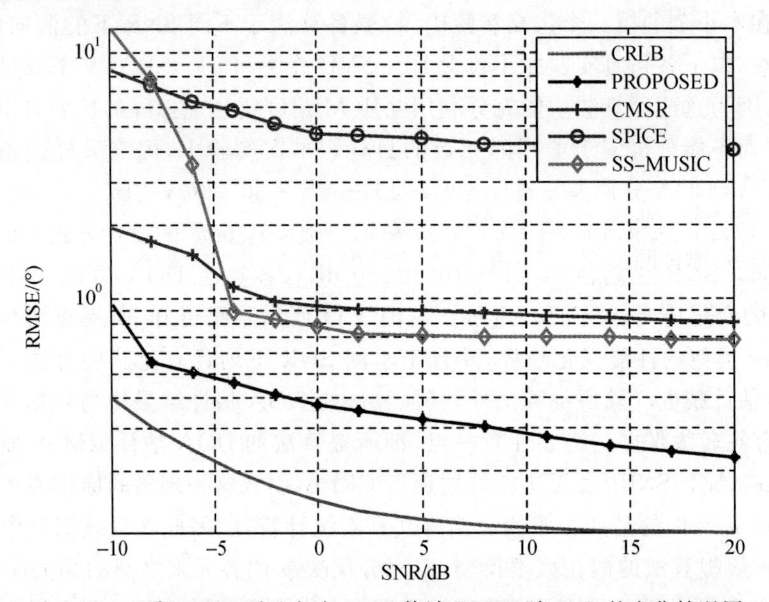

图 3.14　互质 MIMO 雷达欠定 DOA 估计 RMSE 随 SNR 的变化情况图

表 3.2　互质 MIMO 雷达欠定 DOA 估计情境中各算法运算时间对比(单位:s)

快拍数 \ 算法	SS-MUSIC	PROPOSED	SPICE	CMSR
50	0.007	1.107	0.320	2.418
300	0.008	1.123	0.381	2.435
500	0.009	1.159	0.419	2.457
700	0.011	1.213	0.511	2.574
1 000	0.013	1.286	0.534	2.666

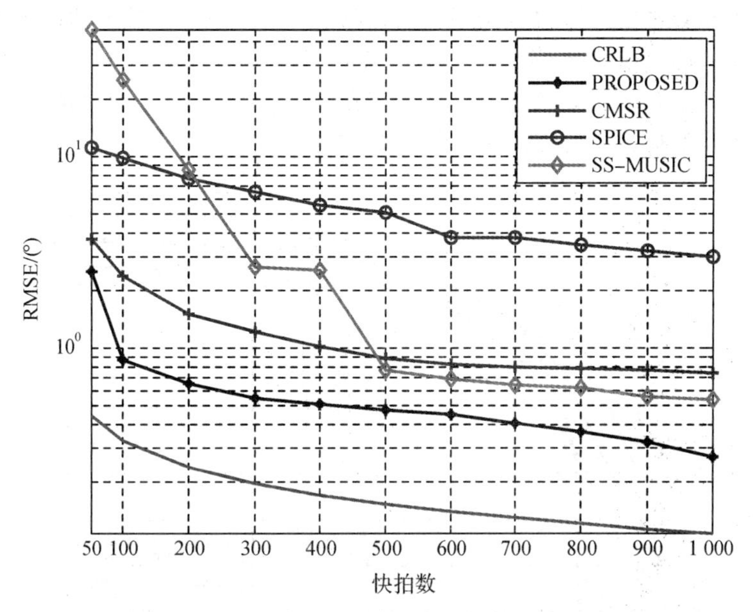

图 3.15 互质 MIMO 雷达欠定 DOA 估计 RMSE 随快拍数的变化情况图

最后，通过两个仿真实验比较各算法的检测性能。定义 K 个目标的成功分辨概率为 $p_d \overset{\text{def}}{=\!=\!=} p\{|\theta_i - \hat{\theta}_i| < \varphi_\theta, \forall i = 1,2,\cdots,K\}$，其中 φ_θ 为最小目标间距的一半。空间独立目标的 DOA 分别设置为 $-53°+\delta\theta$，$-40°+\delta\theta$，$-25°+\delta\theta$，$-10°+\delta\theta$，$0°+\delta\theta$，$15°+\delta\theta$，$20°+\delta\theta$，$35°+\delta\theta$，$50°+\delta\theta$ 和 $60°+\delta\theta$。$\delta\theta$ 和其余仿真参数的设置方式与本小节前两个实验一致。φ_θ 据其定义可知等于 2.5°。在每个 SNR 或采样快拍数设定值中，各算法的目标检测概率由 500 次蒙特卡洛实验数据作平均得到。首先，固定采样快拍数为 500，并使 SNR 于 −10 dB到 20 dB 之间变化，所得仿真结果如图 3.16 所示。由改图所示结果可知，各算法的检测性能随 SNR 增加而提高，并最终收敛至一固定值。具体来说，当 SNR 高于 0 dB 时，CMSR 算法的错误检测概率降至 5%以下，该误检概率值远小于 SS-MUSIC 算法所对应的 10%的误检概率。SPICE 算法的成功检测概率始终低于 CMSR 算法和 SS-MUSIC 算法，即使在 SNR 高于 11 dB 时，SPICE 算法的成功检测概率也仅可达到 85%。对本书所提算法来说，当 SNR≥0 dB 时，即可达到接近 100%的成功检测概率，其他三种算法的检测性能在所有 SNR 设置点上均劣于本书所提算法，这是由于目标的检测概率依赖于超完备基的表示形式：采用与实际稀疏基吻合的表示形式将会得到较高的正确检测概率，反之将会增大误检概率。由于所提算法采用迭代更新空域离散网格的技术手段

减小模型拟合误差,因而可得到较优的检测性能。上述算法的成功检测概率随采样快拍数的变化情况如图 3.17 所示,其中 SNR 设定为 5 dB,采样快拍数变化范围为[50,1 000],其余仿真参数设置情况与上一实验相同。在此仿真实验中,观察到本书所提算法仍具有最优的检测性能。

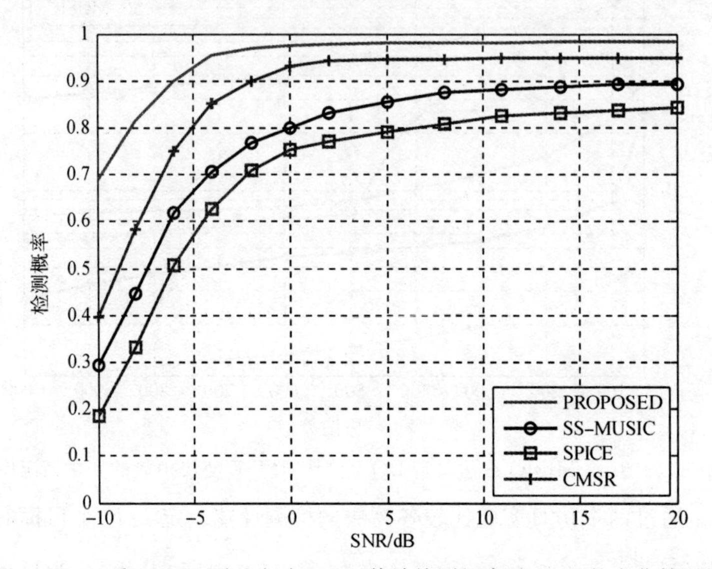

图 3.16 互质 MIMO 雷达欠定 DOA 估计检测概率随 SNR 的变化情况图

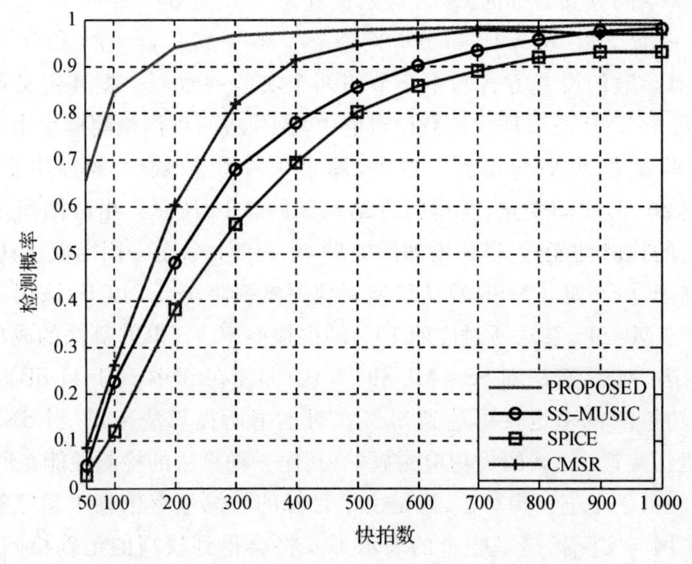

图 3.17 互质 MIMO 雷达欠定 DOA 估计检测概率随快拍数的变化情况图

3.6 本章小结

本章主要研究了两方面内容：①基于互质阵的自由度扩展特性，提出一种适用于欠定 DOA 估计场合的 MIMO 雷达阵列结构设计新方法；②提出一种基于 SBL 准则的互质 MIMO 雷达高分辨测向方法。下述对其进行简要归纳总结。

第一部分，采用与第 2 章相似的设计思路(即通过优化 MIMO 雷达的收发阵列结构，使虚拟阵元位置坐标符合互质阵的空间排布规则)，提出互质 MIMO 雷达阵型设计方法，在虚拟阵元数相同的情况下，该阵型比传统均匀阵型分辨更多的目标。

第二部分，将 SBL 理论延伸应用至互质 MIMO 雷达高分辨测向问题中。与现有算法不同，所提算法无须已知(估计)噪声方差和目标个数信息，并可有效克服传统稀疏重构算法面临的格点失配问题。所提算法首先利用一精心设计的数据预处理算法剔除(正则化)协方差向量中所含的噪声分量(估计误差)，以得到无噪的信号稀疏表示模型，并简化后续测向算法的参数迭代更新过程。经过如上数据预处理过程后，设计一迭代算法同时更新超完备字典和信号稀疏支撑集。此外，所提算法采用 MM 准则(即最小化原目标函数的上界)加快收敛速度、提高参数估计精度。本章还通过严谨的理论分析推导出了所提算法的最大可分辨信源数和参数估计 CRLB，证实了该算法可充分利用互质 MIMO 雷达虚拟阵的高自由度特性。仿真实验展示了所提算法在低 SNR、小快拍数和邻近目标等非理想信号环境下相对于传统算法所具有的巨大性能优势。此外，所提算法具有比多数传统稀疏重构类算法更高的运算效率。

第4章 MIMO雷达稳健自适应波束形成算法

4.1 引　言

阵列自适应波束形成技术经过数十年的深入研究与发展，已于雷达、声纳、射电天文、无线通信和麦克风语音处理等领域[133，208-214]得到广泛应用。该技术通过自适应调整各阵元权值，以达到抑制阵列输出信号中的干扰分量的目的。经典的自适应波束形成器为文献[131]提出的标准Capon波束形成器，其设计准则为在保持目标信号无失真响应的前提下，最小化波束形成器总输出功率。由于上述设计准则可最大化波束形成器输出SINR，因此传统Capon算法在理想信号环境(目标信号导向矢量精确已知、训练样本不含目标信号分量)中具有最优的波束形成性能。然而实际应用场景中，阵列采样快拍数据(即训练样本)中往往混杂有目标分量，同时基于理想信号环境所做出的一些先验假设可能无法得到满足(举例来说，非理想因素包括波束指向误差、波前失真、阵列结构误差和相干局域散射等)。由于在上述非理想信号环境下，预设目标导向矢量与真实目标导向矢量之间失配，因而传统自适应波束形成器会误将目标信号当作干扰信号抑制掉(此现象也被称作信号自消)，而这会导致波束形成器输出SINR的严重下降。基于如上分析，可知如何提高传统自适应波束形成器于非理想信号环境下的稳健性已成为该领域亟待突破的瓶颈。

在过去的三十多年中，已有多种旨在提高传统自适应波束形成器稳健性的算法被相继提出。这些稳健自适应波束形成算法中的典型代表包括Cox等人提出的对角加载算法[215]、S. Vorobyov等人提出的Worst Case算法[139]、A. Hassanien等人提出的连续二次规划(Sequential Quadratic Programming，SQP)算法[216]等。然而，对于对角加载算法来说，最优加载因子通常随具体应用环境而变化，且该因子很难通过解析计算求出。Worst Case算法和SQP算法的主要缺陷在于精确先验信息(如目标信号预设导向矢量与真实导向矢量间的误差)在实际应用中不易确定。此外，由于理想干扰-噪声协方差矩阵于实际应用场景中不可得，因而以上所提各类稳健波束形成算法均是基于采样协方差矩阵构造权矢量的。一般来说，采样协方差矩阵中包含目标信号分量，由此可知上述稳健波束形成算法在高 SNR(此时由非精确目标信号信息引致的模型失配效应更严重)下会存在不同程度的性能损失。

为减小上文所提各类稳健波束形成算法对信号模型先验信息的依赖，同时剔除采样协方差矩阵中包含的目标分量，一些基于目标导向矢量精确预估或干扰-噪声协方差矩阵高效重构的稳健波束形成算法被先后提出。下面对这些算法的发展概况作一简要回顾。A. Khabbazibasmenj[141]等人提出一种直接估计目标信号导向矢量的方法，该方法通过求解一优化问题(此优化问题的目标函数为最大化波束形成器输出功率，同时约束条件可避免估计出的导向矢量发散到干扰信号空间)得到目标导向矢量的精确估计结果。同时需指出，此算法所需预知的先验信息仅为粗略的目标方位不确定集。Yujie Gu[142, 217]等人提出一种高效的干扰-噪声协方差矩阵重构方法，具体重构思路为将 Capon 功率谱于预先挑选的干扰信号方位域内进行积分，以此积分结果模拟真实的干扰-噪声协方差矩阵。需要指出，以上所提两种稀疏重构算法均需预知精确的阵列结构信息，然而实际应用中，这一严格先验条件通常很难满足(由于阵元位置误差的存在)。此外，如 Rübsamen 和 Pesavento 等人[218]指出的那样，最大化波束形成器总输出功率这一目标函数设计准则(即 A. Khabbazibasmenj 和 Yujie Gu 等人于目标导向矢量预估过程中采用的优化准则)会导致干扰、噪声抑制能力的下降。基于如上分析，可知 A. Khabbazibasmenj 和 Yujie Gu 等人提出的稳健波束形成算法在精确阵列构型信息未知情形下存在性能损失。

以上简要介绍了阵列稳健自适应波束形成技术的研究历史与发展现状。事实上，Chunyang Chen[219], Cong Xiang[220]和 Wei Zhang[221]等人已指出，上述算法同样可应用于 MIMO 雷达的稳健自适应波束形成器设计问题中，其原因可归结于 MIMO 雷达虚拟阵信号模型与传统阵列信号模型之间的相似性。在 MIMO 雷达系统中，各发射天线发射相互正交的波形，这些波形分集信息可被 MIMO 雷达接收天线所级联的一组匹配滤波器提取出来，从而在接收端形成孔径扩展、自由度增加的虚拟阵。该虚拟阵可等效视作一个“长”阵列，因而其接收数据模型与信号处理算法均与传统阵列一致。经过如上分析，可得到一个直观结论：即 MIMO 雷达“虚拟阵级”的稳健波束形成算法可借鉴传统阵列稳健波束形成算法的设计思路。这里需指出，与物理阵元数相同的传统阵列相比，MIMO 雷达虚拟阵具有更大的自由度和孔径，因而有望获得更优的干扰抑制效果。本章后续内容即是将传统阵列稳健自适应波束形成算法扩展应用至两类具体 MIMO 雷达系统，即嵌套 MIMO 雷达与均匀 MIMO 雷达中。

本章第一部分主要介绍嵌套 MIMO 雷达稳健自适应波束形成算法的设计问题。如第 2 章所述，嵌套 MIMO 雷达“虚拟阵级”的信号处理流程与标准嵌套阵信号处理流程完全一致，因而本章所提嵌套 MIMO 雷达稳健自适应波束形成算法可直接应用于嵌套阵中。根据嵌套阵的潜在自由度扩展特性，可知契合该阵列信号模型的自适应波束形成算法从本质上可抑制个数多于物理阵元数目的干扰信号。现有嵌套阵自适应波束形成算法为 Piya Pal 等人提出的 MVDR 算法[89]。需要指出，该算法利用空间平滑协方差矩阵(可等效视作差合阵列接收数据所对应的协方差矩阵)构造自适应权矢量，以获得嵌套阵的全部有效自由度。然而，由本章前述内容可知，当训练样本中混杂有目标信号或目标的预设导向矢量与真实导向矢量不匹配时，MVDR 波束形成器性能损失严重，尤其在高输入 SNR 条件下，上述性能下降现象更加明显[213]。为克服 MVDR 波束形成器在非理想信号环境下的性能损失问题，可考虑将该算法替换为各类业已成熟的稳健自适应波束形成算法，如前文提及的 Worst Case 算法、SQP 算法及文献[141]提出的算法等。注意到上述算法所致力求解的优化问题具有相似的结构特征，即目标函数为最大化 Capon 波束形成器输出功率，同时约束条件中充分考虑了目标导向矢量的不确定集。然而，这些算法的稳健权矢量仍是基于采样协方差矩阵(内含目标信号分量)计算出的，同时根据 Rübsamen 和 Pesavento 等人[218]的研究成果，最大化 Capon 波束形成器输出功率这一目标函数设计准则将会导致所得稳健波束形成器干扰、噪声抑制能力的下降。为突破现有稳健波束形成算法的性能局限，将于本章第一部分提出一种基于干扰-噪声协方差矩阵重构和目标导向矢量预估的嵌套 MIMO 雷达稳健自适应波束形成算法。其中干扰-噪声协方差矩阵可通过将虚拟阵接收数据的空间平滑协方差矩阵投影到干扰子空间得到。目标真实导向矢量可通过解一新构建的凸优化问题估计出。该优化问题的目标函数为最小化波束形成器敏感度，且约束条件可防止估计出的目标导向矢量发散到干扰空间。同时证明，上述优化问题可利用拉格朗日乘子法有效求解(运算复杂度与传统 Capon 波束形成算法相当)。此外需指出，鉴于互质 MIMO 雷达与嵌套 MIMO 雷达信号模型的相似性，本章所提出的嵌套 MIMO 雷达稳健自适应波束形成算法可等效应用于互质 MIMO 雷达中，因而互质 MIMO 雷达的稳健自适应波束形成器设计问题于本章中不再赘述。

第二部分主要介绍传统均匀 MIMO 雷达稳健自适应波束形成算法的设计问题。与本章第一部分的研究成果类似，所提均匀 MIMO 雷达稳健自适应波束形成算法也是应用于虚拟阵信号模型的。具体来说，所提算法利用精确预估出的目标导向矢量和重构出的干扰-噪声协方差矩阵计算稳健权矢量。其中目标真实导向矢量可通过解一新构造的优化问题得到。需要指出，与文献[141]所采用的优化准则不同，这里所设计的优化问题的目标函数为最小化波束形成器敏感度(以提高波束形成器的干扰、噪声抑制性能)，同时利用 Worst Case 准则对文献[141]中优化问题的约束项进行修正(以包含阵列结构误差信息)。经过如上操作，可精确估计出目标真实导向矢量。同时需指出，上述优化问题可利用低复杂度(与标准 Capon 算法相当)的拉格朗日乘子法求解。估计出目标导向矢量后，目标功率值易根据现有算法求得，此后即可将目标分量从采样协方差矩阵中消去，以重构出干扰-噪声协方差矩阵。与现有重构算法相比，所提重构算法的优势在于其无需经历功率谱积分过程，且对阵列结构误差不敏感。最后需强调一点，即本章第一部分所设计的稳健波束形成算法中未考虑阵列结构误差。

后续各节内容安排如下。4.2 节详细介绍基于干扰-噪声协方差矩阵高效重构和目标导向矢量精确预估的嵌套 MIMO 雷达稳健自适应波束形成算法。4.3 节给出均匀 MIMO 雷达稳健自适应波束形成算法的具体设计流程，与 4.2 节所述算法不同，此节所设计出的稳健自适应波束形成算法对阵列结构误差不敏感。4.4 节于多种非理想信号环境下验证了所提算法的有效性。4.5 节对本章内容进行小结。

4.2 嵌套 MIMO 雷达稳健自适应波束形成算法

本节提出一种充分利用嵌套 MIMO 雷达虚拟阵高自由度特性的稳健自适应波束形成算法，该算法所对应的稳健权矢量由重构出的干扰-噪声协方差矩阵和预估出的目标导向矢量经计算得到。同时需指出，利用所提算法可抑制数目多于物理阵元总数的干扰信号。

4.2.1 信号模型

不失一般性，假设嵌套 MIMO 雷达的虚拟阵中共包含 M 个有效阵元(嵌套 MIMO 雷达的阵列结构设计方法参阅 2.3.2 小节内容)。如 4.1 节所述，本章所设计的均是 MIMO 雷达“虚拟阵级”的稳健自适应波束形成算法，因此为行文明晰，以下讨论内容直接基于 MIMO 雷达虚拟阵的接收信号模型开展（MIMO 雷达虚拟阵的具体合成过程参阅 2.3.1 小节内容）。

如前所述，嵌套 MIMO 雷达的虚拟阵中共有 M 个有效阵元的位置坐标符合嵌套阵的空间排列规则。假设该阵元总数为 M 的嵌套阵由两个 ULA 子阵级联而成，其中内层 ULA 的阵元总数为 M_1，阵元间距为 d_{I}；外层 ULA 的阵元总数为 M_2，阵元间距为 $d_{\mathrm{O}}=(M_1+1)d_{\mathrm{I}}$。此外，空间独立目标数设为 K，目标 DOA 集合设为 $\{\theta_k, k=1,2,\cdots,K\}$。根据如上假设，可知嵌套 MIMO 雷达虚拟阵的接收数据可表示为

$$\boldsymbol{y}(t)=\boldsymbol{A}\boldsymbol{s}(t)+\boldsymbol{n}(t) \tag{4-1}$$

式中，$\boldsymbol{y}(t)=[y_1(t),y_2(t),\cdots,y_M(t)]^{\mathrm{T}}$ 为 t 时刻的虚拟阵接收信号形式，$\boldsymbol{s}(t)=[s_1(t),s_2(t),\cdots,s_K(t)]^{\mathrm{T}}$ 为目标反射系数向量且 $s_k(t)\sim CN(0,\sigma_k^2)$，$\boldsymbol{n}(t)=[n_1(t),n_2(t),\cdots,n_M(t)]^{\mathrm{T}}$ 表示独立于各目标信号的高斯白噪声矢量，其功率为 σ_n^2。令 $\boldsymbol{a}(\theta_k)=\{\mathrm{e}^{\mathrm{j}2\pi d_{\mathrm{I}} r_n \sin\theta_k/\lambda_0} \mid n=1,2,\cdots,M\}$ 表示第 k 个目标所对应的导向矢量，其中 λ_0 表示载波波长，$\{r_n \mid n=1,2,\cdots,M\}=\{0,1,\cdots,M_1-1,M_1,2(M_1+1)-1,\cdots,M_2(M_1+1)-1\}$ 为包含所有虚拟阵元位置坐标信息的整数向量。根据如上假设，可知虚拟阵列流形矩阵 $\boldsymbol{A}$ 的表示形式为

$$\boldsymbol{A}=[\boldsymbol{a}(\theta_1),\boldsymbol{a}(\theta_2),\cdots,\boldsymbol{a}(\theta_K)] \tag{4-2}$$

这里需指出，$\boldsymbol{A}$ 中各列所示的虚拟导向矢量为 MIMO 雷达发射导向矢量与接收导向矢量的 Kronecker 积，因而虚拟阵列可等效为发射阵列与接收阵列的和合阵列。对 Q 个脉冲重复周期（采样快拍）的虚拟阵接收数据作时间平均，得采样协方差矩阵的表达式为

$$\hat{\boldsymbol{R}}=\sum_{t=1}^{Q}\frac{1}{Q}\boldsymbol{y}(t)\boldsymbol{y}^{\mathrm{H}}(t)\approx \boldsymbol{A}\boldsymbol{R}_s\boldsymbol{A}^{\mathrm{H}}+\sigma_n^2\boldsymbol{I} \tag{4-3}$$

式中，$\boldsymbol{R}_s=\mathrm{diag}(\sigma_1^2,\sigma_2^2,\cdots,\sigma_K^2)$。向量化式（4-3）所示 $\hat{\boldsymbol{R}}$，可得一长向量。需注意，此向量中部分元素重复出现。剔除上述冗余元素，并重排剩余元素，使得该长向量中第 i 个元素等效于位置坐标为 $(-\bar{M}+i)d_{\mathrm{I}}$ 的差合阵（由嵌套 MIMO 雷达虚拟阵形成的差合阵列）元的单快拍接收数据，其中 $\bar{M}=M^2/4+M/2$。经过如上操作，可得以下新向量 $\boldsymbol{z}$，有

$$\boldsymbol{z}=\boldsymbol{B}\boldsymbol{p}+\sigma_n^2\boldsymbol{e} \tag{4-4}$$

式中，$\boldsymbol{B}=[\boldsymbol{b}(\theta_1),\boldsymbol{b}(\theta_2),\cdots,\boldsymbol{b}(\theta_K)]$，$\boldsymbol{b}(\theta_k)=[\mathrm{e}^{-\mathrm{j}2\pi d_{\mathrm{I}}(-\bar{M}+1)\sin\theta_k/\lambda_0}$，

$\mathrm{e}^{-\mathrm{j}2\pi d_1(-\bar{M}+2)\sin\theta_k/\lambda_0}$, ……, $\mathrm{e}^{\mathrm{j}2\pi d_1(\bar{M}-2)\sin\theta_k/\lambda_0}$, $\mathrm{e}^{\mathrm{j}2\pi d_1(\bar{M}-1)\sin\theta_k/\lambda_0}$ $]^{\mathrm{T}}$, $\boldsymbol{p}=[\sigma_1^2,\sigma_2^2,\cdots,\sigma_K^2]^{\mathrm{T}}$, $\boldsymbol{e}\in\mathbf{R}^{(2\bar{M}-1)\times 1}$为一中心元素为1,其余元素为0的列向量。

对比式(4-4)与式(4-1)可知,$\boldsymbol{z}$ 可等效视作由嵌套MIMO雷达虚拟阵之差合阵列所接收到的单快拍数据,该差合阵列的阵元位置坐标与集合$\{r_i-r_j \mid 1\leqslant i,j\leqslant M\}$中的非冗余元素一一对应。为充分利用嵌套MIMO雷达虚拟阵的高自由度特性,针对 $\boldsymbol{z}$ 应用文献[89]提出的空间平滑算法,以得到差合阵的满秩协方差矩阵为

$$\widetilde{\boldsymbol{R}}=\frac{1}{M^2/4+M/2}\sum_{i=1}^{M^2/4+M/2}\boldsymbol{z}_i\boldsymbol{z}_i^{\mathrm{H}}=\frac{1}{M^2/4+M/2}(\boldsymbol{B}_1\boldsymbol{R}_s\boldsymbol{B}_1^{\mathrm{H}}+\sigma_n^2\boldsymbol{I})^2 \tag{4-5}$$

其中 $\boldsymbol{z}_i$ 表示由 $\boldsymbol{z}$ 的第$(M^2/4+M/2-i+1)$行到第$[(M^2-2)/2+M-i+1]$行元素组成的列向量,$\boldsymbol{B}_1$ 为由 $\boldsymbol{B}$ 的最后 $\bar{M}$ 个行向量组成的阵列流形矩阵。得到 $\widetilde{\boldsymbol{R}}$ 后,文献[89]所述的MVDR波束形成权矢量可通过下式计算,有

$$\boldsymbol{w}_{\mathrm{MVDR}}=\frac{\bar{\boldsymbol{R}}^{-1}\hat{\boldsymbol{b}}_1}{\hat{\boldsymbol{b}}_1^{\mathrm{H}}\bar{\boldsymbol{R}}^{-1}\hat{\boldsymbol{b}}_1} \tag{4-6}$$

式中,$\bar{\boldsymbol{R}}$ 被称作空间平滑协方差矩阵,其具体表达式为 $\bar{\boldsymbol{R}}=\sqrt{M^2/4+M/2}\,\widetilde{\boldsymbol{R}}^{1/2}$,$\hat{\boldsymbol{b}}_1=[1,\mathrm{e}^{\mathrm{j}2\pi d_1\sin\hat{\theta}_1/\lambda_0},\cdots,\mathrm{e}^{\mathrm{j}2\pi(\bar{M}-1)d_1\sin\hat{\theta}_1/\lambda_0}]^{\mathrm{T}}$ 表示预设的目标导向矢量,$\hat{\theta}_1$ 为预设的目标DOA。需注意,权矢量 $\boldsymbol{w}_{\mathrm{MVDR}}$ 作用于阵元位置坐标集为$\{0,1,\cdots,\bar{M}-1\}$的差合阵列上。因此,由 $\bar{M}>M$ 可知,上述MVDR波束形成器可抑制数目多于虚拟阵元数的干扰信号。

4.2.2 干扰-噪声协方差矩阵重构

由式(4-6)可知,$\boldsymbol{w}_{\mathrm{MVDR}}$ 并非期望得到的稳健波束形成权矢量,其原因在于 $\bar{\boldsymbol{R}}$ 中混杂有目标信号分量,且 $\hat{\boldsymbol{b}}_1$ 与目标真实导向矢量间存在偏差。为克服传统自适应波束形成器的上述缺点,下面提出一种基于干扰-噪声协方差矩阵重构和目标导向矢量预估的稳健波束形成器设计方法。下面首先介绍干扰-噪声协方差矩阵的重构方法。

根据 $\bar{\boldsymbol{R}}$ 与 $\widetilde{\boldsymbol{R}}$ 之间的内在关联,可将式(4-6)中的 $\bar{\boldsymbol{R}}$ 重新表述为

$$\bar{\boldsymbol{R}}=\sum_{k=1}^{K}\sigma_k^2\boldsymbol{b}_1(\theta_k)\boldsymbol{b}_1^{\mathrm{H}}(\theta_k)+\sigma_n^2\boldsymbol{I} \tag{4-7}$$

式中,$\boldsymbol{b}_1(\theta_k)=[1,\mathrm{e}^{\mathrm{j}2\pi d_1\sin\theta_k/\lambda_0},\cdots,\mathrm{e}^{\mathrm{j}2\pi(\bar{M}-1)d_1\sin\theta_k/\lambda_0}]^{\mathrm{T}}$。向量化式(4-7)中 $\bar{\boldsymbol{R}}$,得

长矢量为

$$\mathrm{vec}(\bar{\boldsymbol{R}})=\sum_{k=1}^{K}\sigma_k^2\mathrm{vec}(\boldsymbol{b}_1(\theta_k)\boldsymbol{b}_1^{\mathrm{H}}(\theta_k))+\sigma_n^2\boldsymbol{I} \tag{4-8}$$

式中，$\boldsymbol{I}=[\boldsymbol{e}_1^{\mathrm{T}},\boldsymbol{e}_2^{\mathrm{T}},\cdots,\boldsymbol{e}_{\bar{M}}^{\mathrm{T}}]^{\mathrm{T}}$，$\boldsymbol{e}_i$ 表示第 i 个位置的元素为1，其余位置的元素为0的列向量。假设目标信号的空域角度不确定集，即 $\boldsymbol{\Theta}$，已知，并定义对应角度 θ 的"相关向量"为 $\boldsymbol{d}(\theta)=\mathrm{vec}(\boldsymbol{b}_1(\theta)\boldsymbol{b}_1^{\mathrm{H}}(\theta))$。然后根据式(4-8)，可知期望得到的干扰-噪声协方差向量(即向量化的干扰-噪声协方差矩阵)位于子空间 $\boldsymbol{F}=\int_{\tilde{\boldsymbol{\Theta}}}\boldsymbol{d}(\theta)\boldsymbol{d}^{\mathrm{H}}(\theta)\mathrm{d}\theta$ 中，其中 $\tilde{\boldsymbol{\Theta}}$ 为 $\boldsymbol{\Theta}$ 的补集。令 $\boldsymbol{F}=\boldsymbol{U}\boldsymbol{\Lambda}\boldsymbol{U}^{\mathrm{H}}$ 表示 $\boldsymbol{F}$ 的特征分解形式，其中 $\boldsymbol{U}$ 为由 $\boldsymbol{F}$ 的特征向量组成的酉矩阵，$\boldsymbol{\Lambda}$ 为由 $\boldsymbol{F}$ 的特征值组成的对角阵。基于以上分析，易知 $\boldsymbol{F}$ 的显性子空间可表示为

$$\boldsymbol{U}_{\mathrm{IS}}=[\boldsymbol{U}_1,\boldsymbol{U}_2,\cdots,\boldsymbol{U}_L] \tag{4-9}$$

式中，$\{\boldsymbol{U}_i\}_{i=1}^{L}$ 表示 $\boldsymbol{F}$ 的显性特征向量集。

为剔除目标信号分量，应将式(4-8)中的 $\mathrm{vec}(\bar{\boldsymbol{R}})$ 投影到仅包含干扰-噪声信息的子空间中。投影矩阵 $\boldsymbol{P}$ 的构造规则为

$$\boldsymbol{P}=\boldsymbol{U}_{\mathrm{IS}}(\boldsymbol{U}_{\mathrm{IS}}^{\mathrm{H}}\boldsymbol{U}_{\mathrm{IS}})^{-1}\boldsymbol{U}_{\mathrm{IS}}^{\mathrm{H}} \tag{4-10}$$

将 $\boldsymbol{P}$ 左乘于 $\mathrm{vec}(\bar{\boldsymbol{R}})$，即可重构出干扰-噪声协方差向量 $\mathrm{vec}(\tilde{\boldsymbol{R}}_{i+n})$：

$$\mathrm{vec}(\tilde{\boldsymbol{R}}_{i+n})=\boldsymbol{P}\mathrm{vec}(\bar{\boldsymbol{R}})+\sigma_n^2(\boldsymbol{I}-\boldsymbol{P})\boldsymbol{I} \tag{4-11}$$

得到 $\mathrm{vec}(\tilde{\boldsymbol{R}}_{i+n})$ 后，将其按列重排为 $\bar{M}\times\bar{M}$ 维的矩阵，即可重构出干扰-噪声协方差矩阵 $\tilde{\boldsymbol{R}}_{i+n}$。同时需注意，式(4-11)中的 σ_n^2 可近似设定为式(4-7)中 $\bar{\boldsymbol{R}}$ 的最小特征值。

4.2.3 目标导向矢量预估

为估计出目标真实导向矢量，需借鉴Worst Case算法、SQP算法和文献[141]所提算法的一些设计思想。由文献[141]中的理论分析和仿真结果可知，在上述三种算法中，文献[141]所提算法利用最少的先验信息得到最精确的目标导向矢量估计结果。文献[141]所提算法的基本设计思想为最大化波束形成器输出功率，同时利用如下约束条件避免目标导向矢量估计结果收敛至干扰信号空间，即

$$\tilde{\boldsymbol{b}}_1^{\mathrm{H}}\tilde{\boldsymbol{C}}\tilde{\boldsymbol{b}}_1\leqslant\Delta_0 \tag{4-12}$$

式中，$\tilde{\boldsymbol{b}}_1$ 为估计出的目标导向矢量，$\tilde{\boldsymbol{C}}$ 的计算公式为 $\int_{\tilde{\boldsymbol{\Theta}}}\boldsymbol{b}_1(\theta)\boldsymbol{b}_1^{\mathrm{H}}(\theta)\mathrm{d}\theta$，$\boldsymbol{b}_1(\theta)$

与式(4－6)中的$\hat{\boldsymbol{b}}_1$具有相同的结构形式($\boldsymbol{b}_1(\theta)$的角度参量为θ，$\hat{\boldsymbol{b}}_1$的角度参量为$\hat{\theta}_1$)，$\Delta_0=\max\limits_{\theta\in\boldsymbol{\Theta}}\boldsymbol{b}_1^{\mathrm{H}}(\theta)\widetilde{\boldsymbol{C}}\boldsymbol{b}_1(\theta)$。

然而，如前所述，以上提及的各类现有算法在非理想信号环境下的稳健性还有待进一步提高。此外，根据文献[218]中的分析结果可知，若将上述算法内嵌优化问题中的目标函数替换为最小化波束形成器敏感度T_{se}，则可有效增强算法的稳健性。其中T_{se}定义为$T_{\mathrm{se}}=\|\boldsymbol{w}\|_2^2/|\boldsymbol{w}^{\mathrm{H}}\hat{\boldsymbol{b}}_1|^2$，$\boldsymbol{w}$为波束形成器权矢量。基于如上分析，可联立重构出的干扰-噪声协方差矩阵$\widetilde{\boldsymbol{R}}_{i+n}$、式(4－12)所示约束条件和最小化$T_{\mathrm{se}}$的内在需求，得到新的稳健波束形成算法设计准则，即

$$
\begin{aligned}
&\min_{\boldsymbol{w},\widetilde{\boldsymbol{b}}_1}\boldsymbol{w}^{\mathrm{H}}\boldsymbol{w}/|\boldsymbol{w}^{\mathrm{H}}\hat{\boldsymbol{b}}_1|^2\\
&\text{限制条件}\quad \boldsymbol{w}=\frac{\widetilde{\boldsymbol{R}}_{i+n}^{-1}\widetilde{\boldsymbol{b}}_1}{\widetilde{\boldsymbol{b}}_1^{\mathrm{H}}\widetilde{\boldsymbol{R}}_{i+n}^{-1}\widetilde{\boldsymbol{b}}_1},\widetilde{\boldsymbol{b}}_1^{\mathrm{H}}\widetilde{\boldsymbol{C}}\widetilde{\boldsymbol{b}}_1\leqslant\Delta_0
\end{aligned}\tag{4-13}
$$

将式(4－13)中的等式约束条件代入目标函数中，可得

$$
\begin{aligned}
&\min_{\widetilde{\boldsymbol{b}}_1}\quad \widetilde{\boldsymbol{b}}_1^{\mathrm{H}}\widetilde{\boldsymbol{R}}_{i+n}^{-2}\widetilde{\boldsymbol{b}}_1/|\widetilde{\boldsymbol{b}}_1^{\mathrm{H}}\widetilde{\boldsymbol{R}}_{i+n}^{-1}\hat{\boldsymbol{b}}_1|^2\\
&\text{限制条件}\quad \widetilde{\boldsymbol{b}}_1^{\mathrm{H}}\widetilde{\boldsymbol{C}}\widetilde{\boldsymbol{b}}_1\leqslant\Delta_0
\end{aligned}\tag{4-14}
$$

由式(4－14)中目标函数的表达形式易知，其不随$\widetilde{\boldsymbol{b}}_1$的尺度放大(缩小)而变化。因此，为简化目标函数表达形式起见，可通过尺度放大(缩小)$\widetilde{\boldsymbol{b}}_1$，使其满足条件$\widetilde{\boldsymbol{b}}_1^{\mathrm{H}}\widetilde{\boldsymbol{R}}_{i+n}^{-1}\hat{\boldsymbol{b}}_1=1$，并进而将原优化问题(4－14)转化为以下形式，即

$$
\begin{aligned}
&\min_{\widetilde{\boldsymbol{b}}_1}\widetilde{\boldsymbol{b}}_1^{\mathrm{H}}\widetilde{\boldsymbol{R}}_{i+n}^{-2}\widetilde{\boldsymbol{b}}_1\\
&\text{限制条件}\quad \widetilde{\boldsymbol{b}}_1^{\mathrm{H}}\widetilde{\boldsymbol{R}}_{i+n}^{-1}\hat{\boldsymbol{b}}_1=1,\widetilde{\boldsymbol{b}}_1^{\mathrm{H}}\widetilde{\boldsymbol{C}}\widetilde{\boldsymbol{b}}_1\leqslant\Delta_0
\end{aligned}\tag{4-15}
$$

式(4－15)所示优化问题的解易由以下定理所述方法得到，该求解方法的运算复杂度与标准Capon算法相当，约为$O(\bar{M}^3)$。

定理：式(4－15)所示问题的最优解可由下式计算出，即

$$
\widetilde{\boldsymbol{b}}_1=\frac{(\widetilde{\boldsymbol{R}}_{i+n}^{-1}+\hat{\lambda}\widetilde{\boldsymbol{R}}_{i+n}\widetilde{\boldsymbol{C}})^{-1}\hat{\boldsymbol{b}}_1}{\hat{\boldsymbol{b}}_1^{\mathrm{H}}(\boldsymbol{I}+\hat{\lambda}\widetilde{\boldsymbol{R}}_{i+n}\widetilde{\boldsymbol{C}}\widetilde{\boldsymbol{R}}_{i+n})^{-1}\hat{\boldsymbol{b}}_1}\tag{4-16}
$$

其中$\hat{\lambda}$满足如下等式关系，即

$$\frac{\hat{\boldsymbol{b}}_1^{\mathrm{H}}(\boldsymbol{I}+\hat{\lambda}\widetilde{\boldsymbol{R}}_{i+n}\widetilde{\boldsymbol{C}}\widetilde{\boldsymbol{R}}_{i+n})^{-2}\widetilde{\boldsymbol{R}}_{i+n}\widetilde{\boldsymbol{C}}\widetilde{\boldsymbol{R}}_{i+n}\hat{\boldsymbol{b}}_1}{[\hat{\boldsymbol{b}}_1^{\mathrm{H}}(\boldsymbol{I}+\hat{\lambda}\widetilde{\boldsymbol{R}}_{i+n}\widetilde{\boldsymbol{C}}\widetilde{\boldsymbol{R}}_{i+n})^{-1}\hat{\boldsymbol{b}}_1]^2}=\Delta_0 \tag{4-17}$$

证明:式(4-15)所示优化问题可利用拉格朗日乘子法高效求解,其中拉格朗日函数可表示为

$$L(\tilde{\boldsymbol{b}}_1,\lambda,\mu)=\tilde{\boldsymbol{b}}_1^{\mathrm{H}}\widetilde{\boldsymbol{R}}_{i+n}^{-2}\tilde{\boldsymbol{b}}_1+\lambda(\tilde{\boldsymbol{b}}_1^{\mathrm{H}}\widetilde{\boldsymbol{C}}\tilde{\boldsymbol{b}}_1-\Delta_0)+\mu(-\tilde{\boldsymbol{b}}_1^{\mathrm{H}}\widetilde{\boldsymbol{R}}_{i+n}^{-1}\hat{\boldsymbol{b}}_1-\hat{\boldsymbol{b}}_1^{\mathrm{H}}\widetilde{\boldsymbol{R}}_{i+n}^{-1}\tilde{\boldsymbol{b}}_1+2) \tag{4-18}$$

上式中,λ 和 μ 为实数拉格朗日乘子,且 $\lambda\geqslant 0$。注意到式(4-18)可被等价转化为

$$L(\tilde{\boldsymbol{b}}_1,\lambda,\mu)=[\tilde{\boldsymbol{b}}_1-\mu(\widetilde{\boldsymbol{R}}_{i+n}^{-1}+\lambda\widetilde{\boldsymbol{R}}_{i+n}\widetilde{\boldsymbol{C}})^{-1}\hat{\boldsymbol{b}}_1]^{\mathrm{H}}(\widetilde{\boldsymbol{R}}_{i+n}^{-2}+\lambda\widetilde{\boldsymbol{C}})\times$$
$$[\tilde{\boldsymbol{b}}_1-\mu(\widetilde{\boldsymbol{R}}_{i+n}^{-1}+\lambda\widetilde{\boldsymbol{R}}_{i+n}\widetilde{\boldsymbol{C}})^{-1}\hat{\boldsymbol{b}}_1]-\mu^2\hat{\boldsymbol{b}}_1^{\mathrm{H}}(\boldsymbol{I}+\lambda\widetilde{\boldsymbol{R}}_{i+n}\widetilde{\boldsymbol{C}}\widetilde{\boldsymbol{R}}_{i+n})^{-1}\hat{\boldsymbol{b}}_1-\lambda\Delta_0+2\mu \tag{4-19}$$

因此,在 λ 和 μ 给定的情况下,$L(\tilde{\boldsymbol{b}}_1,\lambda,\mu)$关于$\tilde{\boldsymbol{b}}_1$ 的无约束最小解可表示为

$$\tilde{\boldsymbol{b}}_1(\lambda,\mu)=\mu(\widetilde{\boldsymbol{R}}_{i+n}^{-1}+\lambda\widetilde{\boldsymbol{R}}_{i+n}\widetilde{\boldsymbol{C}})^{-1}\hat{\boldsymbol{b}}_1 \tag{4-20}$$

由式(4-19)和式(4-20)易推得

$$L_1(\lambda,\mu)\stackrel{\mathrm{def}}{=\!=\!=}L(\tilde{\boldsymbol{b}}_1(\lambda,\mu),\lambda,\mu)=-\mu^2\hat{\boldsymbol{b}}_1^{\mathrm{H}}(\boldsymbol{I}+\lambda\widetilde{\boldsymbol{R}}_{i+n}\widetilde{\boldsymbol{C}}\widetilde{\boldsymbol{R}}_{i+n})^{-1}\hat{\boldsymbol{b}}_1-$$
$$\lambda\Delta_0+2\mu\leqslant\tilde{\boldsymbol{b}}_1^{\mathrm{H}}\widetilde{\boldsymbol{R}}_{i+n}^{-2}\tilde{\boldsymbol{b}}_1 \tag{4-21}$$

对于任意 $\tilde{\boldsymbol{b}}_1$ 满足 $\tilde{\boldsymbol{b}}_1^{\mathrm{H}}\widetilde{\boldsymbol{C}}\tilde{\boldsymbol{b}}_1\leqslant\Delta_0$。

令 $L_1(\lambda,\mu)$ 相对于 μ 的导数为 0,可得

$$\hat{\mu}=\frac{1}{\hat{\boldsymbol{b}}_1^{\mathrm{H}}(\boldsymbol{I}+\lambda\widetilde{\boldsymbol{R}}_{i+n}\widetilde{\boldsymbol{C}}\widetilde{\boldsymbol{R}}_{i+n})^{-1}\hat{\boldsymbol{b}}_1} \tag{4-22}$$

和

$$L_2(\lambda)\stackrel{\mathrm{def}}{=\!=\!=}L_1(\lambda,\hat{\mu})=\frac{1}{\hat{\boldsymbol{b}}_1^{\mathrm{H}}(\boldsymbol{I}+\lambda\widetilde{\boldsymbol{R}}_{i+n}\widetilde{\boldsymbol{C}}\widetilde{\boldsymbol{R}}_{i+n})^{-1}\hat{\boldsymbol{b}}_1}-\lambda\Delta_0 \tag{4-23}$$

令 $L_2(\lambda)$ 相对于 λ 的导数为 0,即可得到表达式(4-17)。将式(4-22)代入式(4-20),即可得到表达式(4-16)。因此,当 $\hat{\lambda}$ 的值被确定后,利用式(4-16)即可方便地计算出 $\widetilde{\boldsymbol{B}}_1$,且运算复杂度约为 $O(\bar{M}^3)$ 。证毕。

补充说明:为简化矩阵求逆操作,应利用$\widetilde{\boldsymbol{R}}_{i+n}\widetilde{\boldsymbol{C}}\widetilde{\boldsymbol{R}}_{i+n}$的特征分解形式将式(4-17)转化为其等价形式。具体地,$\widetilde{\boldsymbol{R}}_{i+n}\widetilde{\boldsymbol{C}}\widetilde{\boldsymbol{R}}_{i+n}$ 的特征分解形式为$\widetilde{\boldsymbol{R}}_{i+n}\widetilde{\boldsymbol{C}}$

$\widetilde{\boldsymbol{R}}_{i+n}=\boldsymbol{V}\boldsymbol{\Gamma}\boldsymbol{V}^{\mathrm{H}}$，其中酉矩阵 $\boldsymbol{V}=[\boldsymbol{V}_1,\boldsymbol{V}_2,\cdots,\boldsymbol{V}_{\bar{M}}]$ 中各列为相互正交的特征向量，对角矩阵 $\boldsymbol{\Gamma}=\mathrm{diag}\{\gamma_1,\gamma_2,\cdots,\gamma_{\bar{M}}\}$ 中对角线元素均为特征向量，且 $\gamma_1\geqslant\gamma_2\geqslant\cdots\geqslant\gamma_{\bar{M}}$。令 $\boldsymbol{z}=\boldsymbol{V}^{\mathrm{H}}\hat{\boldsymbol{b}}_1$，$z_m$ 表示 $\boldsymbol{z}$ 中第 m 个元素，则式(4-17)可被等价转化为

$$\frac{\sum_{m=1}^{\bar{M}}\frac{|z_m|^2}{(\gamma_m^{-1/2}+\hat{\lambda}\gamma_m^{1/2})^2}}{\left(\sum_{m=1}^{\bar{M}}\frac{|z_m|^2}{\hat{\lambda}\gamma_m+1}\right)^2}=\Delta_0 \tag{4-24}$$

容易知道，式(4-24)等号左边的表达式为关于 $\hat{\lambda}$ 的单调下降函数。以 $f(\hat{\lambda})$ 表示式(4-24)等号左边的表达式，易推得：

$$\lim_{\hat{\lambda}\to 0}f(\hat{\lambda})=(1/\bar{M}^2)\sum_{m=1}^{\bar{M}}\gamma_m\ |z_m|^2\approx(\alpha\gamma_1/\bar{M}^2)\sum_{m=1}^{\bar{M}}\ |z_m|^2=\alpha\gamma_1/\bar{M} \tag{4-25}$$

$$\lim_{\hat{\lambda}\to\infty}f(\hat{\lambda})=\frac{\sum_{m=1}^{\bar{M}}\frac{|z_m|^2}{\hat{\lambda}^2\gamma_m}}{\left(\sum_{m=1}^{\bar{M}}\frac{|z_m|^2}{\hat{\lambda}\gamma_m}\right)\frac{1}{\hat{\lambda}}\left(\sum_{m=1}^{\bar{M}}\frac{|z_m|^2}{\hat{\lambda}\gamma_m}\right)}=\frac{1}{\sum_{m=1}^{\bar{M}}\frac{|z_m|^2}{\gamma_m}}\approx\frac{1}{\beta\frac{1}{\gamma_1}\sum_{m=1}^{\bar{M}}|z_m|^2}=\frac{\gamma_1}{\bar{M}\beta} \tag{4-26}$$

式中，α 和 β 为尺度量化因子，且 $1<\alpha<\bar{M}$，$\beta\gg\bar{M}$。假设 $\widetilde{\boldsymbol{C}}$ 有 J 个显性特征值，且 ζ_{J+1} 为 $\widetilde{\boldsymbol{C}}$ 的第 $(J+1)$ 大特征值，则根据文献[141]所述内容可知 $\Delta_0\leqslant\bar{M}\zeta_{J+1}$。进一步，根据 $\alpha\gamma_1\gg\bar{M}^2\zeta_{J+1}$ 和 $\gamma_1\ll\bar{M}\beta$，可知 $(\alpha\gamma_1/\bar{M})>\Delta_0$ 和 $(\gamma_1/\bar{M}\beta)<\Delta_0$。由以上分析可知，式(4-24)存在唯一解 $\hat{\lambda}\in(0,+\infty)$，且该解一般可利用牛顿下降法求出。采用类似于式(4-24)的推导方法，可将式(4-16)等价转化为

$$\widetilde{\boldsymbol{b}}_1=\frac{\widetilde{\boldsymbol{R}}_{i+n}\boldsymbol{V}\ (\boldsymbol{I}+\hat{\lambda}\boldsymbol{\Gamma})^{-1}\boldsymbol{V}^{\mathrm{H}}\hat{\boldsymbol{b}}_1}{\hat{\boldsymbol{b}}_1^{\mathrm{H}}\boldsymbol{V}\ (\boldsymbol{I}+\hat{\lambda}\boldsymbol{\Gamma})^{-1}\boldsymbol{V}^{\mathrm{H}}\hat{\boldsymbol{b}}_1} \tag{4-27}$$

至此，已完成算法推导过程。

4.2.4 算法流程与运算复杂度分析

嵌套 MIMO 雷达稳健自适应波束形成算法的具体操作流程可总结如下。

算法流程：

输入数据：虚拟阵元数 M，差合阵元数 $\bar{M}$，观测快拍$\{\boldsymbol{y}(t)\}_{t=1}^{Q}$，正定矩阵 $\widetilde{\boldsymbol{C}}=\int_{\widetilde{\Theta}}\boldsymbol{b}_1(\theta)\boldsymbol{b}_1^{\mathrm{H}}(\theta)\mathrm{d}\theta$。

步骤 1：根据式(4-3)计算采样协方差矩阵 $\hat{\boldsymbol{R}}$。

步骤 2：向量化 $\hat{\boldsymbol{R}}$ 并执行去冗余元素和向量重排操作，得到长向量 $\boldsymbol{z}$。

步骤 3：对 $\boldsymbol{z}$ 进行空间平滑以得到满秩协方差矩阵 $\widetilde{\boldsymbol{R}}$，并进一步得到空间平滑协方差矩阵 $\bar{\boldsymbol{R}}=\sqrt{M^2/4+M/2}\,\widetilde{\boldsymbol{R}}^{1/2}$。

步骤 4：根据式(4-11)重构干扰-噪声协方差矩阵$\widetilde{\boldsymbol{R}}_{i+n}$。

步骤 5：对$\widetilde{\boldsymbol{R}}_{i+n}\widetilde{\boldsymbol{C}}\,\widetilde{\boldsymbol{R}}_{i+n}$进行特征分解，得到$\widetilde{\boldsymbol{R}}_{i+n}\widetilde{\boldsymbol{C}}\,\widetilde{\boldsymbol{R}}_{i+n}=\boldsymbol{V\Gamma V}^{\mathrm{H}}$。

步骤 6：利用牛顿下降法求解式(4-24)，得到 $\hat{\lambda}$ 。

步骤 7：利用步骤 6 中求得的 $\hat{\lambda}$ 估计目标导向矢量$\widetilde{\boldsymbol{B}}_1$，具体计算公式参见式(4-27)。注意对角矩阵 $\boldsymbol{I}+\hat{\lambda}\boldsymbol{\Gamma}$ 的逆矩阵容易求得，且 $\boldsymbol{V}^{\mathrm{H}}\hat{\boldsymbol{b}}_1$ 已于步骤 5 中求得。

步骤 8：量化$\widetilde{\boldsymbol{B}}_1$，即$\widetilde{\boldsymbol{B}}_1=\sqrt{\bar{M}}\widetilde{\boldsymbol{B}}_1/\|\widetilde{\boldsymbol{B}}_1\|$，以使得$\widetilde{\boldsymbol{B}}_1$ 的模值等于$\sqrt{\bar{M}}$。

输出数据：稳健波束形成器权矢量 $\boldsymbol{w}_{\mathrm{rob}}$，其计算公式为 $\boldsymbol{w}_{\mathrm{rob}}=\hat{\boldsymbol{R}}_{i+n}^{-1}\widetilde{\boldsymbol{a}}/\widetilde{\boldsymbol{a}}^{\mathrm{H}}\hat{\boldsymbol{R}}_{i+n}^{-1}\widetilde{\boldsymbol{a}}$。

从运算复杂度的观点分析，所提算法的运算量主要由步骤 4 中干扰-噪声协方差矩阵$\widetilde{\boldsymbol{R}}_{i+n}$的重构过程和步骤 5 中$\widetilde{\boldsymbol{R}}_{i+n}\widetilde{\boldsymbol{C}}\,\widetilde{\boldsymbol{R}}_{i+n}$的特征分解过程决定，它们的运算复杂度均为 $O(\bar{M}^3)$ 。此外，需指出，与运算复杂度均为 $O(\bar{M}^{3.5})$ 的 Worst Case 算法、SQP 算法以及文献[141]中所提算法相比，本算法具有更低的运算复杂度 $O(\bar{M}^3)$ 。

现在以一简单仿真实例检验所提嵌套 MIMO 雷达稳健波束形成算法的性能。以阵元位置集合为$[0,d,2d,3d,7d,11d]$的 6 阵元嵌套阵为例，设计 MIMO 雷达使其虚拟阵型符合该嵌套阵列结构，其中 d 为半波长。采用2.3.2 小节所示阵列结构优化算法，可得其中一组符合设计需求的解为发射阵元位

置集合 $[0,2d]$，接收阵元位置集合 $[0,d,5d,9d]$。此外需指出，该嵌套 MIMO 雷达的有效虚拟阵元数为 6。假设目标预设 DOA 为 $\hat{\theta}_{\mathrm{p}}=3°$，真实 DOA 为 $\theta_{\mathrm{t}}=5°$。干扰 DOA 集合为 $\{-60°,-45°,-30°,-20°,25°,40°,55°\}$，干噪比(Interference - to - Noise Ratio，INR)设为 30 dB。SNR 设定为 30 dB，采样快拍数 $Q=30$。如图 4.1 所示简单比较了 MVDR 波束形成器[89]与所提波束形成器在上述目标 DOA 失配情形下的方向图。图中纵向点线表示目标与干扰的真实 DOA，横向点线对应 0 dB。由图 4.1 所示结果可知，两种算法均能有效抑制 8 个干扰信号，但是所提算法比 MVDR 算法在干扰方向形成更深的凹口。同时需指出，所提算法在目标真实方位保持无失真响应，然而 MVDR 算法却于目标真实方位形成深凹口(即前文所述的信号自消现象)。总结上述分析结果，可知所提算法能够抑制数目多于虚拟阵元数的干扰信号，且具有比传统 MVDR 算法更高的稳健性。

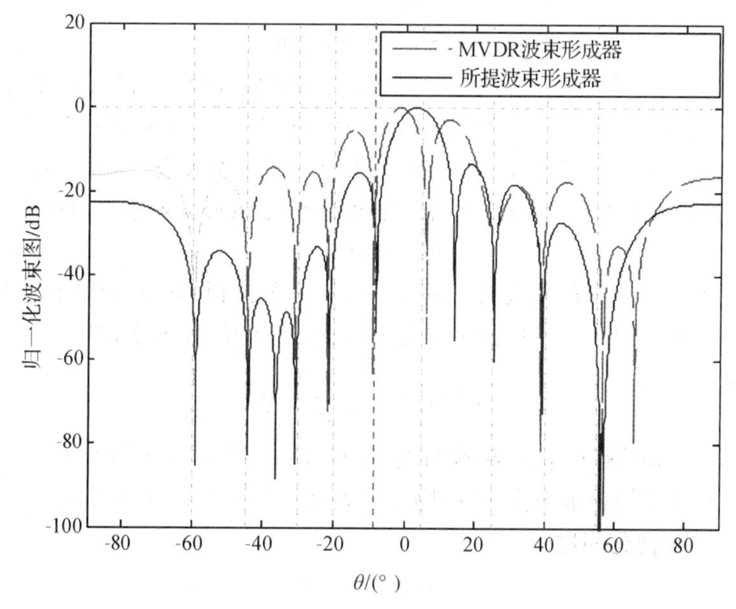

图 4.1 所提波束形成器与 MVDR 波束形成器的方向图对比

4.3 均匀 MIMO 雷达稳健自适应波束形成算法

本节详细介绍一种均匀 MIMO 雷达的稳健自适应波束形成算法，所采用的设计思路与 4.2 节所述算法类似，即利用重构出的干扰-噪声协方差矩阵和预估出的目标导向矢量计算稳健自适应权。具体来说,本节所提算法首先通过解一新构建的凸优化问题估计目标真实导向矢量。该优化问题的目标函数为最小化波束形成器敏感度,约束条件充分考虑了精确阵列构型未知情形下的阵元位置失配现象。另外需指出,新构建的优化问题的最优解可由拉格朗日乘子法求得,其运算复杂度与标准 Capon 算法相当。将预估出的目标信号分量从采样协方差矩阵中消去,即可重构出期望得到的干扰-噪声协方差矩阵。该重构方法无需经历复杂的功率谱积分过程,因而运算复杂度较低。

4.3.1 信号模型

仍以 MIMO 雷达虚拟阵的接收数据模型为基础开展讨论。假设均匀 MIMO 雷达的虚拟阵(为一 ULA)中共有 N 个阵元,其所对应的观测快拍矢量可表示为

$$\boldsymbol{x}(k)=\boldsymbol{s}(k)\boldsymbol{a}_0+\boldsymbol{i}(k)+\boldsymbol{n}(k)= \tag{4-28}$$

$$\boldsymbol{s}(k)+\boldsymbol{i}(k)+\boldsymbol{n}(k) \tag{4-29}$$

式中,k 表示采样时刻,$\boldsymbol{s}(k)$、$\boldsymbol{i}(k)$和 $\boldsymbol{n}(k)$分别代表目标信号、干扰信号和噪声。$\boldsymbol{s}(k)$和 $\boldsymbol{a}_0$ 分别代表目标信号波形和导向矢量。在后续推导过程中,假设目标信号、干扰信号和噪声的波形均服从标准复高斯分布,且三者之间互不相关。基于如上假设,可知第 k 个采样快拍的波束形成器输出可被表示为

$$\boldsymbol{y}(k)=\boldsymbol{w}^{\mathrm{H}}\boldsymbol{x}(k) \tag{4-30}$$

式中,$\boldsymbol{w}$ 为 $N\times 1$ 维的复波束形成权矢量。一般来说,波束形成问题可归结为寻找合适的权矢量 $\boldsymbol{w}$,以使按下式定义的输出 SINR 最大化,即

$$\mathrm{SINR}=\frac{\sigma_0^2\ |\boldsymbol{w}^{\mathrm{H}}\boldsymbol{a}_0|^2}{\boldsymbol{w}^{\mathrm{H}}\boldsymbol{R}_{i+n}\boldsymbol{w}} \tag{4-31}$$

式中,$\sigma_0^2=\mathrm{E}(|\boldsymbol{s}(k)|^2)$ 表示目标信号功率,$\boldsymbol{R}_{i+n}=\mathrm{E}[(\boldsymbol{i}(k)+\boldsymbol{n}(k))(\boldsymbol{i}(k)+\boldsymbol{n}(k))^{\mathrm{H}}]$表示干扰-噪声协方差矩阵。从数学角度分析,最大化式(4-31)等价于解优化问题:

$$\min_{\boldsymbol{w}} \boldsymbol{w}^{\mathrm{H}}\boldsymbol{R}_{i+n}\boldsymbol{w}$$

$$\text{限制条件 } \boldsymbol{w}^{\mathrm{H}}\boldsymbol{a}_0=1 \tag{4-32}$$

由于观测数据中通常包含目标信号分量,且训练样本(采样快拍)数往往是有限的,因而在实际应用中,理想干扰-噪声协方差矩阵 $\boldsymbol{R}_{i+n}$ 通常不可得,仅能以以下采样协方差矩阵近似,即

$$\hat{\boldsymbol{R}}=\frac{1}{K}\sum_{k=1}^{K}\boldsymbol{x}(k)\boldsymbol{x}^{\mathrm{H}}(k) \tag{4-33}$$

式中，K 为采样快拍数。在优化问题(4－32)中，以 $\hat{\boldsymbol{R}}$ 代替 $\boldsymbol{R}_{i+n}$，所得解即为MVDR(Capon)波束形成器的权矢量为

$$\boldsymbol{w}_{\mathrm{MVDR}}=\frac{\hat{\boldsymbol{R}}^{-1}\boldsymbol{a}_0}{\boldsymbol{a}_0^{\mathrm{H}}\hat{\boldsymbol{R}}^{-1}\boldsymbol{a}_0} \tag{4-34}$$

然而，如4.1节所述，目标真实导向矢量 $\boldsymbol{a}_0$ 于实际应用中通常是未知的，可利用的仅为 $\boldsymbol{a}_0$ 的非精确信息。因此，若将预设的目标导向矢量 $\hat{\boldsymbol{a}}_0$ 代入式(4－34)，则 $\hat{\boldsymbol{a}}_0$ 与 $\boldsymbol{a}_0$ 之间的匹配误差会引致MVDR波束形成器严重的性能下降现象(尤其在高输入SNR条件下)。该现象的产生原因可归结为 $\hat{\boldsymbol{R}}$ 中混杂有目标信号分量，且随着SNR的增高，上述采样协方差矩阵 $\hat{\boldsymbol{R}}$ 的“污染”效应越发严重。为解决传统MVDR波束形成器在非理想信号环境下的性能下降问题，在过去30年中已涌现出多种稳健自适应波束形成算法。在这些算法中，着重介绍两个典型代表(它们的波束形成性能均明显优于其他现有算法)，即由A. Khabbazibasmenj[141]等人提出的基于目标真实导向矢量预估的稳健波束形成算法，和由Yujie Gu[142, 217]等人提出的基于干扰-噪声协方差矩阵重构的稳健波束形成算法。A. Khabbazibasmenj所提算法的核心思想在于将传统MVDR波束形成器权矢量中的预设目标导向矢量 $\hat{\boldsymbol{a}}_0$ 替换为一个更精确的估计量 $\tilde{\boldsymbol{a}}$，即以下优化问题的解：

$$\begin{gathered}\min_{\tilde{\boldsymbol{a}}}\tilde{\boldsymbol{a}}^{\mathrm{H}}\hat{\boldsymbol{R}}^{-1}\tilde{\boldsymbol{a}}\\ \text{限制条件}\ \|\tilde{\boldsymbol{a}}\|^2=N,\tilde{\boldsymbol{a}}^{\mathrm{H}}\tilde{\boldsymbol{C}}\tilde{\boldsymbol{a}}\leqslant\Delta_0\end{gathered} \tag{4-35}$$

式中，$\tilde{\boldsymbol{C}}=\int_{\tilde{\boldsymbol{\Theta}}}\boldsymbol{d}(\theta)\boldsymbol{d}^{\mathrm{H}}(\theta)\mathrm{d}\theta$，$\boldsymbol{d}(\theta)$为由阵列构型决定的相应于方位 θ 的导向矢量，$\boldsymbol{\Theta}$ 表示目标信号的空域角度不确定集，$\tilde{\boldsymbol{\Theta}}$ 为 $\boldsymbol{\Theta}$ 的补集，$\Delta_0=\max\limits_{\theta\in\boldsymbol{\Theta}}\boldsymbol{d}^{\mathrm{H}}(\theta)\tilde{\boldsymbol{C}}\boldsymbol{d}(\theta)$。

与现有基于目标真实导向矢量预估的稳健波束形成算法不同，A. Khabbazibasmenj所提算法仅需利用非精确的目标信号空域角度不确定集这一先验信息，且该先验信息易由低分辨DOA估计技术得到。因此，A. Khabbazibasmenj所提算法减小了传统稳健自适应波束形成算法对精确先验信息的依赖性，且可以高精度估计出目标真实导向矢量。

Yujie Gu等人所提算法的核心在于利用如下Capon功率谱积分关系式，重构出干扰-噪声协方差矩阵：

$$\widetilde{\boldsymbol{R}}_{i+n}=\int_{\widetilde{\boldsymbol{\Theta}}}\frac{\boldsymbol{d}(\theta)\boldsymbol{d}^{\mathrm{H}}(\theta)}{\boldsymbol{d}^{\mathrm{H}}(\theta)\hat{\boldsymbol{R}}^{-1}\boldsymbol{d}(\theta)}\mathrm{d}\theta \tag{4-36}$$

经过如上操作，以 $\widetilde{\boldsymbol{R}}_{i+n}$ 代替 MVDR 权矢量中的 $\hat{\boldsymbol{R}}$，即可得到该算法所对应的稳健波束形成器权矢量。需注意，由于该算法已从训练样本中剔除了目标信号分量，因此其对非精确的目标导向矢量信息不敏感，从而可获得比其他已有算法更高的稳健性（尤其在高 SNR 情形下）。

观察式(4-35)和式(4-36)可知，式(4-35)中 $\widetilde{\boldsymbol{C}}$ 和 Δ_0 的计算，以及式(4-36)中涉及 $\boldsymbol{d}(\theta)\boldsymbol{d}^{\mathrm{H}}(\theta)$ 的积分运算，均利用到预设的阵列几何结构信息。然而在实际应用中，由于各种阵列结构误差的存在，使得精确的阵列几何构型信息通常是不可得的。若阵列结构误差存在，则据此先验信息计算出的式(4-35)中的 $\widetilde{\boldsymbol{a}}^{\mathrm{H}}\widetilde{\boldsymbol{C}}\widetilde{\boldsymbol{a}}$，$\Delta_0$，以及式(4-36)中的 Capon 功率谱积分，均偏离其真实量，进而使得式(4-35)中的非等式约束条件失效、式(4-36)重构出的干扰-噪声协方差矩阵精度下降。上述两种算法的内在缺陷促使发展一种于非精确阵列构型下仍可以高精度估计目标真实导向矢量、重构干扰-噪声协方差矩阵的新稳健波束形成算法。

4.3.2 目标导向矢量预估

如 4.3.1 节所述，A. Khabbazibasmenj 所提出的基于目标导向矢量预估的稳健波束形成算法对阵列结构误差敏感，为克服此缺陷，设计旨在估计目标真实导向矢量 $\widetilde{\boldsymbol{a}}$ 的优化问题，即

$$\min_{\boldsymbol{w},\widetilde{\boldsymbol{a}}}\frac{\boldsymbol{w}^{\mathrm{H}}\boldsymbol{w}}{|\boldsymbol{w}^{\mathrm{H}}\hat{\boldsymbol{a}}|^2}$$

$$\text{限制条件}\quad \boldsymbol{w}=\frac{\hat{\boldsymbol{R}}^{-1}\widetilde{\boldsymbol{a}}}{\widetilde{\boldsymbol{a}}^{\mathrm{H}}\hat{\boldsymbol{R}}^{-1}\widetilde{\boldsymbol{a}}},\ \max_{\|\boldsymbol{\Delta}\|\leqslant\eta}\widetilde{\boldsymbol{a}}^{\mathrm{H}}(\boldsymbol{Q}+\boldsymbol{\Delta})^{\mathrm{H}}(\boldsymbol{Q}+\boldsymbol{\Delta})\widetilde{\boldsymbol{a}}\leqslant\Delta_1 \tag{4-37}$$

式中，$\boldsymbol{w}=\dfrac{\hat{\boldsymbol{R}}^{-1}\widetilde{\boldsymbol{a}}}{\widetilde{\boldsymbol{a}}^{\mathrm{H}}\hat{\boldsymbol{R}}^{-1}\widetilde{\boldsymbol{a}}}$为波束形成权矢量，$\hat{\boldsymbol{a}}$ 为预设的目标导向矢量，$\boldsymbol{Q}$ 为式(4-35)中 $\widetilde{\boldsymbol{C}}$ 的 Cholesky 分解因子，即 $\widetilde{\boldsymbol{C}}=\boldsymbol{Q}^{\mathrm{H}}\boldsymbol{Q}$，$\|\boldsymbol{\Delta}\|\leqslant\eta$ 表示 $\boldsymbol{Q}$ 中所含的由非精确阵列构型引起的偏差量（与根据精确阵列几何结构计算出的 $\boldsymbol{Q}$ 相比），$\Delta_1=\min\limits_{\|\boldsymbol{\Delta}\|\leqslant\eta}\max\limits_{\theta\in\boldsymbol{\Theta}}\boldsymbol{d}^{\mathrm{H}}(\theta)(\boldsymbol{Q}+\boldsymbol{\Delta})^{\mathrm{H}}(\boldsymbol{Q}+\boldsymbol{\Delta})\boldsymbol{d}(\theta)$。

将新构建出的优化问题式(4-37)与式(4-35)所示优化问题作对比，可知二者之间的主要区别在于以下几方面。

(1)式(4－35)所示优化问题的目标函数为最大化 Capon 波束形成器输出功率，而式(4－37)所示优化问题的目标函数为最小化波束形成器敏感度。上述结论可由如下观察结果证实：式(4－35)所示优化问题的目标函数为 Capon 波束形成器输出功率的倒数，即 $\tilde{\boldsymbol{a}}^{\mathrm{H}}\hat{\boldsymbol{R}}^{-1}\tilde{\boldsymbol{a}}=1/\tilde{\boldsymbol{w}}^{\mathrm{H}}\hat{\boldsymbol{R}}\tilde{\boldsymbol{w}}$，其中 $\tilde{\boldsymbol{w}}=\hat{\boldsymbol{R}}^{-1}\tilde{\boldsymbol{a}}/\tilde{\boldsymbol{a}}^{\mathrm{H}}\hat{\boldsymbol{R}}^{-1}\tilde{\boldsymbol{a}}$ 为对应的波束形成权矢量；式(4－37)所示优化问题的目标函数与 Rübsamen 和 Pesavento 等人[218]定义的波束形成器敏感度的数学表达式一致。然而，正如 Rübsamen 和 Pesavento 等人[218]分析的那样，最大化波束形成器输出功率将会导致干扰、噪声抑制能力的下降，从而使据此准则设计出的波束形成算法对强干扰和强噪声敏感。因此，基于最小化波束形成器敏感度这一准则所设计出的自适应波束形成算法即使在强干扰、强噪声背景下仍具有较高的稳健性。

(2)式(4－37)所示优化问题不再采用式(4－35)中的范数约束条件 $\|\tilde{\boldsymbol{a}}\|^2=N$。做出这一调整的原因在于：上述范数约束条件通常可视作一非凸等式约束条件，进而导致其所对应的优化问题为 NP－难问题。此外，删去该范数约束条件并不会对波束形成器的输出 SINR 产生影响。因此，于所设计出的旨在估计目标真实导向矢量的优化问题(4－37)中舍弃了上述范数约束条件。最后需强调，得到式(4－37)所示优化问题的最优解 $\tilde{\boldsymbol{a}}$ 后，需按公式 $\tilde{\boldsymbol{a}}=(\sqrt{N}/\|\tilde{\boldsymbol{a}}\|)\tilde{\boldsymbol{a}}$ 对其进行量化，以恢复 $\tilde{\boldsymbol{a}}$ 的真实模值。

(3)考虑到预设阵列构型与真实阵列构型之间的误差(对 MIMO 雷达来说，虚拟阵元位置误差为发射阵元位置误差与接收阵元位置误差之和[220,221])，式(4－35)中的不等式约束条件可被改写为更严谨的形式为

$$\tilde{\boldsymbol{a}}^{\mathrm{H}}(\boldsymbol{Q}+\boldsymbol{\Delta})^{\mathrm{H}}(\boldsymbol{Q}+\boldsymbol{\Delta})\tilde{\boldsymbol{a}}\leqslant\max_{\theta\in\boldsymbol{\Theta}}\boldsymbol{d}^{\mathrm{H}}(\theta)(\boldsymbol{Q}+\boldsymbol{\Delta})^{\mathrm{H}}(\boldsymbol{Q}+\boldsymbol{\Delta})\boldsymbol{d}(\theta),\quad \text{对于任意 }\|\boldsymbol{\Delta}\|\leqslant\eta \tag{4-38}$$

如前所述，$\boldsymbol{\Delta}$ 为 $\boldsymbol{Q}$ 所对应的未知失配矩阵，且 $\boldsymbol{\Delta}$ 的矩阵范数的上界由一设定常数 $\eta>0$ 确定。需注意，对任一范数小于或等于 η 的 $\boldsymbol{\Delta}$ 来说，式(4－38)表示一关于 $\tilde{\boldsymbol{a}}$ 的凸二次约束条件。由于 $\boldsymbol{\Delta}$ 结构形式的随机性，故与其对应的上述凸二次约束条件有无限多个。针对式(4－38)应用 Worst Case 准则(即在 $\tilde{\boldsymbol{a}}$ 给定的情形下，找到二阶项 $\tilde{\boldsymbol{a}}^{\mathrm{H}}(\boldsymbol{Q}+\boldsymbol{\Delta})^{\mathrm{H}}(\boldsymbol{Q}+\boldsymbol{\Delta})\tilde{\boldsymbol{a}}$ 关于 $\boldsymbol{\Delta}$ 的最大值，以及 $\max\boldsymbol{d}^{\mathrm{H}}(\theta)(\boldsymbol{Q}+\boldsymbol{\Delta})^{\mathrm{H}}(\boldsymbol{Q}+\boldsymbol{\Delta})\boldsymbol{d}(\theta)$，限制条件 $\theta\in\boldsymbol{\Theta}$ 关于 $\boldsymbol{\Delta}$ 的最小值)，即可将以上所提及的无限多个凸二次约束条件简化为一个约束条件，该约束条件即为式(4－37)中的不等式约束条件。据此可知，式(4－37)中的不等式约束条件为式(4－35)中不等式约束条件在精确阵列构型未知情形下的改进形

式，该重要改进可降低波束形成器对阵列结构误差的敏感性。

在深入阐释所设计的稳健波束形成算法之前，需指出，式(4-37)中的不等式约束条件可被改写为更紧凑的形式。详细推导过程如下。

为构建上述更紧凑的约束条件，假设目标空间位置不确定集可被表示为$\boldsymbol{\Theta}=[\theta_{\min},\theta_{\max}]$。A. Khabbazibasmenj[141]等人已指出，$\boldsymbol{d}^{\mathrm{H}}(\theta)\tilde{\boldsymbol{C}}\boldsymbol{d}(\theta)=\Delta_0$总是在$\boldsymbol{\Theta}$的边界点取得，即$\Delta_0=\max\{\boldsymbol{d}^{\mathrm{H}}(\theta_{\min})\tilde{\boldsymbol{C}}\boldsymbol{d}(\theta_{\min}),\boldsymbol{d}^{\mathrm{H}}(\theta_{\max})\tilde{\boldsymbol{C}}\boldsymbol{d}(\theta_{\max})\}$。然而，根据所做的大量仿真实验结果，可知$\boldsymbol{d}^{\mathrm{H}}(\theta_{\min})\tilde{\boldsymbol{C}}\boldsymbol{d}(\theta_{\min})$与$\boldsymbol{d}^{\mathrm{H}}(\theta_{\max})\tilde{\boldsymbol{C}}\boldsymbol{d}(\theta_{\max})$的值近似相等，因此$\Delta_0$的值可由$\boldsymbol{d}^{\mathrm{H}}(\theta_{\min})\tilde{\boldsymbol{C}}\boldsymbol{d}(\theta_{\min})$或$\boldsymbol{d}^{\mathrm{H}}(\theta_{\max})\tilde{\boldsymbol{C}}\boldsymbol{d}(\theta_{\max})$代替。根据如上分析，可知式(4-37)中的$\Delta_1$可被简写为$\min\|(\boldsymbol{Q}+\boldsymbol{\Delta})\boldsymbol{d}(\theta_{\min})\|^2$，限制条件$\|\boldsymbol{\Delta}\|\leqslant\eta$。为进一步简化式(4-37)中的不等式约束条件，需考虑以下两种情形。

情形1：$\|\boldsymbol{Q}\boldsymbol{d}(\theta_{\min})\|\leqslant\eta\|\boldsymbol{d}(\theta_{\min})\|$。在此情形中，通过选择$\boldsymbol{\Delta}'=-\boldsymbol{Q}\boldsymbol{d}(\theta_{\min})\boldsymbol{d}^{\mathrm{H}}(\theta_{\min})/\|\boldsymbol{d}(\theta_{\min})\|^2$，可使矩阵乘积$\boldsymbol{\Delta}'\boldsymbol{d}(\theta_{\min})$等于$-\boldsymbol{Q}\boldsymbol{d}(\theta_{\min})$，并使不等式$\|\boldsymbol{\Delta}'\|\leqslant\eta$得以满足。对$\|\boldsymbol{\Delta}'\|\leqslant\eta$的证明为

$$\begin{aligned}\|\boldsymbol{\Delta}'\|^2=&\frac{1}{\|\boldsymbol{d}(\theta_{\min})\|^4}\|\boldsymbol{Q}\boldsymbol{d}(\theta_{\min})\boldsymbol{d}^{\mathrm{H}}(\theta_{\min})\|^2=\\&\frac{1}{\|\boldsymbol{d}(\theta_{\min})\|^4}\mathrm{tr}\{\boldsymbol{Q}\boldsymbol{d}(\theta_{\min})\boldsymbol{d}^{\mathrm{H}}(\theta_{\min})\boldsymbol{Q}^{\mathrm{H}}\}\boldsymbol{d}^{\mathrm{H}}(\theta_{\min})\boldsymbol{d}(\theta_{\min})=\\&\frac{\|\boldsymbol{Q}\boldsymbol{d}(\theta_{\min})\|^2}{\|\boldsymbol{d}(\theta_{\min})\|^2}\leqslant\eta^2\end{aligned}\tag{4-39}$$

式中，最后一个不等式根据假设条件$\|\boldsymbol{Q}\boldsymbol{d}(\theta_{\min})\|\leqslant\eta\|\boldsymbol{d}(\theta_{\min})\|$得到。选择上述$\boldsymbol{\Delta}'$，可使式(4-37)中的$\Delta_1$等于0。

情形2：$\|\boldsymbol{Q}\boldsymbol{d}(\theta_{\min})\|>\eta\|\boldsymbol{d}(\theta_{\min})\|$。在此情形中，通过选取$\boldsymbol{\Delta}''=-\eta\boldsymbol{Q}\boldsymbol{d}(\theta_{\min})\boldsymbol{d}^{\mathrm{H}}(\theta_{\min})/(\|\boldsymbol{Q}\boldsymbol{d}(\theta_{\min})\|\cdot\|\boldsymbol{d}(\theta_{\min})\|)$，可使向量$\boldsymbol{Q}\boldsymbol{d}(\theta_{\min})$与向量$\boldsymbol{\Delta}''\boldsymbol{d}(\theta_{\min})$平行，同时使$\|\boldsymbol{\Delta}''\boldsymbol{d}(\theta_{\min})\|=\eta\boldsymbol{d}(\theta_{\min})$（对此相等性的证明可依循与(4-39)类似的推导过程）。利用Cauchy-Schwarz不等式，易知$\|\boldsymbol{\Delta}\boldsymbol{d}(\theta_{\min})\|\leqslant\|\boldsymbol{\Delta}\|\cdot\|\boldsymbol{d}(\theta_{\min})\|\leqslant\eta\|\boldsymbol{d}(\theta_{\min})\|$，进而得到结论：令$\boldsymbol{\Delta}=\boldsymbol{\Delta}''$可得$\|\boldsymbol{\Delta}\boldsymbol{d}(\theta_{\min})\|$的最大值。利用三角不等式和Cauchy-Schwarz不等式，易得不等式链为

$$\begin{aligned}\|\boldsymbol{Q}\boldsymbol{d}(\theta_{\min})+\boldsymbol{\Delta}\boldsymbol{d}(\theta_{\min})\|\geqslant&\|\boldsymbol{Q}\boldsymbol{d}(\theta_{\min})\|-\|\boldsymbol{\Delta}\boldsymbol{d}(\theta_{\min})\|\geqslant\\&\|\boldsymbol{Q}\boldsymbol{d}(\theta_{\min})\|-\eta\|\boldsymbol{d}(\theta_{\min})\|\end{aligned}\tag{4-40}$$

根据$\boldsymbol{\Delta}''\boldsymbol{d}(\theta_{\min})$和$\boldsymbol{Q}\boldsymbol{d}(\theta_{\min})$的平行关系和$\|\boldsymbol{\Delta}\boldsymbol{d}(\theta_{\min})\|$取最大值的条件，易知当$\boldsymbol{\Delta}=\boldsymbol{\Delta}''$时，式(4-40)中的所有等式关系成立，由此可得结论：Δ_1在情形2

下的取值为$(\|\boldsymbol{Qd}(\theta_{\min})\|-\eta\|\boldsymbol{d}(\theta_{\min})\|)^2$。

最后需强调，情形1应不予考虑，其原因在于：式(4-37)中的不等式约束条件中，不等号左边始终为正数，而通过以上分析，知道在情形1中，不等号右边的$\Delta_1=0$，故上述不等式约束条件在情形1中无法得到满足。与为简化Δ_1而采取的推导过程类似，可将式(4-37)中的表达式$\max\tilde{\boldsymbol{a}}^{\mathrm{H}}(\boldsymbol{Q}+\boldsymbol{\Delta})^{\mathrm{H}}(\boldsymbol{Q}+\boldsymbol{\Delta})\tilde{\boldsymbol{a}}$，限制条件$\|\boldsymbol{\Delta}\|\leqslant\eta$化为更紧凑的形式$(\|\boldsymbol{Q}\tilde{\boldsymbol{a}}\|+\eta\|\tilde{\boldsymbol{a}}\|)^2$。

至此，当$\|\boldsymbol{\Delta}\|\leqslant\eta$时，已得到了$\tilde{\boldsymbol{a}}^{\mathrm{H}}(\boldsymbol{Q}+\boldsymbol{\Delta})^{\mathrm{H}}(\boldsymbol{Q}+\boldsymbol{\Delta})\tilde{\boldsymbol{a}}$的最大值和$\|(\boldsymbol{Q}+\boldsymbol{\Delta})\boldsymbol{d}(\theta_{\min})\|^2$的最小值。将它们回代至式(4-37)，便可得到式(4-37)更紧凑的表达形式为

$$\min_{\boldsymbol{w},\tilde{\boldsymbol{a}}}\frac{\boldsymbol{w}^{\mathrm{H}}\boldsymbol{w}}{|\boldsymbol{w}^{\mathrm{H}}\hat{\boldsymbol{a}}|^2}$$

$$\text{限制条件}\quad \boldsymbol{w}=\frac{\hat{\boldsymbol{R}}^{-1}\tilde{\boldsymbol{a}}}{\tilde{\boldsymbol{a}}^{\mathrm{H}}\hat{\boldsymbol{R}}^{-1}\tilde{\boldsymbol{a}}},\ \tilde{\boldsymbol{a}}^{\mathrm{H}}\tilde{\boldsymbol{C}}\tilde{\boldsymbol{a}}\leqslant\Delta_2 \tag{4-41}$$

式中，$\Delta_2=(\|\boldsymbol{Qd}(\theta_{\min})\|-2\eta\sqrt{N})^2$，并且为保证式(4-37)中$\Delta_1$的正性，先验用户参数$\eta$的选取规则应定为$\eta\leqslant\|\boldsymbol{Qd}(\theta_{\min})\|/\sqrt{N}$（于此处利用了等式关系$\|\boldsymbol{d}(\theta_{\min})\|=\|\tilde{\boldsymbol{a}}\|=\sqrt{N}$）。

现在详细阐述如何利用低复杂度的拉格朗日乘子法求解优化问题(4-41)。

将问题(4-41)的等式约束条件回代到目标函数中，可得

$$\min_{\tilde{\boldsymbol{a}}}\frac{\tilde{\boldsymbol{a}}^{\mathrm{H}}\hat{\boldsymbol{R}}^{-2}\tilde{\boldsymbol{a}}}{|\tilde{\boldsymbol{a}}^{\mathrm{H}}\hat{\boldsymbol{R}}^{-1}\hat{\boldsymbol{a}}|^2}$$

$$\text{限制条件}\quad \tilde{\boldsymbol{a}}^{\mathrm{H}}\tilde{\boldsymbol{C}}\tilde{\boldsymbol{a}}\leqslant\Delta_2 \tag{4-42}$$

由(4-42)所示优化问题易知，其目标函数不随$\tilde{\boldsymbol{a}}$的尺度增减而变化。因此，为公式表述简单起见，对$\tilde{\boldsymbol{a}}$进行尺度变换，以使得$\tilde{\boldsymbol{a}}^{\mathrm{H}}\hat{\boldsymbol{R}}^{-1}\hat{\boldsymbol{a}}=1$，同时原优化问题(4-42)可被转化为

$$\min_{\tilde{\boldsymbol{a}}}\tilde{\boldsymbol{a}}^{\mathrm{H}}\hat{\boldsymbol{R}}^{-2}\tilde{\boldsymbol{a}}$$

$$\text{限制条件}\quad \tilde{\boldsymbol{a}}^{\mathrm{H}}\hat{\boldsymbol{R}}^{-1}\hat{\boldsymbol{a}}=1,\ \tilde{\boldsymbol{a}}^{\mathrm{H}}\tilde{\boldsymbol{C}}\tilde{\boldsymbol{a}}\leqslant\Delta_2 \tag{4-43}$$

这里需着重强调，(4-43)所示优化问题可利用拉格朗日乘子法高效求解，其中拉格朗日函数可表示为

$$L(\tilde{\boldsymbol{a}},\lambda,\mu)=\tilde{\boldsymbol{a}}^{\mathrm{H}}\hat{\boldsymbol{R}}^{-2}\tilde{\boldsymbol{a}}+\lambda(\tilde{\boldsymbol{a}}^{\mathrm{H}}\tilde{\boldsymbol{C}}\tilde{\boldsymbol{a}}-\Delta_2)+\mu(-\tilde{\boldsymbol{a}}^{\mathrm{H}}\hat{\boldsymbol{R}}^{-1}\hat{\boldsymbol{a}}-\hat{\boldsymbol{a}}^{\mathrm{H}}\hat{\boldsymbol{R}}^{-1}\tilde{\boldsymbol{a}}+2) \tag{4-44}$$

上式中,λ 和 μ 为实值拉格朗日乘子且 $\lambda\geqslant 0$。需注意,式(4-44)可被转化为以下等价形式:

$$\begin{aligned}L(\tilde{\boldsymbol{a}},\lambda,\mu)=&[\tilde{\boldsymbol{a}}-\mu(\hat{\boldsymbol{R}}^{-1}+\lambda\hat{\boldsymbol{R}}\tilde{\boldsymbol{C}})^{-1}\hat{\boldsymbol{a}}]^{\mathrm{H}}(\hat{\boldsymbol{R}}^{-2}+\\&\lambda\tilde{\boldsymbol{C}})[\tilde{\boldsymbol{a}}-\mu(\hat{\boldsymbol{R}}^{-1}+\lambda\hat{\boldsymbol{R}}\tilde{\boldsymbol{C}})^{-1}\hat{\boldsymbol{a}}]-\\&\mu^2\hat{\boldsymbol{a}}^{\mathrm{H}}(\boldsymbol{I}+\lambda\hat{\boldsymbol{R}}\tilde{\boldsymbol{C}}\hat{\boldsymbol{R}})\hat{\boldsymbol{a}}-\lambda\Delta_2+2\mu\end{aligned} \tag{4-45}$$

因此,当 λ 和 μ 的值给定时,$L(\tilde{\boldsymbol{a}},\lambda,\mu)$关于 $\tilde{\boldsymbol{a}}$ 的无约束最小解可表示为

$$\tilde{\boldsymbol{a}}(\lambda,\mu)=\mu(\hat{\boldsymbol{R}}^{-1}+\lambda\hat{\boldsymbol{R}}\tilde{\boldsymbol{C}})^{-1}\hat{\boldsymbol{a}} \tag{4-46}$$

从式(4-45)和式(4-46)中易推得:

$$\begin{aligned}L_1(\lambda,\mu)\overset{\text{def}}{=\!=}&L(\tilde{\boldsymbol{a}}(\lambda,\mu),\lambda,\mu)=-\mu^2\hat{\boldsymbol{a}}^{\mathrm{H}}(\boldsymbol{I}+\lambda\hat{\boldsymbol{R}}\tilde{\boldsymbol{C}}\hat{\boldsymbol{R}})^{-1}\hat{\boldsymbol{a}}-\\&\lambda\Delta_2+2\mu\leqslant\tilde{\boldsymbol{a}}^{\mathrm{H}}\hat{\boldsymbol{R}}^{-2}\tilde{\boldsymbol{a}}\end{aligned} \tag{4-47}$$

对于任意 $\tilde{\boldsymbol{a}}$ 满足 $\tilde{\boldsymbol{a}}^{\mathrm{H}}\tilde{\boldsymbol{C}}\tilde{\boldsymbol{a}}\leqslant\Delta_2$。

令 $L_1(\lambda,\mu)$ 关于 μ 的导数为 0,可得

$$\hat{\mu}=\frac{1}{\hat{\boldsymbol{a}}^{\mathrm{H}}(\boldsymbol{I}+\lambda\hat{\boldsymbol{R}}\tilde{\boldsymbol{C}}\hat{\boldsymbol{R}})^{-1}\hat{\boldsymbol{a}}} \tag{4-48}$$

$$L_2(\lambda)\overset{\text{def}}{=\!=}L_1(\lambda,\hat{\mu})=\frac{1}{\hat{\boldsymbol{a}}^{\mathrm{H}}(\boldsymbol{I}+\lambda\hat{\boldsymbol{R}}\tilde{\boldsymbol{C}}\hat{\boldsymbol{R}})^{-1}\hat{\boldsymbol{a}}}-\lambda\Delta_2 \tag{4-49}$$

令 $L_2(\lambda)$ 关于 λ 的导数为 0,可得

$$\frac{\hat{\boldsymbol{a}}^{\mathrm{H}}(\boldsymbol{I}+\hat{\lambda}\hat{\boldsymbol{R}}\tilde{\boldsymbol{C}}\hat{\boldsymbol{R}})^{-2}\hat{\boldsymbol{R}}\tilde{\boldsymbol{C}}\hat{\boldsymbol{R}}\hat{\boldsymbol{a}}}{[\hat{\boldsymbol{a}}^{\mathrm{H}}(\boldsymbol{I}+\hat{\lambda}\hat{\boldsymbol{R}}\tilde{\boldsymbol{C}}\hat{\boldsymbol{R}})^{-1}\hat{\boldsymbol{a}}]^2}=\Delta_2 \tag{4-50}$$

得到式(4-50)的解 $\hat{\lambda}$ 后,问题(4-43)的最优极小解 $\tilde{\boldsymbol{a}}$ 可通过将式(4-48)代入式(4-46),可得

$$\tilde{\boldsymbol{a}}=\frac{(\hat{\boldsymbol{R}}^{-1}+\hat{\lambda}\hat{\boldsymbol{R}}\tilde{\boldsymbol{C}})^{-1}\hat{\boldsymbol{a}}}{\hat{\boldsymbol{a}}^{\mathrm{H}}(\boldsymbol{I}+\hat{\lambda}\hat{\boldsymbol{R}}\tilde{\boldsymbol{C}}\hat{\boldsymbol{R}})^{-1}\hat{\boldsymbol{a}}} \tag{4-51}$$

补充说明:为减小矩阵求逆操作的运算复杂度,可利用特征分解技术将式(4-50)中的 $\hat{\boldsymbol{R}}\tilde{\boldsymbol{C}}\hat{\boldsymbol{R}}$ 表示为 $\hat{\boldsymbol{R}}\tilde{\boldsymbol{C}}\hat{\boldsymbol{R}}=\boldsymbol{V\Gamma V}^{\mathrm{H}}$,其中酉矩阵 $\boldsymbol{V}=[\boldsymbol{V}_1,\boldsymbol{V}_2,\cdots,\boldsymbol{V}_N]$中

各列为相互正交的特征向量，对角矩阵 $\boldsymbol{\Gamma}=\mathrm{diag}\{r_1,r_2,\cdots,r_N\}$ 的对角线元素为特征值，且 $r_1 \geqslant r_2 \geqslant \cdots \geqslant r_N$。令 $\boldsymbol{z}=\boldsymbol{V}^{\mathrm{H}}\hat{\boldsymbol{a}}$，$z_m$ 表示 $\boldsymbol{z}$ 中的第 m 个元素，则式(4-50)可被等价转化为

$$\frac{\displaystyle\sum_{m=1}^{N}\frac{|z_m|^2}{(r_m^{-1/2}+\hat{\lambda}r_m^{1/2})^2}}{\left(\displaystyle\sum_{m=1}^{N}\frac{|z_m|^2}{\hat{\lambda}r_m+1}\right)^2}=\Delta_2 \tag{4-52}$$

容易知道，式(4-52)等号左边的项为关于 $\hat{\lambda}$ 的单调下降函数，由 $f(\hat{\lambda})$ 表示式(4-52)等号左边的项，易知

$$\lim_{\hat{\lambda}\to 0} f(\hat{\lambda})=\frac{1}{N^2}\sum_{m=1}^{N}r_m\ |z_m|^2\approx\frac{\alpha\gamma_1}{N^2}\sum_{m=1}^{N}\ |z_m|^2=\frac{\alpha\gamma_1}{N} \tag{4-53}$$

$$\lim_{\hat{\lambda}\to \infty} f(\hat{\lambda})=\frac{\displaystyle\sum_{m=1}^{N}\frac{|z_m|^2}{\hat{\lambda}^2 r_m}}{\left(\displaystyle\sum_{m=1}^{N}\frac{|z_m|^2}{\hat{\lambda}r_m}\right)\dfrac{1}{\hat{\lambda}}\cdot\hat{\lambda}\left(\displaystyle\sum_{m=1}^{N}\frac{|z_m|^2}{\hat{\lambda}r_m}\right)}=\frac{1}{\displaystyle\sum_{m=1}^{N}\frac{|z_m|^2}{r_m}}\approx$$

$$\frac{1}{\beta\dfrac{1}{r_1}\displaystyle\sum_{m=1}^{N}\ |z_m|^2}=\frac{r_1}{N\beta} \tag{4-54}$$

式中，α 和 β 为量化因子，且 $1<\alpha<N$，$\beta \gg N$。假设 $\tilde{\boldsymbol{C}}$ 有 J 个显性特征值，且 S_{J+1} 为 $\tilde{\boldsymbol{C}}$ 的第 $(J+1)$ 大特征值，则根据文献[141]可知，$\Delta_2 \leqslant NS_{J+1}$。进一步，由 $\alpha\gamma_1 \gg N^2 S_{J+1}$ 和 $\gamma_1 \ll N\beta$ 可得 $\alpha\gamma_1/N>\Delta_2$，$\gamma_1/N\beta<\Delta_2$。因此，式(4-52)存在唯一解 $\hat{\lambda}\in(0,+\infty)$，且该唯一解通常可由牛顿下降法有效求出。与式(4-52)的推导过程类似，可将式(4-51)转化为等价表示形式，有

$$\tilde{\boldsymbol{a}}=\frac{\hat{\boldsymbol{R}}\boldsymbol{V}\ (\boldsymbol{I}+\hat{\lambda}\boldsymbol{\Gamma})^{-1}\boldsymbol{V}^{\mathrm{H}}\hat{\boldsymbol{a}}}{\hat{\boldsymbol{a}}^{\mathrm{H}}\boldsymbol{V}\ (\boldsymbol{I}+\hat{\lambda}\boldsymbol{\Gamma})^{-1}\boldsymbol{V}^{\mathrm{H}}\hat{\boldsymbol{a}}} \tag{4-55}$$

其中，对角矩阵 $\boldsymbol{I}+\hat{\lambda}\boldsymbol{\Gamma}$ 的逆矩阵容易计算出。从运算复杂度观点分析，在估计目标导向矢量 $\tilde{\boldsymbol{a}}$ 的过程中，主要运算量集中于以下两步骤：利用牛顿下降法搜索 $\hat{\lambda}$、特征分解厄米特矩阵 $\hat{\boldsymbol{R}}\tilde{\boldsymbol{C}}\hat{\boldsymbol{R}}$。需注意，与上述第二个步骤的运算量相比，第一个步骤的运算量可忽略不计。因此，所提算法的运算复杂度主要由

$\hat{\boldsymbol{R}}\tilde{\boldsymbol{C}}\hat{\boldsymbol{R}}$ 的特征分解过程决定，约为 $O(N^3)$ 。此外需指出，所提算法的运算复杂度与标准 Capon 算法相当，后者的运算复杂度也约为 $O(N^3)$ 。

4.3.3 干扰-噪声协方差矩阵重构

利用式(4-55)估计出的目标导向矢量 $\tilde{\boldsymbol{a}}$，提出一种干扰-噪声协方差矩阵的高效重构方法。所提重构算法的核心思想在于将目标信号分量从采样协方差矩阵 $\hat{\boldsymbol{R}}$ 中减掉，因此该操作可望减小式(4-36)所示重构算法在非精确阵列构型下的积累误差。此外，所提算法无须经历式(4-36)所示重构算法中复杂的 Capon 功率谱积分过程，因而具有较低的运算复杂度。

针对采样协方差矩阵 $\hat{\boldsymbol{R}}$ 执行特征分解操作，可得 $\hat{\boldsymbol{R}}=\sum_{i=1}^{N}\delta_i\boldsymbol{U}_i\boldsymbol{U}_i^{\mathrm{H}}$ ，其中 $\delta_i(i=1,2,\cdots,N)$ 为 $\hat{\boldsymbol{R}}$ 的按降序排列的特征值(即 $\delta_1\geqslant\delta_2\geqslant\cdots\geqslant\delta_N$)，$\boldsymbol{U}_i(i=1,\cdots,N)$为相应的特征向量。为重构干扰-噪声协方差矩阵 $\hat{\boldsymbol{R}}_{i+n}$，目标功率 $\hat{\sigma}_0^2$ 应首先被估计出来。采用文献[222]所提出的目标功率估计算法，可得 $\hat{\sigma}_0^2$ 的计算公式为

$$\hat{\sigma}_0^2=\frac{1}{\tilde{\boldsymbol{a}}^{\mathrm{H}}\boldsymbol{E}_{\mathrm{S}}\boldsymbol{D}_{\mathrm{S}}^{-1}\boldsymbol{E}_{\mathrm{S}}^{\mathrm{H}}\tilde{\boldsymbol{a}}} \tag{4-56}$$

其中，目标-干扰子空间 $\boldsymbol{E}_{\mathrm{S}}$ 由 $\hat{\boldsymbol{R}}$ 的 P 个大特征向量组成，对角矩阵 $\boldsymbol{D}_{\mathrm{S}}$ 的对角线元素对应 $\hat{\boldsymbol{R}}$ 的 P 个大特征值。具体地，有

$$\boldsymbol{E}_{\mathrm{S}}=[\boldsymbol{U}_1,\boldsymbol{U}_2,\cdots,\boldsymbol{U}_P]\in\mathbf{C}^{N\times P} \tag{4-57}$$

$$\boldsymbol{D}_{\mathrm{S}}=\mathrm{diag}\{\delta_1,\delta_2,\cdots,\delta_P\} \tag{4-58}$$

J. Zhuang 和 A. Manikas 等人[222]已证明，与传统 Capon 功率谱估计算法[140]，即 $\hat{\sigma}_0^2=1/\tilde{\boldsymbol{a}}^{\mathrm{H}}\hat{\boldsymbol{R}}^{-1}\tilde{\boldsymbol{a}}$ ，相比，式(4-56)可提供更精确的目标功率估计值。基于如上分析，可知不含目标信号分量的协方差矩阵的表达式为

$$\hat{\boldsymbol{R}}_{i+n}=\hat{\boldsymbol{R}}-\hat{\sigma}_0^2\tilde{\boldsymbol{a}}\tilde{\boldsymbol{a}}^{\mathrm{H}} \tag{4-59}$$

然而，若训练样本中的目标信号为弱信号，则采样协方差矩阵 $\hat{\boldsymbol{R}}$ 的信号子空间会混叠进噪声子空间，由此可知，依式(4-56)估计出的目标功率会严重偏离其真实值。基于如上分析，不宜直接采用式(4-56)计算目标功率估计值，而需经过适当的预处理操作。首先，应检验子空间 $\boldsymbol{E}_{\mathrm{S}}$ 中是否存在目标信

号分量。将估计出的目标导向矢量 $\tilde{\boldsymbol{a}}$ 投影进一新构建的矩阵 $\boldsymbol{F}$（$\boldsymbol{F}=\boldsymbol{E}_{\mathrm{S}}\boldsymbol{E}_{\mathrm{S}}^{\mathrm{H}}=\sum_{i=1}^{P}\boldsymbol{U}_i\boldsymbol{U}_i^{\mathrm{H}}$）中，得到投影向量 $\boldsymbol{e}=\boldsymbol{F}\tilde{\boldsymbol{a}}$。然后，若 $\|\boldsymbol{e}\|\geqslant\gamma\|\tilde{\boldsymbol{a}}\|$（$\gamma$ 为一预设阈值，一般情况下，令其等于 0.8），则表明子空间 $\boldsymbol{E}_{\mathrm{S}}$ 中包含估计出的目标信号分量，此后即可利用式(4-56)和式(4-59)分别计算出目标信号功率和干扰-噪声协方差矩阵。否则，可判定目标-干扰子空间 $\boldsymbol{E}_{\mathrm{S}}$ 中不包含目标信号分量，此时干扰-噪声协方差矩阵的重构公式为

$$\hat{\boldsymbol{R}}_{i+n}=\boldsymbol{E}_{\mathrm{S}}\boldsymbol{D}_{\mathrm{S}}\boldsymbol{E}_{\mathrm{S}}^{\mathrm{H}}+\left(\frac{1}{N-P}\sum_{i=P+1}^{N}\delta_i\right)\boldsymbol{I}_N \tag{4-60}$$

式中，$\delta_i(i=P+1,\cdots,N)$ 为 $\hat{\boldsymbol{R}}$ 的 $N-P$ 个小特征值。

从式(4-59)和式(4-60)中可明显看出，与式(4-36)所述算法相比，所提重构算法的优势在于无须经历复杂的功率谱积分过程，且适用于精确阵列构型未知时的应用场景。此外，由于采用 4.3.2 节所述算法估计出的目标导向矢量具有较高的精度，故本小节重构出的干扰-噪声协方差矩阵 $\hat{\boldsymbol{R}}_{i+n}$ 与真实干扰-噪声协方差矩阵之间的拟合误差较小。

4.3.4 算法流程与运算复杂度分析

所提均匀 MIMO 雷达稳健波束形成算法的具体操作流程可总结如下。

算法流程：

输入数据：虚拟阵元数 N，采样协方差矩阵 $\hat{\boldsymbol{R}}$，正定矩阵 $\tilde{\boldsymbol{C}}=\int_{\tilde{\Theta}}\boldsymbol{d}(\theta)\boldsymbol{d}^{\mathrm{H}}(\theta)\mathrm{d}\theta$。

步骤 1：对 $\hat{\boldsymbol{R}}\tilde{\boldsymbol{C}}\hat{\boldsymbol{R}}$ 进行特征分解，即 $\hat{\boldsymbol{R}}\tilde{\boldsymbol{C}}\hat{\boldsymbol{R}}=\boldsymbol{V}\boldsymbol{\Gamma}\boldsymbol{V}^{\mathrm{H}}$。

步骤 2：利用牛顿下降法求解式(4-52)中的 $\hat{\lambda}$。

步骤 3：利用步骤 2 中得到的 $\hat{\lambda}$ 估计目标导向矢量 $\tilde{\boldsymbol{a}}$，具体估计方法参见式(4-55)。同时需注意，对角矩阵 $\boldsymbol{I}+\hat{\lambda}\boldsymbol{\Gamma}$ 的逆矩阵容易求得，$\boldsymbol{V}^{\mathrm{H}}\tilde{\boldsymbol{a}}$ 可于步骤 1 中得到。

步骤 4：以公式 $\tilde{\boldsymbol{a}}=\sqrt{N}\tilde{\boldsymbol{a}}/\|\tilde{\boldsymbol{a}}\|$ 量化 $\tilde{\boldsymbol{a}}$，以使其模值等于 $\sqrt{N}$。

步骤 5：将 $\tilde{\boldsymbol{a}}$ 投影至目标-干扰子空间 $\boldsymbol{E}_{\mathrm{S}}$ 中，并将所得投影向量的模值与一预设值 $\gamma\|\tilde{\boldsymbol{a}}\|$ 相比，然后根据比较结果，选择式(4-59)或式(4-60)重构干扰-噪声协方差矩阵 $\hat{\boldsymbol{R}}_{i+n}$。

输出数据：稳健自适应波束形成器权矢量 $\boldsymbol{w}_{\text{rob}}=\hat{\boldsymbol{R}}_{i+n}^{-1}\tilde{\boldsymbol{a}}/\tilde{\boldsymbol{a}}^{\text{H}}\hat{\boldsymbol{R}}_{i+n}^{-1}\tilde{\boldsymbol{a}}$。

从运算量角度分析，所提稳健波束形成算法的运算复杂度主要由步骤1中 $\hat{\boldsymbol{R}}\tilde{\boldsymbol{C}}\hat{\boldsymbol{R}}$ 的特征分解过程和步骤5中 $\boldsymbol{E}_{\text{S}}$ 的计算过程决定，以上两操作过程的运算复杂度均为 $O(N^3)$。因此所提稳健波束形成算法的总运算复杂度约为 $O(N^3)$，与传统Capon算法相当。需注意，所提算法在构造稳健权矢量过程中，由计算 $\tilde{\boldsymbol{C}}$ 所消耗的运算时间可忽略不计，其原因在于 $\tilde{\boldsymbol{C}}$ 可通过离线方式计算出，且实际应用中，仅利用非精确的阵列结构信息即可方便地求得 $\tilde{\boldsymbol{C}}$。另外需注意，$\tilde{\boldsymbol{C}}$ 可在执行具体算法流程前预先计算并存储，因此，对所提稳健波束形成算法而言 $\tilde{\boldsymbol{C}}$ 相当于一先验信息，其计算过程不会影响所提算法的整体运算复杂度。

同时需强调，Yujie Gu[142, 217]等人提出的基于干扰-噪声协方差矩阵重构的稳健波束形成算法的运算复杂度约为 $O(MN^2)$，其中 $M \gg N$，该算法的运算量主要由功率谱积分过程决定。其他现有稳健波束形成算法，如Worst Case算法[139]、SQP算法[216]和文献[141]所提算法的运算复杂度均为 $O(N^{3.5})$，这些算法的运算量主要由凸优化问题的求解过程决定。基于如上分析，可知与现有稳健波束形成算法相比，所提算法的运算复杂度较低。

4.4 仿真实验与分析

本节通过计算机仿真对比分析不同失配信号模型下，所提算法与传统算法的波束形成性能。下面分嵌套MIMO雷达与均匀MIMO雷达两种不同的应用场景进行讨论。

4.4.1 嵌套MIMO雷达应用场景中各算法仿真结果

本小节考虑比较各类算法于嵌套MIMO雷达应用场景中的波束形成性能。假设嵌套MIMO雷达的有效虚拟阵元数 $M=6$，即虚拟阵元位置坐标符合6阵元嵌套阵的空间排布规则。依循2.3.2小节所示阵列结构优化算法，可得一组符合上述嵌套MIMO雷达阵型设计要求的解为发射阵元位置坐标集合 $[0,2d]$，接收阵元位置坐标集合 $[0,d,5d,9d]$。同时依据嵌套阵列结构特点，可知上述嵌套MIMO雷达虚拟阵中内层ULA阵元数 $M_1=3$，外层ULA阵元数 $M_2=3$，内层ULA阵元间距 $d_I=\lambda_0/2$。加性噪声设为空时白噪声，目标空域角度不确定集设为 $\boldsymbol{\Theta}=[\hat{\theta}_p-5°,\hat{\theta}_p+5°]$，其中 $\hat{\theta}_p$ 为目标预设 DOA。

如图 4.2 和图 4.3 所示为嵌套 MIMO 雷达稳健波束形成算法与其他五种现有算法，即对角加载采样矩阵求逆(diagonally Loaded Sample Matrix Inversion，LSMI)算法[215]、子空间算法[137]、Worst Case 算法[139]、SQP 算法[216]和文献[141]所提算法的输出 SINR 随输入 SNR 和采样快拍数的变化情况。本次仿真实验中，考虑多径效应下由相干局域散射引起的信号模型失配现象，即目标真实导向矢量可表示为 $\boldsymbol{b}_1=\hat{\boldsymbol{b}}_1+\sum_{k=1}^{4}\mathrm{e}^{\mathrm{j}\varphi_k}\boldsymbol{b}_1(\theta_k)$，其中 $\hat{\boldsymbol{b}}_1$ 为预设的目标导向矢量(对应的目标 DOA 为 5°)，$\boldsymbol{b}_1(\theta_k)(k=1,\cdots,4)$ 为各相干散射信号的导向矢量，$\theta_k(k=1,\cdots,4)$ 和 $\varphi_k(k=1,\cdots,4)$ 分别表示各相干散射信号的 DOA 和相位。在不同蒙特卡洛实验中，$\theta_k(k=1,\cdots,4)$ 服从均值为 5°，方差为 2° 的高斯分布，$\varphi_k(k=1,\cdots,4)$ 服从$[0,2\pi]$区间的均匀分布。干扰信号的 DOA 集合为$\{-20°,35°,50°\}$，INR＝30 dB。如文献[215]中所述，LSMI 波束形成器的对角加载因子设为两倍的噪声功率。Worst Case 波束形成器中用户参数 ε 的值被设定为 $0.3\bar{M}$[139]。图 4.2 所示为采样快拍数固定为 50 时，上述六种算法的平均输出 SINR 随输入 SNR 的变化曲线。图 4.3 所示为输入 SNR 固定为 20 dB 时，上述六种算法的平均输出 SINR 随采样快拍数的变化情况。蒙特卡洛实验次数设为 100。由图 4.2 和图 4.3 所示结果可知，应用所提算法得到的嵌套 MIMO 雷达虚拟阵输出 SINR 曲线最接近最优输出 SINR 曲线，这是由于与现有算法相比，所提算法能够以高精度重构干扰-噪声协方差矩阵、估计目标真实导向矢量(传统算法由于不能获得完备准确的先验信息，因而估计精度较低)。需特别指出，此仿真情形下，与文献[141]中所提算法相比，所设计的稳健波束形成算法由于从采样快拍数据中剔除了目标信号分量，且以最小化波束形成器敏感度作为旨在估计目标真实导向矢量的优化问题的目标函数(传统算法以最大化波束形成器输出功率作为目标函数)，因而可获得波束形成性能的巨大提升。读者也可于 4.2 节中探寻到所提算法具备上述性能优势的根本原因。

现在考虑由波束指向误差(也称作目标 DOA 估计误差)引起的信号模型失配现象。具体来说，目标信号 DOA 服从均值为 5°、方差为 2°的高斯分布。其余参数设置情况与上一仿真实验相同。如图 4.4 所示为采样快拍数固定为 50 时，上述各算法的输出 SINR 随输入 SNR 的变化曲线。如图 4.5 所示为输入 SNR 固定为 20 dB 时，上述各算法的输出 SINR 随采样快拍数的变化情况。与上一仿真实验结果类似，所提算法于高 SNR、大采样快拍数情形下具有远优于其他现有算法的波束形成性能。

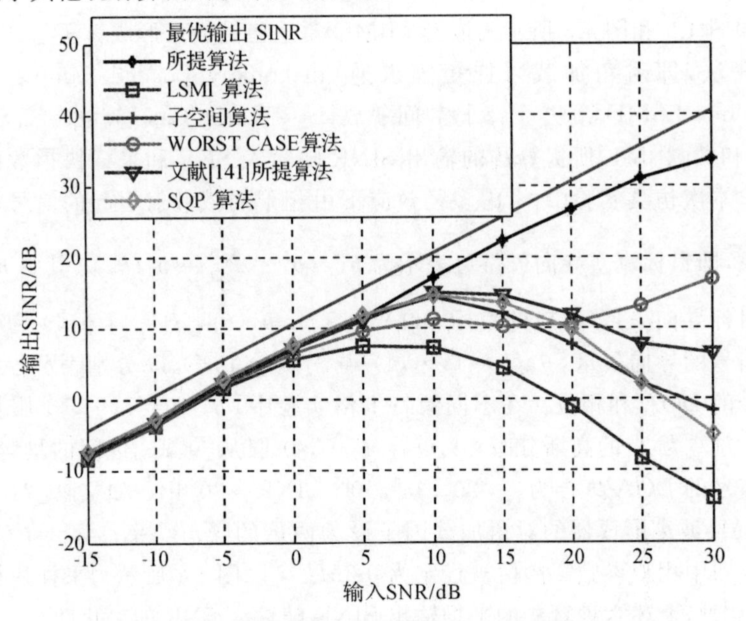

图 4.2　相干局域散射模型下各算法输出 SINR 随输入 SNR 的变化曲线(嵌套 MIMO 雷达应用场景)

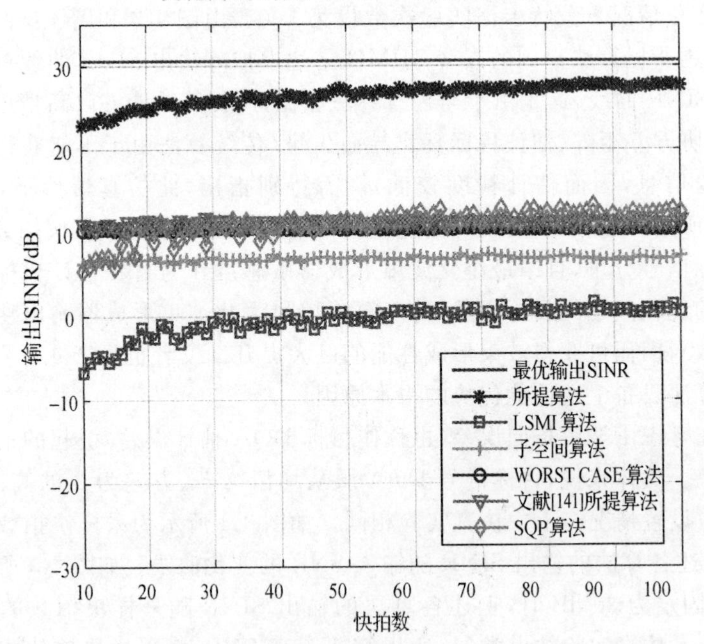

图 4.3　相干局域散射模型下各算法输出 SINR 随快拍数的变化曲线(嵌套 MIMO 雷达应用场景)

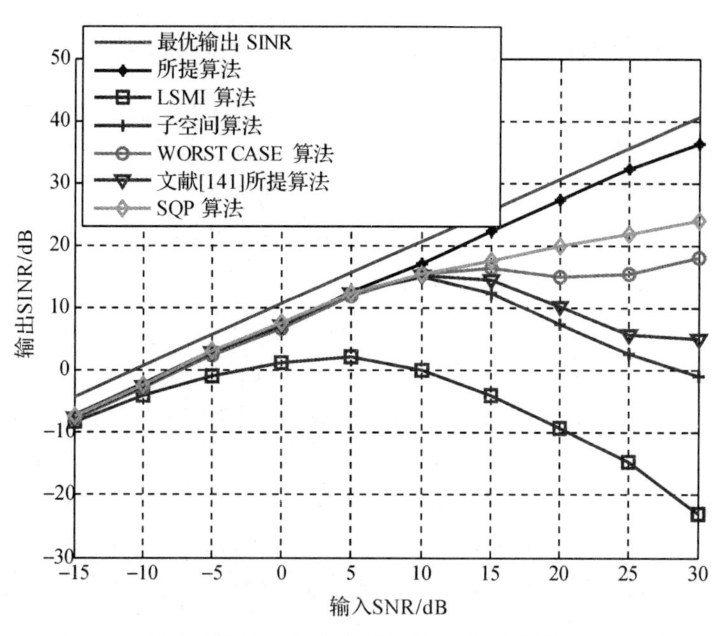

图 4.4　存在波束指向误差时各算法输出 SINR 随输入 SNR 的变化曲线(嵌套 MIMO 雷达应用场景)

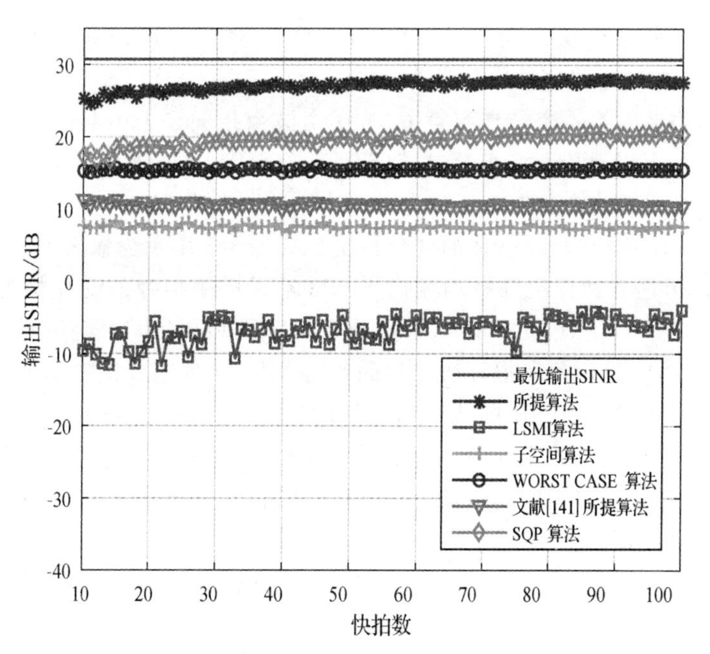

图 4.5　存在波束指向误差时各算法输出 SINR 随快拍数的变化曲线(嵌套 MIMO 雷达应用场景)

4.4.2 均匀 MIMO 雷达应用场景中各算法仿真结果

本小节考虑比较各类算法于均匀 MIMO 雷达应用场景中的波束形成性能。假设均匀 MIMO 雷达的虚拟阵元数为 $N=10$,虚拟阵元间距为半波长。由传统均匀 MIMO 雷达的阵列结构特点,易知满足上述条件的均匀 MIMO 雷达的发射阵元位置坐标集合为$[0.5d]$,接收阵元位置坐标集合为$[0,d,2d,3d,4d]$。干扰信号 DOA 集合设定为$[40°,60°]$,INR 设定为 30 dB。预设的目标 DOA 为 $\hat{\theta}_0=5°$。加性噪声设为高斯白噪声。最后需指出,以下各仿真实验中,假设均匀 MIMO 雷达虚拟阵元的位置误差相互独立且均服从 $[-0.03\lambda,0.03\lambda]$($\lambda$ 表示信号载波波长)区间的均匀分布,以验证所提算法对阵列结构误差的稳健性。

所提算法将与以下四种算法作性能对比:LSMI 算法[215]、Worst Case 算法[139]、文献[141]所提算法和 SQP 算法[216]。对文献[141]所提算法、SQP 算法和 4.3 节所设计算法而言,目标空域角度不确定集设为 $\boldsymbol{\Theta}=[\theta_{\min},\theta_{\max}]=[\hat{\theta}_0-5°,\hat{\theta}_0+5°]$。所提均匀 MIMO 雷达稳健波束形成算法的用户参数可选取为 $\eta=\min\{0.18\sqrt{\mathrm{tr}(\widetilde{\boldsymbol{C}})},\|\boldsymbol{Qd}(\theta_{\min})\|/\sqrt{N}\}$。LSMI 算法的对角加载因子可设置为两倍的噪声功率[215]。Worst Case 算法的用户参数可设为 $\varepsilon=0.3N$[139]。蒙特卡洛实验次数设为 100。

在本小节的第一个仿真实验中,考虑由波束指向误差引起的信号模型失配现象。在不同蒙特卡洛实验中,假设目标的真实 DOA 服从均值为 5°、方差为 3°的高斯分布。如图 4.6 所示为采样快拍数固定为 30 时,上述五种算法的平均输出 SINR 随输入 SNR 的变化情况。如图 4.7 所示为输入 SNR 固定为 20 dB 时,上述五种算法的平均输出 SINR 随采样快拍数的变化情况。由图 4.6和图 4.7 所示仿真结果可知,与其他现有算法相比,所提算法具有最优的波束形成性能,且应用所提算法得到的均匀 MIMO 雷达虚拟阵输出 SINR 曲线最接近最优输出 SINR 曲线。与 LSMI 算法、Worst Case 算法、SQP 算法和文献[141]所述算法不同,4.3 节所设计出的稳健波束形成算法可有效克服高 SNR 下的信号自消问题,这是由于所提算法已将目标信号分量从采样协方差矩阵中剔除掉。

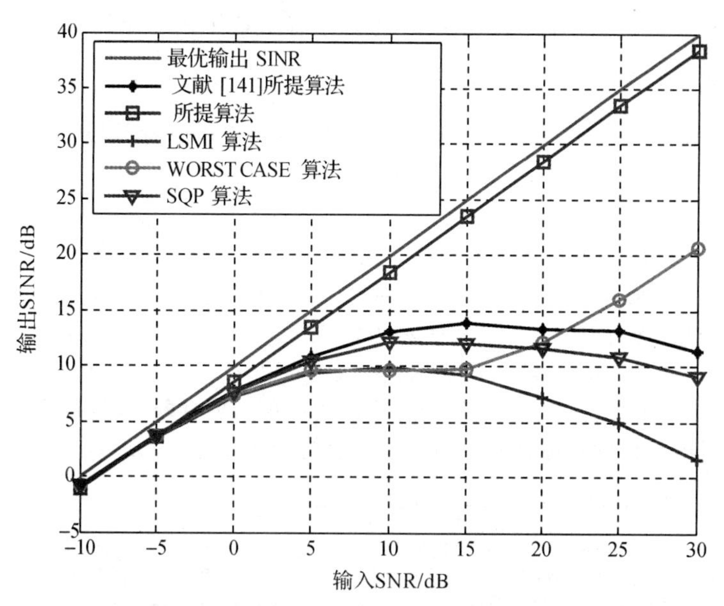

图 4.6 存在波束指向误差时各算法输出 SINR 随输入 SNR 的变化曲线(均匀 MIMO 雷达应用场景)

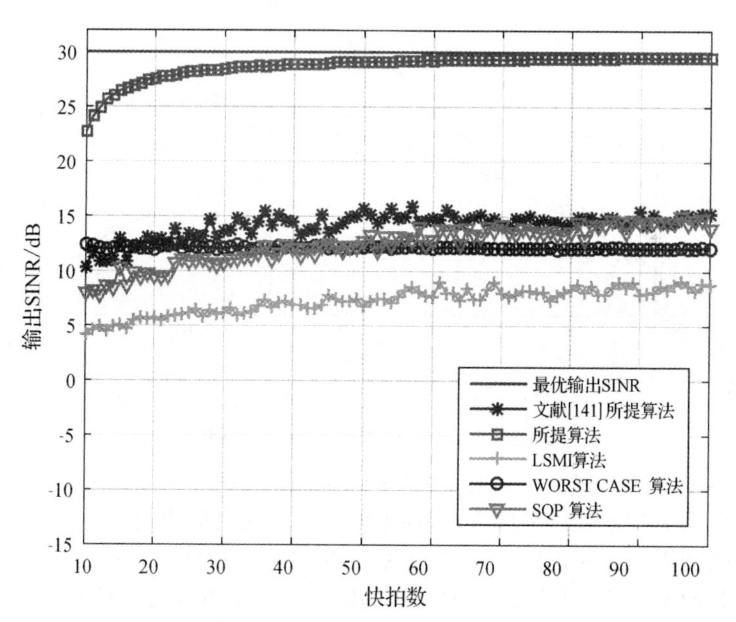

图 4.7 存在波束指向误差时各算法输出 SINR 随快拍数的变化曲线(均匀 MIMO 雷达应用场景)

在本小节的第二个仿真实验中，考虑多径效应下由相干局域散射引起的信号模型失配现象。在此仿真情形下，目标真实导向矢量可表示为 $\boldsymbol{a}_0=\hat{\boldsymbol{a}}_0+\sum_{k=1}^{4}\mathrm{e}^{\mathrm{j}\varphi_k}\boldsymbol{a}_1(\theta_k)$，其中 $\hat{\boldsymbol{a}}_0$ 表示目标预设导向矢量(对应的目标预设 DOA 为 5°)，$\boldsymbol{a}_1(\theta_k)(k=1,\cdots,4)$ 为各相干散射信号的导向矢量，$\theta_k(k=1,\cdots,4)$ 和 $\varphi_k(k=1,\cdots,4)$ 分别表示各相干散射信号的 DOA 和相位。在不同蒙特卡洛实验中，θ_k 服从均值为 5°、方差为 2°的高斯分布，φ_k 服从$[0,2\pi]$区间的均匀分布。如图 4.8 所示为采样快拍数固定为 30 时，上述五种算法的平均输出 SINR 随输入 SNR 的变化情况。如图 4.9 所示为输入 SNR 固定为 20 dB 时，上述五种算法的平均输出 SINR 随采样快拍数的变化情况。与上一实验的仿真结果类似，所提算法仍具有远优于其他现有算法的波束形成性能，其原因在于所提算法可以高精度估计目标真实导向矢量和重构干扰-噪声协方差矩阵。

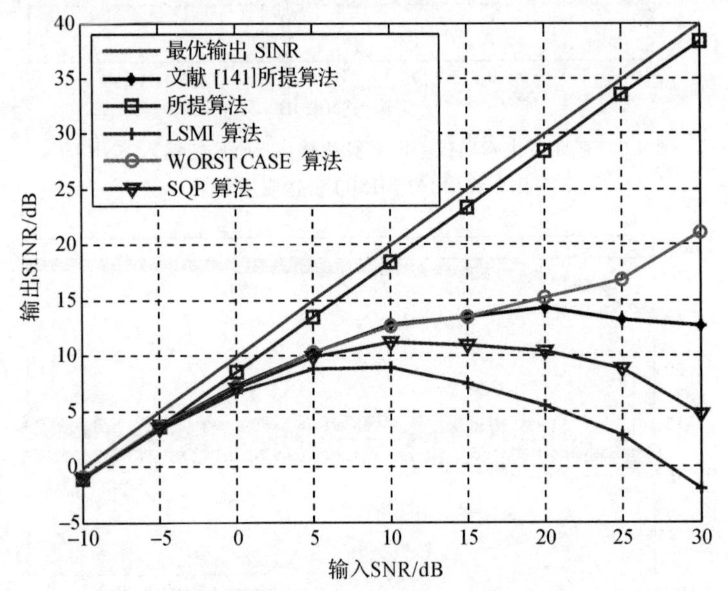

图 4.8　相干局域散射模型下各算法输出 SINR 随输入 SNR 的变化曲线(均匀 MIMO 雷达应用场景)

在本小节的第三个仿真实验中，考虑非均匀传播介质中，由波前失真引起的信号模型失配现象。具体来说，在不同蒙特卡洛实验中，目标预设导向矢量的相位畸变因子服从均值为 0、方差为 0.08 的高斯分布。如图 4.10 所示为采样快拍数固定为 30 时，上述五种算法的输出 SINR 随输入 SNR 的变化情况。如图 4.11 所示为输入 SNR 固定为 20 dB 时，上述五种算法的平均输出 SINR 随采样快拍数的变化情况。由图 4.10 和图 4.11 仿真结果易知，在所有输入

SNR 仿真点上，应用所提算法得到的均匀 MIMO 雷达虚拟阵输出 SINR 曲线最接近最优输出 SINR 曲线。此外，在小采样快拍数情形中，所提算法具有远优于其他现有算法的波束形成性能。

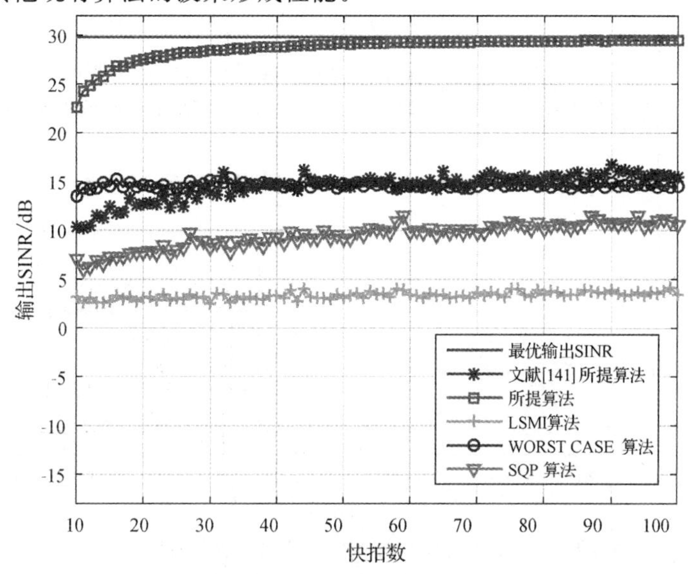

图 4.9 相干局域散射模型下各算法输出 SINR 随快拍数的变化曲线(均匀 MIMO 雷达应用场景)

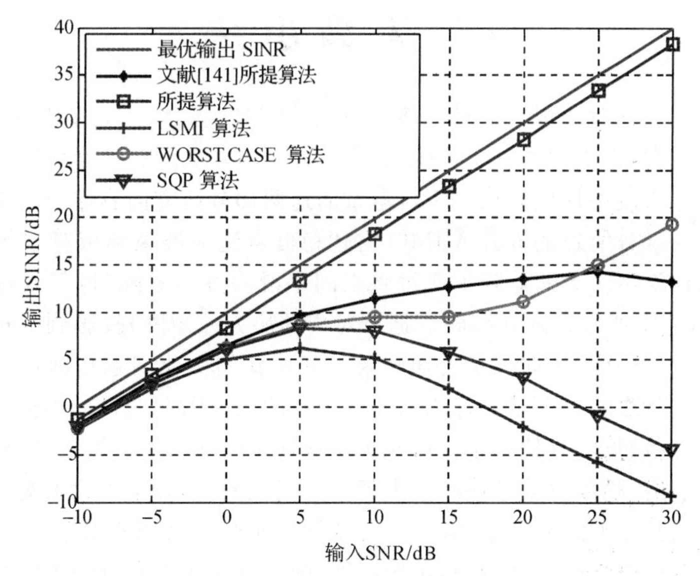

图 4.10 存在波前失真时各算法输出 SINR 随输入 SNR 的变化曲线(均匀 MIMO 雷达应用场景)

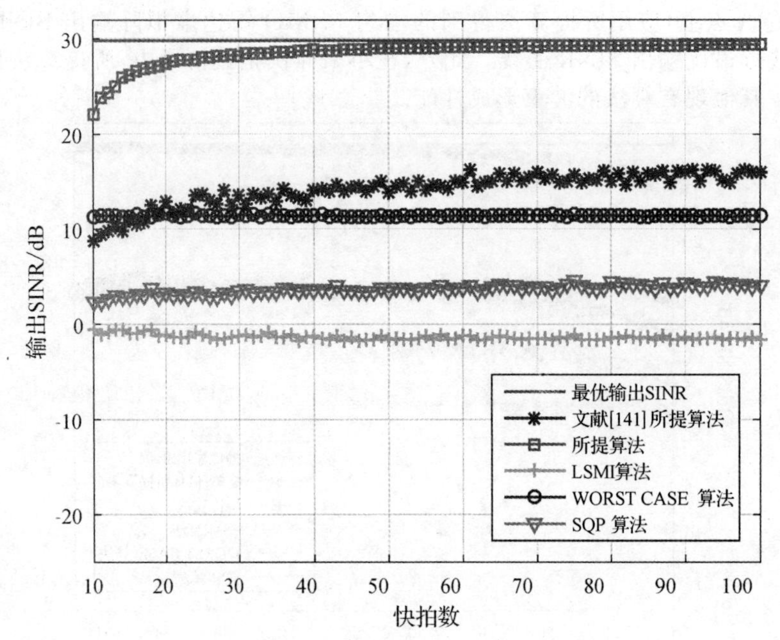

图 4.11　存在波前失真时各算法输出 SINR 随快拍数的变化曲线(均匀 MIMO 雷达应用场景)

4.5　本章小结

本章分别针对非理想信号环境下嵌套 MIMO 雷达、均匀 MIMO 雷达的波束形成问题,提出两种基于干扰-噪声协方差矩阵重构和目标导向矢量预估的稳健自适应波束形成算法。现对本章的这两部分研究内容作一简要小结。

在第一部分所述的嵌套 MIMO 雷达稳健自适应波束形成算法的设计过程中,干扰-噪声协方差矩阵可通过将空间平滑协方差矩阵(可等效视作嵌套 MIMO 雷达虚拟差合阵列接收数据所对应的协方差矩阵)投影到干扰信号空间重构出;目标真实导向矢量可通过解一新构建的优化问题精确估计出。本章所构建的旨在精确预估目标真实导向矢量的优化问题的目标函数为最小化波束形成器敏感度,且约束条件可避免所估计出的导向矢量发散到干扰空间。进一步,利用拉格朗日乘子法高效求解上述优化问题,并指出此求解过程的运算复杂度与标准 Capon 算法相当。大量仿真实验证实所提算法可充分利用嵌套 MIMO 雷达虚拟阵的高自由度特性,同时具有比现有算法更优的波束形成性能。

在第二部分所述的均匀 MIMO 雷达稳健自适应波束形成算法的设计过程中，首先通过解一新构建的优化问题精确估计目标真实导向矢量。该优化问题的目标函数为最小化波束形成器敏感度，约束条件可避免所估计出的目标导向矢量发散到干扰信号空间。需指出，该优化问题的约束条件充分考虑了非精确阵列构型因素(而第一部分所设计的稳健波束形成算法未考虑阵列结构误差)。此外，与第一部分所借助的数学工具类似，利用低复杂度的拉格朗日乘子法(运算复杂度与传统 Capon 算法相当)求解上述优化问题。估计出目标导向矢量后，将其所对应的信号分量从采样协方差矩阵(对应均匀 MIMO 雷达虚拟阵接收数据)中减掉，即可重构出干扰-噪声协方差矩阵。该操作具有远小于功率谱积分过程的运算量，且可有效避免后者于精确阵列构型未知情形下的积累误差。仿真实验验证了所提算法相比于其他已有算法所具有的巨大性能优势。

第5章 MIMO雷达稀疏成像算法

5.1 引 言

前几章所介绍的稀疏信号重构技术也可应用至MIMO雷达三维(距离-角度-多普勒)成像领域。传统相控阵雷达各阵元发射完全相关的信号波形,并通过自适应调整各天线相位信息形成灵活波束指向,以将发射信号能量聚焦于感兴趣的探测区域[223, 224]。采用如上信息获取方式,可于雷达系统接收端获取更丰富的目标散射信息、积累更高的SNR。与传统相控阵雷达不同,MIMO雷达使用多天线发射多重正交探测信号(即全向发射)照射目标,并利用多天线接收目标后向散射回波信息。上述波形分集特性可使MIMO雷达联合处理多通道回波数据,以虚拟出一空间大孔径阵列,提高目标的方位分辨率。此外,合理优化MIMO雷达的发射波形可显著改善目标的参数可辨识性,实现更为灵活的发射方向图设计,提高对慢速目标的检测能力[225]。此外需指出,由于MIMO雷达仅利用单次“快拍”发射即可获得远多于实际物理阵元数的观测回波数据,而目标在单次“快拍”中相对MIMO雷达的运动状态几乎不发生改变,因此可认为MIMO雷达在单“快拍”工作模式下能够对静止目标成像,不需考虑运动补偿问题。

雷达的基本功能是提供有关目标位置、速度和功率等信息[1]的有效估计结果。上述目标参数通常可利用匹配滤波技术估计出,该技术的应用优势在于运算复杂度低且可于雷达接收端积累高SNR,缺陷在于分辨率较低。为提高分辨率,已有学者将Capon技术和APES技术[226]应用到集中式MIMO雷达的参数估计问题中,然而这类算法为得到可靠的参数估计结果(尤其在强杂波、干扰背景下),往往需利用极大数目的采样快拍数据,而这于实际应用场景中通常不可实现。

必须指出,在绝大多数雷达成像场景中,探测目标呈稀疏分布特性。基于此,稀疏重构技术可被应用于MIMO雷达成像问题中,以获得低SNR、小快拍数等非理想信号环境中目标的高精度参数估计结果。目前国内外在MIMO雷达稀疏成像领域取得的主要研究成果包括美国Drexel大学的Yao Yu博士深入系统地研究了压缩感知理论于MIMO雷达成像领域的扩展应用,并提出一种高效的MIMO雷达(发射信号为步进频信号)稀疏成像算法[227],该算法对静止目标和慢速目标均可得到高精度的距离、角度和多普勒参数估计结果。需强调,在对慢速目标成像时,上述算法需作适当改进,即将距离-角度域成像和多普勒域成像分开进行,以减小运算复杂度。美国华盛顿大学的Sandeep Gogineni博士基于MIMO雷达成像场景的稀疏表示模型,提出了一种旨在提高稀疏成像效果的MIMO雷达发射波形设计方法[73]。该方法通过迭代优化各发射波形的频率、相位信息,可使稀疏测量矩阵中各列之间的相关性不断降低,进而提升成像质量。美国佛罗里达大学的Xing Tan博士提出一种基于$l_q(0<q\leqslant 1)$-范数优化的MIMO雷达稀疏成像算法——SLIM(Sparse Learning via Iterative Minimization)算法[228]。该算法可克服传统匹配滤波算法在小采样快拍数应用场景中的性能下降问题,并且具有比传统基于l_1-范数优化的稀疏成像算法更高的成像质量和更低的运算复杂度。中国科学技术大学的丁丽博士[229]深入分析由相位误差、载频偏差和网格失配引起的稀疏测量矩阵失配效应对MIMO雷达稀疏成像效果的影响,并提出了多种改进稀疏成像算法。

本章主要介绍窄带单基地MIMO雷达稀疏成像问题。在实际雷达成像场景中,如果目标是稀疏分布的,则成像场景可以进行稀疏表示,而压缩感知作为一种有效的方法,特别适用于这类稀疏问题的求解。文献[230, 231]具体研究了压缩感知在雷达系统中的应用,并取得了一些有意义的成果。与传统的基于匹配滤波的成像算法相比,压缩感知算法可以极大地降低数据存储、处理和传输的成本,并且可以以高概率重构出原目标场景,提高分辨率[93, 116]。

鉴于压缩感知理论相比传统匹配滤波的优势,文献[98, 232, 233]研究了压缩感知在MIMO雷达成像中的应用。在MIMO雷达中,成像区域是关于距离、角度和多普勒的三维空间,相比传统相控阵雷达增加了角度维这一自由度[98],因而目标场景在MIMO雷达的探测空间具有稀疏性,进而可以应用压缩感知算法进行重构。

与传统的匹配滤波算法不同,压缩感知是一种基于凸优化的重构算法,因而能够突破由雷达模糊函数的不确定性准则(uncertainty principle)所引起的成像分辨率限制[234],另一方面,文献[230]已经证明了压缩感知算法的重构效果与匹配字典的最大相关系数之间存在关联。本章首先在此基础上推导出了 MIMO 雷达发射波形的模糊函数和匹配字典最大相关系数之间的关系;然后,通过对发射波形为线性调频信号和跳频信号的 MIMO 雷达模糊函数的分析,选择旁瓣较低(成像效果较优)的跳频波形作为发射波形,对距离—角度域成像问题中的角度误差校正方法进行研究。文献[228]提出了一种运算量小、恢复效果好以及无须设置正则化参数的压缩感知成像算法——SLIM 算法,文献[235]在 MIMO 雷达的发射信号为线性调频信号、空间角度探测范围较小的情况下,通过将包含角度误差的接收信号进行泰勒一阶近似,并将稀疏模型的匹配字典进行相应修正,得到了适用于存在角度误差的探测场景的改进 SLIM 算法。本章在文献[228]和文献[235]所提算法的基础上,采用跳频信号作为发射波形,建立起相应的稀疏模型,并对此模型提出了一种基于泰勒二阶近似的改进 SLIM 算法,相比于文献[235]所采用的算法,本章所提出的算法对角度误差的补偿效果更优。仿真结果验证了本章所推导的波形选择准则和改进 SLIM 算法的有效性。

5.2 MIMO 雷达模糊函数

雷达模糊函数是用于评价发射信号波形优劣的一种重要工具。Woodward 建立了传统相控阵雷达模糊函数的理论,描述了雷达信号区分两个邻近目标距离和径向速度的能力,San Antonio[51] 将之推广到 MIMO 雷达系统中,推导出了 MIMO 雷达的模糊函数。与传统相控阵雷达不同,MIMO 雷达的模糊函数增加了角度维这一自由度,是关于距离、角度和多普勒的三维函数。

理想的雷达模糊函数应呈"图钉"状,从而可以提供较高的分辨率。下面简要介绍 MIMO 雷达模糊函数的理论并对跳频波形和线性调频波形的模糊函数进行简要分析。

5.2.1 MIMO 雷达信号模型

考虑由 M 个发射天线和 N 个接收天线组成的 MIMO 雷达系统,并且假设发射阵和接收阵平行放置,探测目标和发射、接收阵位于同一二维平面,系统结构如图 5.1 所示。

图 5.1 中,考虑单基地形式,θ 为发射(接收)角,发射阵元间距为 d_{T},接收阵元间距为 d_{R},以 $x_m(t)(m=0,1,\cdots,M-1)$ 代表第 m 个发射天线的发射

信号形式，$y_n(t)(n=0,1,\cdots,N-1)$ 代表第 n 个接收天线的接收信号形式，令 $\gamma=d_T/d_R$，由文献[236]可知，为了产生出最大的虚拟孔径，需令 $\gamma=N$。

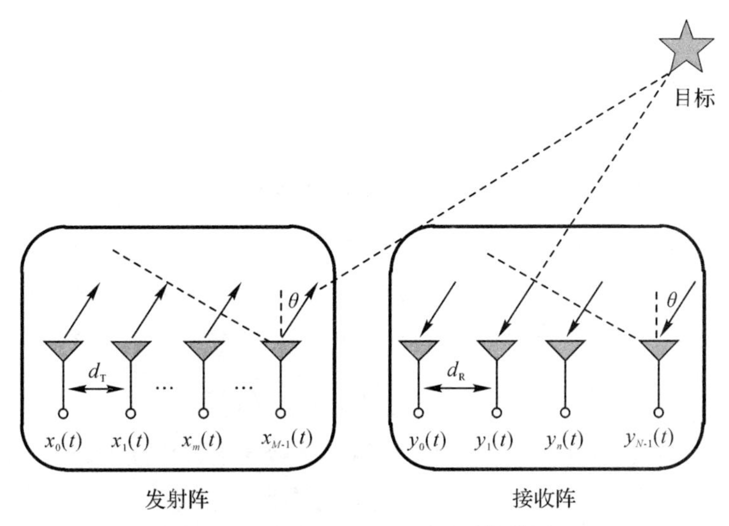

图 5.1 单基地 MIMO 雷达系统模型

假定在探测区域内存在一个点目标，其距离-多普勒-角度参数为 (τ_1,ν_1,f_1)，其中 τ_1 代表目标时延，ν_1 代表目标多普勒频移，f_1 代表归一化的目标空间频率，$f_1=d_R\sin\theta_1/\lambda$（$\theta_1$ 是目标方向和阵列法线的夹角，λ 是载波波长）。

由以上假设可得，第 n（$n=0,1,\cdots,N-1$）个接收天线上的目标回波信号可以表示为

$$y_n^{\tau_1,\nu_1,f_1}(t)=\sum_{m=0}^{M-1}x_m(t-\tau_1)e^{j2\pi\nu_1 t}e^{j2\pi f_1(\gamma m+n)} \tag{5-1}$$

假定参考目标的距离-多普勒-角度参数为 (τ_2,ν_2,f_2)，那么接收端的匹配滤波输出为

$$\sum_{n=0}^{N-1}\int_t\left(y_n^{\tau_1,\nu_1,f_1}(t)\right)\left(y_n^{\tau_2,\nu_2,f_2}(t)\right)^*\mathrm{d}t=$$
$$\left(\sum_{n=0}^{N-1}e^{j2\pi(f_1-f_2)n}\right)\left(\sum_{m=0}^{M-1}\sum_{m'=0}^{M-1}\int_t x_m(t-\tau_1)x_{m'}^*(t-\tau_2)e^{j2\pi(\nu_1-\nu_2)t}e^{j2\pi(f_1m-f_2m')\gamma}\mathrm{d}t\right) \tag{5-2}$$

式(5-2)中，由于等号右端的第一项与发射波形无关，故我们定义简化后的 MIMO 雷达模糊函数为

$$\chi(\tau,\nu,f,f')=\sum_{m=0}^{M-1}\sum_{m'=0}^{M-1}\chi_{m,m'}(\tau,\nu)\mathrm{e}^{\mathrm{j}2\pi(fm-f'm')\gamma} \tag{5-3}$$

式中，$\chi_{m,m'}(\tau,\nu)=\int_t x_m(t)x_{m'}^*(t+\tau)\mathrm{e}^{\mathrm{j}2\pi\nu t}\mathrm{d}t$ 。

式(5-3)中，τ 对应式(5-2)中的 $\tau_1-\tau_2$，ν 对应式(5-2)中的 $\nu_1-\nu_2$，f,f' 对应式(5-2)中的 f_1,f_2。

5.2.2 跳频波形及线性调频波形的模糊函数

下面分析MIMO雷达采用两种不同的发射波形，即跳频波形和线性调频波形时的模糊函数形式(两种发射波形均假定已经过解调去掉载波)。

假设MIMO雷达发射信号(解调去载波)的表达式为

$$x_m(t)=\sum_{l=0}^{L-1}u_m(t-lT_\Phi) \tag{5-4}$$

式中，T_Φ 为发射脉冲间隔，L 为发射脉冲个数。上式所述MIMO雷达发射信号如图5.2所示。

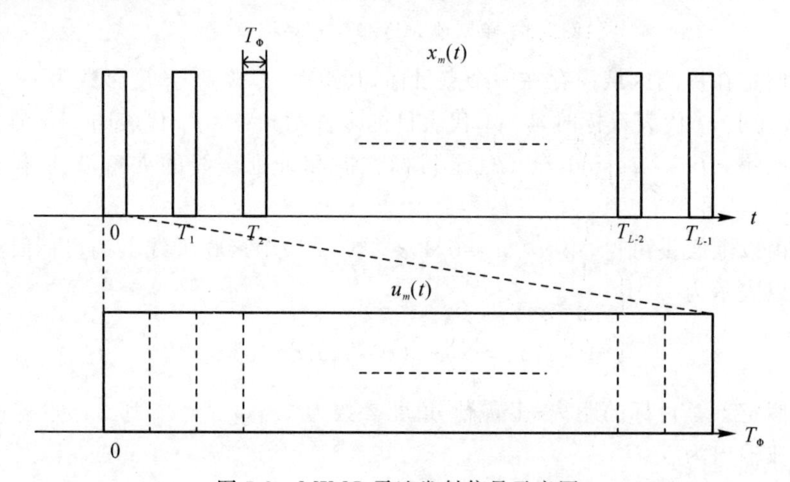

图5.2 MIMO雷达发射信号示意图

对于跳频波形来说，$u_m(t)=\sum_{q=0}^{Q-1}\mathrm{e}^{\mathrm{j}2\pi c_{m,q}\Delta ft}s(t-q\Delta t)$，$s(t)=\begin{cases}1,0<t<\Delta t,\\0,t\leqslant 0 \text{ 或 } t\geqslant \Delta t\end{cases}$，$\Delta f\Delta t=1$，$c_{m,q}\neq c_{m',q'}$，$\forall m\neq m'$，$\forall q$。

通常以$\boldsymbol{C}=[c_{m,q}]_{M\times Q}$来表示跳频矩阵，其中 M 是发射阵元个数，Q 是跳频子脉冲个数。

在文献[48, 237]中，已经推导出了跳频波形的模糊函数的表达式为

$$\chi(\tau,\nu,f,f')=\Omega(\tau,\nu,f,f')\left[\sum_{l=0}^{L-1}\mathrm{e}^{\mathrm{j}2\pi\nu lT_{\Phi}}\right] \tag{5-5}$$

式中，$\Omega(\tau,\nu,f,f')=\left[\sum_{m=0}^{M-1}\sum_{m'=0}^{M-1}\sum_{q=0}^{Q-1}\sum_{q'=0}^{Q-1}G_{m,m',q,q'}(\tau,\nu)\mathrm{e}^{\mathrm{j}2\pi(fm-f'm')\gamma}\right]$，

$G_{m,m',q,q'}(\tau,\nu)=\chi_{\mathrm{rect}}(\tau+(q-q')\Delta t,\nu+(c_{m,q}-c_{m',q'})\Delta f)\mathrm{e}^{\mathrm{j}2\pi(\nu+(c_{m,q}-c_{m',q'})\Delta f)q\Delta t}\mathrm{e}^{-\mathrm{j}2\pi c_{m',q'}\Delta f\tau}$，

$\chi_{\mathrm{rect}}(\tau,\nu)=\int_0^{\Delta t}s(t)s(t+\tau)\mathrm{e}^{\mathrm{j}2\pi\nu t}\mathrm{d}t=\begin{cases}(\Delta t-|\tau|)\mathrm{sinc}[\nu(\Delta t-|\tau|)]\mathrm{e}^{\mathrm{j}\pi\nu(\Delta t-|\tau|)}, & |\tau|<\Delta t\\ 0, & |\tau|\geqslant\Delta t\end{cases}$。

现在推导当MIMO雷达发射线性调频信号时的模糊函数表达式。

对于线性调频波形来说，$u_m(t)=\mathrm{e}^{\mathrm{j}2\pi f_{m,0}t+\mathrm{j}\pi kt^2}f(t)$，$f(t)=\begin{cases}1, 0<t<Q\Delta t\\ 0, t\leqslant 0 \text{ 或 } t\geqslant Q\Delta t\end{cases}$，$f_{m,0}$是初始频率，$k$是调频斜率，为了与跳频波形保持一致，假设脉冲宽度$T_{\Phi}$等于$Q\Delta t$。

进一步，可得：

$$\chi_{m,m'}(\tau,\nu)=\sum_{l=0}^{L-1}\sum_{l'=0}^{L-1}\chi_{m,m'}^{\Phi}(\tau+lT_{\Phi}-l'T_{\Phi}',\nu)\mathrm{e}^{\mathrm{j}2\pi\nu lT_{\Phi}} \tag{5-6}$$

式中，$\chi_{m,m'}^{\Phi}(\tau,\nu)=\int_0^{Q\Delta t}u_m(t)u_{m'}^{*}(t+\tau)\mathrm{e}^{\mathrm{j}2\pi\nu t}\mathrm{d}t$，为了不引起距离模糊，假设$|\tau|<\min_{l,l'}(|lT_{\Phi}-l'T_{\Phi}|-Q\Delta t)$，并且由于$\chi_{m,m'}^{\Phi}(\tau+lT_{\Phi}-l'T_{\Phi},\nu)=0$，$l\neq l'$，则有

$$\chi_{m,m'}(\tau,\nu)=\chi_{m,m'}^{\Phi}(\tau,\nu)\sum_{l=0}^{L-1}\mathrm{e}^{\mathrm{j}2\pi\nu lT_{\Phi}} \tag{5-7}$$

故当MIMO雷达发射线性调频信号时，有

$$\begin{aligned}\chi_{m,m'}^{\Phi}(\tau,\nu)&=\int_0^{Q\Delta t}f(t)\mathrm{e}^{\mathrm{j}2\pi f_{m,0}t+\mathrm{j}\pi kt^2}f(t+\tau)\mathrm{e}^{-\mathrm{j}2\pi f_{m',0}(t+\tau)-\mathrm{j}\pi k(t+\tau)^2}\mathrm{e}^{\mathrm{j}2\pi\nu t}\mathrm{d}t=\\&\int_0^{Q\Delta t}f(t)f(t+\tau)\mathrm{e}^{\mathrm{j}2\pi(f_{m,0}-f_{m',0}-k\tau+\nu)t}\mathrm{d}t\cdot\mathrm{e}^{-\mathrm{j}2\pi f_{m',0}\tau}\mathrm{e}^{-\mathrm{j}\pi k\tau^2}=\\&\chi_{\mathrm{rect}}(\tau,\nu+f_{m,0}-f_{m',0}-k\tau)\mathrm{e}^{-\mathrm{j}2\pi f_{m',0}\tau}\mathrm{e}^{-\mathrm{j}\pi k\tau^2}\end{aligned} \tag{5-8}$$

式中

$$\begin{aligned}\chi_{\mathrm{rect}}(\tau,\nu)&=\int_0^{Q\Delta t}f(t)f(t+\tau)\mathrm{e}^{\mathrm{j}2\pi\nu t}\mathrm{d}t=\\&\begin{cases}(Q\Delta t-|\tau|)\mathrm{sinc}(\nu(Q\Delta t-|\tau|))\mathrm{e}^{\mathrm{j}\pi\nu(Q\Delta t-|\tau|)}, & |\tau|<Q\Delta t\\ 0, & |\tau|\geqslant Q\Delta t\end{cases}\end{aligned}$$

基于以上分析可知，对于线性调频发射波形来说，其所对应的MIMO雷

达模糊函可表示为

$$\chi(\tau,\nu,f,f')=\sum_{m=0}^{M-1}\sum_{m'=0}^{M-1}\chi_{m,m'}(\tau,\nu)\mathrm{e}^{\mathrm{j}2\pi(fm-f'm')\gamma}=$$
$$\sum_{m=0}^{M-1}\sum_{m'=0}^{M-1}\chi_{m,m'}^{\Phi}(\tau,\nu)\sum_{l=0}^{L-1}\mathrm{e}^{\mathrm{j}2\pi\nu lT_{\Phi}}\mathrm{e}^{\mathrm{j}2\pi(fm-f'm')\gamma}=$$
$$\sum_{m=0}^{M-1}\sum_{m'=0}^{M-1}\chi_{\mathrm{rect}}(\tau,\nu+f_{m,0}-f_{m',0}-k\tau)\mathrm{e}^{-\mathrm{j}2\pi f_{m',0}\tau}\mathrm{e}^{-\mathrm{j}\pi k\tau^2}\mathrm{e}^{\mathrm{j}2\pi(fm-f'm')\gamma}\sum_{l=0}^{L-1}\mathrm{e}^{\mathrm{j}2\pi\nu lT_{\Phi}} \tag{5-9}$$

类似于跳频信号模糊函数的表达式，定义：

$$\Omega(\tau,\nu,f,f')=$$
$$\sum_{m=0}^{M-1}\sum_{m'=0}^{M-1}\chi_{\mathrm{rect}}(\tau,\nu+f_{m,0}-f_{m',0}-k\tau)\mathrm{e}^{-\mathrm{j}2\pi f_{m',0}\tau}\mathrm{e}^{-\mathrm{j}\pi k\tau^2}\mathrm{e}^{\mathrm{j}2\pi(fm-f'm')\gamma} \tag{5-10}$$

由上述分析可知，不同发射波形对 MIMO 雷达模糊函数的影响主要体现在 $\Omega(\tau,\nu,f,f')$ 这一项中。

5.3 MIMO 雷达成像场景的稀疏表示

成像系统如图 5.1 所示，时间采样间隔为 T_0，$x_m(t)\in\mathbf{C}^{1\times R}$，其中 R 表示发射信号的采样点数。考虑到实际信号的时延，取时间采样点数为 $N_\mathrm{r}(N_\mathrm{r}\gg R)$，则扩充后的发射信号形式为

$$\tilde{x}_m=[x_m\quad,\quad 0_{1\times(N_\mathrm{r}-R)}]\in\mathbf{C}^{1\times N_\mathrm{r}} \tag{5-11}$$

现在，将 $\{\tilde{x}_m\}_{m=0}^{M-1}$ 组成矩阵 $\boldsymbol{S}\in\mathbf{C}^{M\times N_\mathrm{r}}$，即 $\boldsymbol{S}=[\tilde{x}_0^\mathrm{T},\cdots,\tilde{x}_{M-1}^\mathrm{T}]^\mathrm{T}$。由于回波存在时延，故实际接收到的时延后的信号形式为 $\boldsymbol{SJ}_n$，其中，$\boldsymbol{J}_n$ 代表时延矩阵，$\boldsymbol{J}_n=\begin{cases}\boldsymbol{I}_{N_\mathrm{r}},n=0\\ \boldsymbol{Z}^n,0<n\leqslant N_\mathrm{r}-R\end{cases}$，$\boldsymbol{Z}=\begin{bmatrix}O_{(N_\mathrm{r}-1)\times 1} & \boldsymbol{I}_{N_\mathrm{r}-1}\\ \boldsymbol{O} & \boldsymbol{O}_{1\times(N_\mathrm{r}-1)}\end{bmatrix}$。

以 $\omega_d(d=1,\cdots,N_\mathrm{d})$ 代表多普勒频移，其中 N_d 代表多普勒单元数，那么经过时延和多普勒频移的接收信号形式为

$$\boldsymbol{SJ}_n\boldsymbol{D}(\omega_d),\ d=1,2,\cdots,N_\mathrm{d} \tag{5-12}$$

式中，$\boldsymbol{D}(\omega_d)=\begin{bmatrix}1 & & & \\ & \mathrm{e}^{\mathrm{j}\omega_d T_0} & & \\ & & \ddots & \\ & & & \mathrm{e}^{\mathrm{j}\omega_d (N_\mathrm{r}-1)T_0}\end{bmatrix}$。

假定划分了 N_a 个角度单元，即 $\{\theta_a\}_{a=1}^{N_\mathrm{a}}$，那么对于第 a 个角度单元来说，发射和接收导向矢量分别为

$$\boldsymbol{a}_\mathrm{T}(\theta_a)=\left[1\quad,\quad \mathrm{e}^{-\frac{\mathrm{j}2\pi d_\mathrm{T}\sin(\theta_a)}{\lambda}}\quad,\quad\cdots\quad,\quad \mathrm{e}^{-\frac{\mathrm{j}2\pi(M-1)d_\mathrm{T}\sin(\theta_a)}{\lambda}}\right]^\mathrm{T} \tag{5-13}$$

$$\boldsymbol{a}_\mathrm{R}(\theta_a)=\left[1\quad,\quad \mathrm{e}^{-\frac{\mathrm{j}2\pi d_\mathrm{R}\sin(\theta_a)}{\lambda}}\quad,\quad\cdots\quad,\quad \mathrm{e}^{-\frac{\mathrm{j}2\pi(N-1)d_\mathrm{R}\sin(\theta_a)}{\lambda}}\right]^\mathrm{T} \tag{5-14}$$

现在，以 $\{\sigma_{n,a,d}\}(n=1,2,\cdots,N_\mathrm{r},a=1,2,\cdots,N_\mathrm{a},d=1,2,\cdots,N_\mathrm{d})$ 代表探测区域内的目标散射系数，那么最终接收信号形式为

$$\boldsymbol{Y}=\sum_{n=1}^{N_\mathrm{r}}\sum_{a=1}^{N_\mathrm{a}}\sum_{d=1}^{N_\mathrm{d}}\sigma_{n,a,d}\boldsymbol{a}_\mathrm{R}(\theta_a)\boldsymbol{a}_\mathrm{T}^\mathrm{T}(\theta_a)\boldsymbol{S}\boldsymbol{J}_n\boldsymbol{D}(\omega_d)+\boldsymbol{E} \tag{5-15}$$

式中，$\boldsymbol{E}$ 代表接收信号中的加性噪声。

令 $\boldsymbol{y}=\mathrm{vec}(\boldsymbol{Y})$，$\boldsymbol{v}_{n,a,d}\in\mathbf{C}^{(NN_\mathrm{r})\times 1}$，$\boldsymbol{v}_{n,a,d}=\mathrm{vec}[\boldsymbol{a}_\mathrm{R}(\theta_a)\boldsymbol{a}_\mathrm{T}^\mathrm{T}(\theta_a)\boldsymbol{S}\boldsymbol{J}_n\boldsymbol{D}(\omega_d)]$，$(n=1,2,\cdots,N_\mathrm{r},a=1,2,\cdots,N_\mathrm{a},d=1,2,\cdots,N_\mathrm{d})$，$\boldsymbol{A}=[\boldsymbol{v}_{1,1,1},\boldsymbol{v}_{1,1,2},\cdots,\boldsymbol{v}_{N_\mathrm{r},N_\mathrm{a},N_\mathrm{d}}]$，$\boldsymbol{e}=\mathrm{vec}(\boldsymbol{E})$，$\boldsymbol{x}=[\sigma_{1,1,1},\sigma_{1,1,2},\cdots,\sigma_{N_\mathrm{r},N_\mathrm{a},N_\mathrm{d}}]^\mathrm{T}$。那么，式(5-15)可以变形为

$$\boldsymbol{y}=\boldsymbol{A}\boldsymbol{x}+\boldsymbol{e} \tag{5-16}$$

在实际探测场景中，由于目标的稀疏分布特性(如图 5.3 所示)，$\boldsymbol{x}$ 通常是一个稀疏向量。同时，为了对接收数据降维，通常在式(5-16)两端同时左乘一个随机降维矩阵 $\boldsymbol{\Phi}\in\mathbf{C}^{k\times NN_\mathrm{r}}$，$k\ll NN_\mathrm{r}$，可得

$$\boldsymbol{y}'=\boldsymbol{A}'\boldsymbol{x}+\boldsymbol{e}' \tag{5-17}$$

式中，$\boldsymbol{y}'=\boldsymbol{\Phi}\boldsymbol{y}$，$\boldsymbol{A}'=\boldsymbol{\Phi}\boldsymbol{A}$，$\boldsymbol{e}'=\boldsymbol{\Phi}\boldsymbol{e}$。

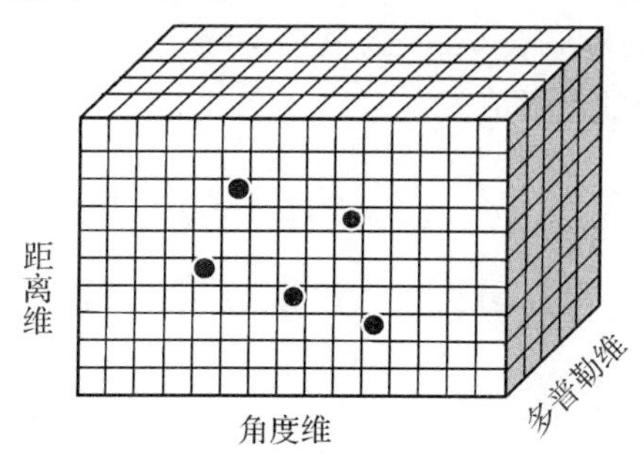

图 5.3　距离-多普勒-角度域探测目标的稀疏分布特性

5.4 MIMO 雷达稀疏成像效果与模糊函数的关系

以成像模型 $\boldsymbol{y}=\boldsymbol{A}\boldsymbol{x}+\boldsymbol{e}$ 为例，假设 $\boldsymbol{A}$ 共有 P 列，由文献[93, 98, 116, 230]可知，基于压缩感知的图像重构效果的好坏由匹配字典 $\boldsymbol{A}$ 中的最大相关系数 μ 所决定，即

$$\mu=\max_{i\neq j}\mu_{i,j}=\max_{i\neq j}|\langle\boldsymbol{A}_i,\boldsymbol{A}_j\rangle|,\forall i,j\in\{0,1,\cdots,P-1\},\|\boldsymbol{A}_i\|_2=1 \tag{5-18}$$

式中，$\boldsymbol{A}_i$，$\boldsymbol{A}_j$ 分别代表 $\boldsymbol{A}$ 的第 i 列和第 j 列。μ 越小，重构效果越好。

现在推导 $\mu_{i,j}$ 与 MIMO 雷达模糊函数之间的关系（以 M 个发射天线、N 个接收天线为例），即

$$\begin{aligned}\mu_{i,j}=|\langle\boldsymbol{A}_i,\boldsymbol{A}_j\rangle|=\\ |\langle\boldsymbol{v}_{n_1,a_1,d_1},\boldsymbol{v}_{n_2,a_2,d_2}\rangle|=\\ |r_0'(t)r_0''^*(t)+\cdots+r_{N-1}'(t)r''^*_{N-1}(t)|(t=0,T_0,\cdots,(N_\mathrm{r}-1)T_0)=\\ \left|\sum_{n=0}^{N-1}\sum_{m=0}^{M-1}\sum_{m'=0}^{M-1}\int_t x_m(t-\tau_1)x_{m'}^*(t-\tau_2)\mathrm{e}^{\mathrm{j}2\pi\nu_1t}\mathrm{e}^{-\mathrm{j}2\pi\nu_2t}\mathrm{e}^{\mathrm{j}2\pi f_1(\gamma m+n)}\mathrm{e}^{-\mathrm{j}2\pi f_2(\gamma m'+n)}\mathrm{d}t\right|=\\ \left|\sum_{n=0}^{N-1}\mathrm{e}^{\mathrm{j}2\pi(f_1-f_2)n}\sum_{m=0}^{M-1}\sum_{m'=0}^{M-1}\int_t x_m(t-\tau_1)x_{m'}^*(t-\tau_2)\mathrm{e}^{\mathrm{j}2\pi(\nu_1-\nu_2)t}\mathrm{e}^{\mathrm{j}2\pi\gamma(f_1m-f_2m')}\mathrm{d}t\right|\end{aligned} \tag{5-19}$$

式(5-19)中，假定 $\boldsymbol{A}_i$ 对应的列向量为 $\boldsymbol{v}_{n_1,a_1,d_1}$，其相应探测区域内的距离-多普勒-角度参数为 (τ_1,ν_1,f_1)；$\boldsymbol{A}_j$ 对应的列向量为 $\boldsymbol{v}_{n_2,a_2,d_2}$，其相应的探测区域内的距离-多普勒-角度参数为 (τ_2,ν_2,f_2)。$r_0'(0),\cdots,r_{N-1}'((N_\mathrm{r}-1)T_0)$ 代表 $\boldsymbol{v}_{n_1,a_1,d_1}$ 中的各个元素，$r_0''(0),\cdots,r_{N-1}''((N_\mathrm{r}-1)T_0)$ 代表 $\boldsymbol{v}_{n_2,a_2,d_2}$ 中的各个元素。

同理，探测区域内对应点 $(\Delta\tau,\Delta\nu,\Delta f)$，$(\Delta\tau=\tau_1-\tau_2,\Delta\nu=\nu_1-\nu_2,\Delta f=f_1-f_2)$ 的模糊函数的绝对值为

$$\begin{aligned}\left|\sum_{n=0}^{N-1}\mathrm{e}^{\mathrm{j}2\pi(f_1-f_2)n}\sum_{m=0}^{M-1}\sum_{m'=0}^{M-1}\int_t x_m(t-\tau_1)x_{m'}^*(t-\tau_2)\mathrm{e}^{\mathrm{j}2\pi(\nu_1-\nu_2)t}\mathrm{e}^{\mathrm{j}2\pi\gamma(f_1m-f_2m')}\mathrm{d}t\right|=\\ |(\mathrm{vec}(\boldsymbol{a}_\mathrm{R}(\theta_{a_1})\boldsymbol{a}_\mathrm{T}^\mathrm{T}(\theta_{a_1})\boldsymbol{S}\boldsymbol{J}_{n_1}\boldsymbol{D}(\omega_{d_1})))^\mathrm{H}\mathrm{vec}(\boldsymbol{a}_\mathrm{R}(\theta_{a_2})\boldsymbol{a}_\mathrm{T}^\mathrm{T}(\theta_{a_2})\boldsymbol{S}\boldsymbol{J}_{n_2}\boldsymbol{D}(\omega_{d_2}))|=\\ |\langle\boldsymbol{A}_i,\boldsymbol{A}_j\rangle|=\mu_{i,j}\end{aligned} \tag{5-20}$$

将式(5-19)、式(5-20)与式(5-2)对比可以看出，$\mu_{i,j}$ 恰好对应探测空

间内一个特定点的模糊函数的绝对值。由文献[234]可知，基于传统匹配滤波算法的成像分辨率受限于雷达的模糊函数，而模糊函数具有体积不变性和不确定性，因此，任何时间带宽积给定的雷达波形必然不能在所有的成像维度上同时得到较高的分辨率。与匹配滤波不同，压缩感知是一种基于凸优化的重构算法，因此能够突破由模糊函数的不确定准则所引起的成像分辨率限制，并且压缩感知算法的重构效果是由匹配字典各列间的最大相关系数决定的，最大相关系数越小，重构效果越好。由本节的分析可知，MIMO 雷达模糊函数表面上的各点与压缩感知匹配字典的相关系数之间存在一一对应关系，因此压缩感知匹配字典的最大相关系数即为模糊函数最高旁瓣的绝对值，MIMO雷达的模糊函数仍然能够影响基于压缩感知方法的成像效果。

通过上面的分析，可以给提高基于压缩感知算法的图像重构效果提供一条有效的准则，即选择具有较低旁瓣模糊函数的发射波形（匹配字典的最大相关系数较小），从而得到较好的成像质量。

5.5 基于改进 SLIM 算法的 MIMO 雷达稀疏成像角度误差校正方法

文献[228]提出了 SLIM 算法并将其应用于 MIMO 雷达成像中。SLIM 算法是基于 l_q 范数 $(0 < q \leqslant 1)$ 来进行优化求解的，与常用的基于 l_1 范数的压缩感知恢复算法比较，SLIM 算法具有求解速度快、恢复效果精确等优点，故下面考虑采用 SLIM 算法恢复图像。

由 5.3 节的分析可知，当目标在探测区域内稀疏分布时，可以考虑采用压缩感知算法恢复目标场景。此时，如果全部目标恰好位于所划分的探测空间格点上，算法恢复效果较好；但是，由于目标分布的随机性，并不能保证所有目标均位于格点上，这必然会引起格点误差，造成匹配字典中的各列回波信号与目标的真实位置不相对应，成像效果变差。为了减少偏离格点的目标数目，可以减小格点间距，但是这样又会增大匹配字典中各列间的相关性，使其不满足限制等距属性（RIP）条件，同样会使成像效果变差。

文献[235]提出了一种发射波形为线性调频波的距离-角度域成像误差校正方法，它适用于小探测域情况，其核心思想是在 SLIM 算法的基础上增加了格点误差校正的步骤，通过将接收信号进行泰勒一阶近似，分离出误差项，然后采用优化算法估计出格点误差。

相比于线性调频信号，跳频信号模糊函数的旁瓣较低[48]，由 5.4 节的分析可知，采用其作为发射波形，成像效果较好。因此，下面采用跳频信号作为发射波形，参考文献[235]中的算法，提出一种改进的 SLIM 算法，它可以在空间小角度域(一般取相对阵列法线的角度为$-5°\sim+5°$这一范围)下，校正成像角度误差。该算法对接收信号进行泰勒二阶近似并采用模拟退火算法估计角度误差，与文献[235]中的算法相比，此算法对角度误差的补偿更加精确。

成像系统结构如图 5.1 所示，距离-角度探测区域共划分为 k 个格点。不存在角度误差时，接收天线 $n(n=1,2,\cdots,N)$ 在采样时刻 t_p 得到的回波信号为(使用了空间小角度域情况下，$\sin\theta\approx\theta$ 这一近似)

$$y_n^{\tau,f}(t_p)=\sum_{m=0}^{M-1}\sum_{l=0}^{L-1}\sum_{q=0}^{Q-1}\mathrm{e}^{\mathrm{j}2\pi c_{m,q}\Delta f(t_p-\tau-lT_\Phi)}s(t_p-\tau-lT_\Phi-q\Delta t)\mathrm{e}^{\mathrm{j}2\pi\frac{d_\mathrm{R}}{\lambda}\theta(\gamma m+n)} \tag{5-21}$$

存在角度误差时，接收信号形式为

$$\begin{aligned}y_n^{\tau,f}(t_p)'=&\sum_{m=0}^{M-1}\sum_{l=0}^{L-1}\sum_{q=0}^{Q-1}\mathrm{e}^{\mathrm{j}2\pi c_{m,q}\Delta f(t_p-\tau-lT_\Phi)}s(t_p-\tau-lT_\Phi-q\Delta t)\mathrm{e}^{\mathrm{j}2\pi\frac{d_\mathrm{R}}{\lambda}(\theta+\Delta\theta)(\gamma m+n)}=\\&\sum_{m=0}^{M-1}\sum_{l=0}^{L-1}\sum_{q=0}^{Q-1}\zeta\mathrm{e}^{\mathrm{j}2\pi\frac{d_\mathrm{R}}{\lambda}\Delta\theta(\gamma m+n)}\approx\\&\sum_{m=0}^{M-1}\sum_{l=0}^{L-1}\sum_{q=0}^{Q-1}\zeta\left[1+\mathrm{j}2\pi\frac{d_\mathrm{R}}{\lambda}(\gamma m+n)\Delta\theta-2\pi^2\left(\frac{d_\mathrm{R}}{\lambda}\right)^2(\gamma m+n)^2(\Delta\theta)^2\right]\end{aligned} \tag{5-22}$$

其中 $\zeta=\mathrm{e}^{\mathrm{j}2\pi c_{m,q}\Delta f(t_p-\tau-lT_\Phi)}s(t_p-\tau-lT_\Phi-q\Delta t)\mathrm{e}^{\mathrm{j}2\pi\frac{d_\mathrm{R}}{\lambda}\theta(\gamma m+n)}$

由上可得，存在角度误差时的匹配字典 $\boldsymbol{A}'$ 为

$$\boldsymbol{A}'=\boldsymbol{A}+[\boldsymbol{A}_1\boldsymbol{A}_2]\boldsymbol{\Lambda} \tag{5-23}$$

式中，$\boldsymbol{\Lambda}=(\boldsymbol{\Lambda}_1\boldsymbol{\theta}\quad\boldsymbol{\Lambda}_2\boldsymbol{\theta})^\mathrm{T}$，$\boldsymbol{A}_1=[\boldsymbol{v}_{11},\boldsymbol{v}_{12},\cdots,\boldsymbol{v}_{1k}]$，$\boldsymbol{v}_{1i}(i=1,2,\cdots,k)$是 NN_r 维的列向量，N_r 是时间采样点数。同理，$\boldsymbol{A}_2=[\boldsymbol{v}_{21},\boldsymbol{v}_{22},\cdots,\boldsymbol{v}_{2k}]$，$\boldsymbol{A}=[\boldsymbol{v}_1,\boldsymbol{v}_2,\cdots,\boldsymbol{v}_k]$，$\boldsymbol{v}_{2i},\boldsymbol{v}_i(i=1,2,\cdots,k)$均是 NN_r 维的列向量，则有

$$\boldsymbol{\Lambda}_1\boldsymbol{\theta}=\begin{bmatrix}\Delta\theta_1&&\\&\boldsymbol{O}&\\&&\Delta\theta_k\end{bmatrix},\boldsymbol{\Lambda}_2\boldsymbol{\theta}=\begin{bmatrix}\Delta\theta_1^2&&\\&\boldsymbol{O}&\\&&\Delta\theta_k^2\end{bmatrix},\boldsymbol{v}_i=\mathrm{vec}\left(\sum_{m=0}^{M-1}\sum_{l=0}^{L-1}\sum_{q=0}^{Q-1}\zeta\right),$$

$$\boldsymbol{v}_{1i}=\mathrm{vec}\left(\sum_{m=0}^{M-1}\sum_{l=0}^{L-1}\sum_{q=0}^{Q-1}\zeta\cdot\mathrm{j}2\pi\frac{d_\mathrm{R}}{\lambda}(\gamma m+n)\right),\ \boldsymbol{v}_{2i}=\mathrm{vec}\left\{\sum_{m=0}^{M-1}\sum_{l=0}^{L-1}\sum_{q=0}^{Q-1}\zeta\cdot\left[-2\pi^2\left(\frac{d_\mathrm{R}}{\lambda}\right)^2(\gamma m+n)^2\right]\right\}。$$

经过以上的推导，可得存在误差时的成像模型为

$$\boldsymbol{y}=(\boldsymbol{A}+[\boldsymbol{A}_1\quad\boldsymbol{A}_2]\boldsymbol{\Lambda})\boldsymbol{x}+\boldsymbol{e} \tag{5-24}$$

假设角度域上划分的单位长度为 δ_θ ,$\boldsymbol{\Lambda}_1\boldsymbol{\theta}$ 中的各元素独立均匀同分布,即

$$\Delta\theta_i \propto U\left(\left[-\frac{1}{2}\delta\theta, +\frac{1}{2}\delta\theta\right]\right), (i=1,2,\cdots,k) \tag{5-25}$$

与文献[235]中的算法类似,通过最大化估计参数的联合概率分布函数,分为以下 3 步来恢复图像:假设在第 $l+1$ 次迭代过程中,经过第 l 次迭代后估计出的各个参数值均已知,分别记为 $\boldsymbol{x}^{(l)}$,$\boldsymbol{\Lambda}^{(l)}$ 和 $\eta^{(l)}$。

(1)在 $\boldsymbol{\Lambda}^{(l)}$,$\eta^{(l)}$ 已知的情况下求最优的 $\boldsymbol{x}$ 值,经推导,得

$$\boldsymbol{x}^{(l+1)} = \boldsymbol{P}^{(l)}(\boldsymbol{A}+[\boldsymbol{A}_1 \quad \boldsymbol{A}_2]\boldsymbol{\Lambda}^{(l)})^{\mathrm{H}} \\ [(\boldsymbol{A}+[\boldsymbol{A}_1 \quad \boldsymbol{A}_2]\boldsymbol{\Lambda}^{(l)})\boldsymbol{P}^{(l)}(\boldsymbol{A}+[\boldsymbol{A}_1 \quad \boldsymbol{A}_2]\boldsymbol{\Lambda}^{(l)})^{\mathrm{H}}+\eta^{(l)}\boldsymbol{I}]^{-1}\boldsymbol{y} \tag{5-26}$$

式中,$\boldsymbol{P}^{(l)}=\mathrm{diag}\{\boldsymbol{p}^{(l)}\}$,$\boldsymbol{p}^{(l)}=[p_1^{(l)},p_2^{(l)},\cdots,p_k^{(l)}]^{\mathrm{T}}$,$p_n^{(l)}=|x_n^{(l)}|^{2-q}(n=1,2,\cdots,k)$。

(2)在第 1 步的基础上估计接收信号中的噪声方差,有

$$\eta^{(l+1)}=\frac{1}{NN_{\mathrm{r}}}\|\boldsymbol{y}-(\boldsymbol{A}+[\boldsymbol{A}_1 \quad \boldsymbol{A}_2]\boldsymbol{\Lambda}^{(l)})\boldsymbol{x}^{(l+1)}\|_2^2 \tag{5-27}$$

(3)在前两步估计出的参数的基础上校正角度误差,有

$$\boldsymbol{\Theta}^{(l+1)}=\begin{cases}\mathrm{argmin}\ \|(\boldsymbol{y}-\boldsymbol{A}_\Omega\boldsymbol{x}_\Omega^{(l+1)})-\boldsymbol{\Gamma}_\Omega\boldsymbol{\Theta}_\Omega^{(l+1)}\|_2^2 \\ \Delta\theta_i\in\left(-\frac{1}{2}\delta_{\boldsymbol{\theta}},\frac{1}{2}\delta_{\boldsymbol{\theta}}\right), x_i^{(l+1)}\neq 0 \\ 0, x_i^{(l+1)}=0\end{cases} \tag{5-28}$$

式中,$\boldsymbol{\Theta}=[\Delta\theta_1,\cdots,\Delta\theta_k,\Delta\theta_1^2,\cdots,\Delta\theta_k^2]^{\mathrm{T}}$,$\boldsymbol{\Gamma}=[\boldsymbol{A}_1 \quad \boldsymbol{A}_2]\begin{bmatrix}\mathrm{diag}(\boldsymbol{x}^{(l+1)}) & \boldsymbol{O} \\ \boldsymbol{O} & \mathrm{diag}(\boldsymbol{x}^{(l+1)})\end{bmatrix}$,$\Omega$ 是由列向量 $\boldsymbol{x}^{(l+1)}$ 中所有不为 0 的元素的下标所组成的集合,$\boldsymbol{A}_\Omega$,$\boldsymbol{\Gamma}_\Omega$,$\boldsymbol{\Theta}_\Omega$ 是 $\boldsymbol{A}$,$\boldsymbol{\Gamma}$,$\boldsymbol{\Theta}$ 中由 Ω 集合中的元素所对应的各列组成的矩阵。

然后再返回第(1)步继续迭代求解下去,直到 $|\xi^{(l+1)}-\xi^{(l)}|/\xi^{(l)}<\varepsilon(\varepsilon\ll 1)$ 时算法终止。其中,$\xi^{(l)}=\|\boldsymbol{y}-(\boldsymbol{A}+[\boldsymbol{A}_1 \quad \boldsymbol{A}_2]\boldsymbol{\Lambda}^{(l)})\boldsymbol{x}^{(l)}\|_2^2$。

各初值的选取类似于文献[228],即

$$p_n^{(0)}=|\boldsymbol{v}_n^{\mathrm{H}}\boldsymbol{y}/\boldsymbol{v}_n^{\mathrm{H}}\boldsymbol{v}_n|^2(n=1,2,\cdots,k), \eta^{(0)}=(1/NN_{\mathrm{r}})\|\boldsymbol{y}-\boldsymbol{A}\boldsymbol{x}^{(0)}\|_2^2 \tag{5-29}$$

对于上面第(3)步中的极小化问题,考虑采用模拟退火算法来求解,具体步骤如下所示:

初始化各参数:温度 T ,温度下降因子 α ,内部循环次数 J ,内部循环次

数下降因子 β，并且保证 $T>0,J>0,\alpha\in(0,1),\beta\in(0,1)$。

步骤 1：将 $\Delta\theta_i$ 所有可能的取值组成一个列向量 $\boldsymbol{H}$（$\boldsymbol{H}$ 称为容许值集合），从 $\boldsymbol{H}$ 中随机选取一些值赋给 $\boldsymbol{\Theta}_{\Omega}^{(l+1)}$。

步骤 2：从 $\{1,2,\cdots,\lceil J\rceil\}$ 中随机选取一个数 j（$\lceil J\rceil$ 表示不小于 J 的最小整数）。

步骤 3：令 $(\boldsymbol{\Theta}_{\Omega}^{(l+1)})'=\boldsymbol{\Theta}_{\Omega}^{(l+1)}$，然后重复下面的(3.1)到(3.3)步骤 j 次：

步骤 3.1：从向量 $(\boldsymbol{\Theta}_{\Omega}^{(l+1)})'$ 中随机选取一个元素；

步骤 3.2：从容许值集合中随机选取一个值，需保证使其不等于步骤 1 中所取元素的值；

步骤 3.3：将此值赋给步骤 1 中所取元素。

步骤 4：从[0,1]中随机选取一个数 U。

步骤 5：设代价函数为 $g(\boldsymbol{\Theta}_{\Omega}^{(l+1)})=\|(\boldsymbol{y}-\boldsymbol{A}_{\Omega}\boldsymbol{x}_{\Omega}^{(l+1)})-\boldsymbol{\Gamma}_{\Omega}\boldsymbol{\Theta}_{\Omega}^{(l+1)}\|^2$，如果 $U<\exp[(g(\boldsymbol{\Theta}_{\Omega}^{(l+1)})-g((\boldsymbol{\Theta}_{\Omega}^{(l+1)})'))/T]$，那么令 $\boldsymbol{\Theta}_{\Omega}^{(l+1)}=(\boldsymbol{\Theta}_{\Omega}^{(l+1)})'$。

步骤 6：令 $T=\alpha T$，$J=\beta J$。

步骤 7：如果 $|g(\boldsymbol{\Theta}_{\Omega}^{(l+1)})-g(\boldsymbol{\Theta}_{\Omega}^{(l)})|<\varepsilon(\varepsilon\ll 1)$，就终止算法。否则，跳转回步骤 2 继续迭代下去。

5.6 仿真实验与分析

仿真参数如下所示：雷达体制为窄带单基地 MIMO 雷达，发射天线个数 $M=5$，接收天线个数 $N=5$，载波频率 $f_c=1$ GHz，载波波长为 λ（$\lambda=c/f_c$，c 是光速），$d_T=2.5\lambda$，$d_R=0.5\lambda$。发射信号采用脉冲串形式，脉冲宽度为 5 μs，脉冲个数为 10，脉冲重复周期 PRI=1 ms。采用两种不同的发射波形，即线性调频信号和跳频信号，以便对比成像效果。

跳频信号的子脉冲个数 $Q=5$，子脉冲宽度 $\Delta t=1$ μs，跳频系数 $c_{m,q}\in\{1,2,\cdots,15\}$，$m=1,2,\cdots,M$，$q=1,2,\cdots,Q$，跳频矩阵的最大值 $G=15$，跳频间隔 $\Delta f=1$ MHz。为了使线性调频波形与跳频波形占据同样的频带宽度，选择线性调频信号的初始频率分别为：$f_{1,0}=0$ MHz，$f_{2,0}=5/4$ MHz，$f_{3,0}=10/4$ MHz，$f_{4,0}=15/4$ MHz，$f_{5,0}=5$ MHz。

调频斜率 $k=2\times10^{12}$ Hz/s，脉冲宽度为 5 μs。根据文献[73]，采样周期为 1/30 μs。压缩感知算法采用 SLIM 算法。信噪比均设为 20 dB。

5.6.1 线性调频信号成像效果

由于 MIMO 雷达的模糊函数是关于距离-角度-多普勒的三维函数，不易直观表示，因此下面分距离-多普勒域和距离-角度域两种情况讨论。

当在距离-多普勒域成像时，假定目标均位于和阵列法线夹角为30°的方向，即空间频率 $f=d_R/\lambda\sin\theta=f'=0.25$（$f,f'$ 分别代表探测区域内任意两个不同目标的空间频率），由MIMO雷达模糊函数的表达式可知，不同波形主要影响模糊函数中的 $\Omega(\tau,\nu,f,f')$ 这一项，因此在下面的仿真中，以 $\Omega(\tau,\nu,f,f')$ 代替 $\chi(\tau,\nu,f,f')$ 作为比较不同发射波形成像效果的依据。

距离-多普勒成像平面上假设存在13个点目标，目标的散射系数均设定为10，仿真结果如图5.4所示。

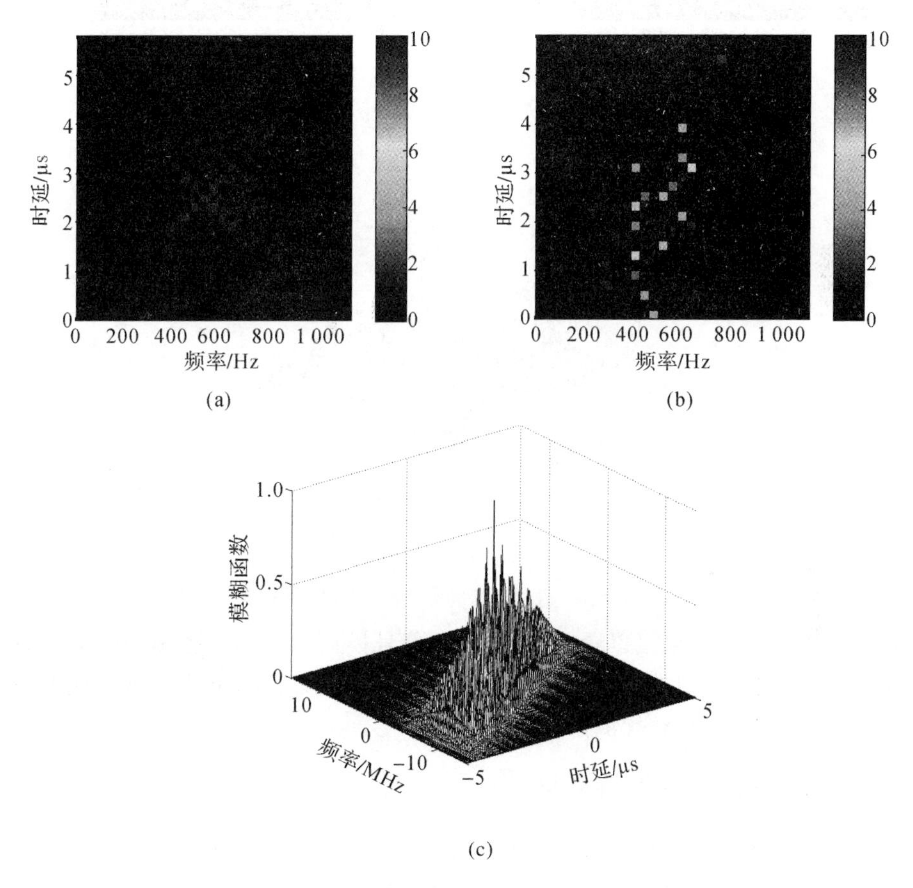

图5.4 发射信号为线性调频波时的距离-多普勒域仿真结果

(a) 原目标场景；(b) 压缩感知恢复结果；(c) 归一化的模糊函数

不考虑多普勒频移（$\nu=0$），假设距离-角度成像平面上存在8个点目标，其散射系数均设定为10，参考目标的空间频率 $f=0$。仿真结果如图5.5所示。

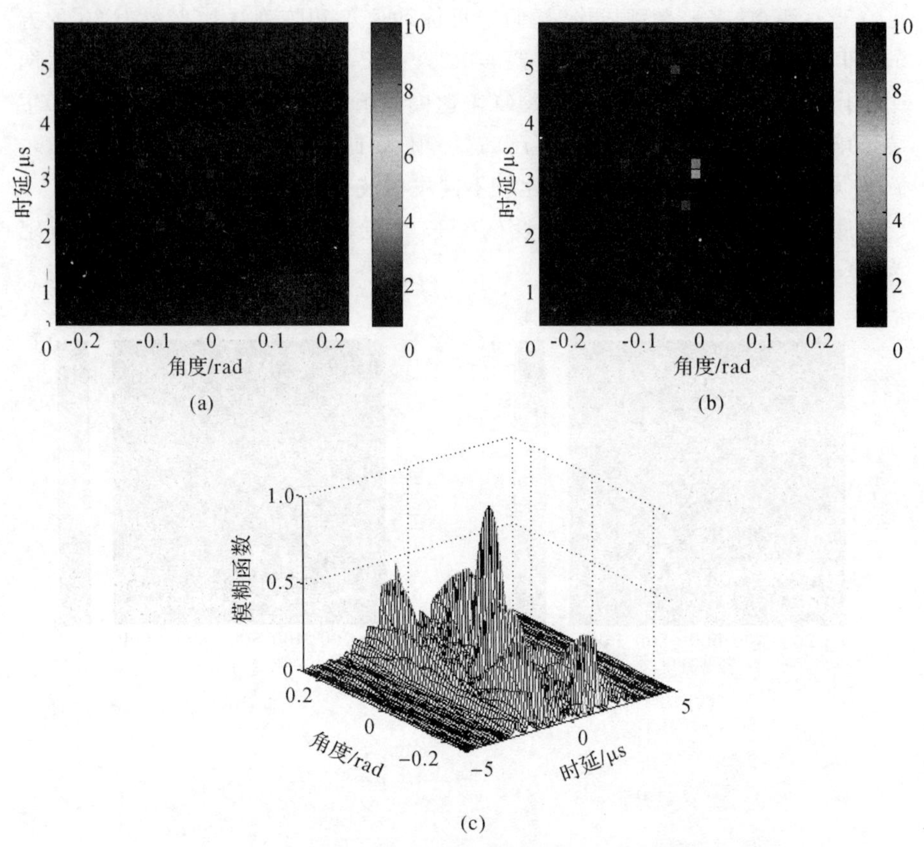

图 5.5　发射信号为线性调频波时的距离-角度域仿真结果

(a) 原目标场景；(b) 压缩感知恢复结果；(c) 归一化的模糊函数

从以上仿真结果可以看出，线性调频信号模糊函数最高旁瓣的绝对值较大，导致匹配字典中的最大相关系数 μ 比较大，进而影响了压缩感知成像效果，无法恢复出目标在探测区域内的真实位置。

5.6.2　跳频信号成像效果

目标场景同5.6.1小节所设，仿真结果如图5.6、图5.7所示。

同线性调频信号相比，跳频信号模糊函数最高旁瓣的绝对值较低，因而匹配字典中的最大相关系数较小，压缩感知成像效果也比较好，可以比较精确地恢复出目标在探测区域内的真实位置。

对比5.6.1小节和5.6.2小节的仿真结果可知，MIMO雷达的模糊函数与压缩感知匹配字典的相关系数之间存在关联,模糊函数仍然能够影响基于压缩感知方法的成像效果。因此,在实际成像场合中,波形的选择是个关键的因素。通过选择具有较低旁瓣模糊函数的发射波形,可以减小匹配字典中的最大相关系数,进而可以提高图像反演质量,获得目标在探测区域内的真实位置。

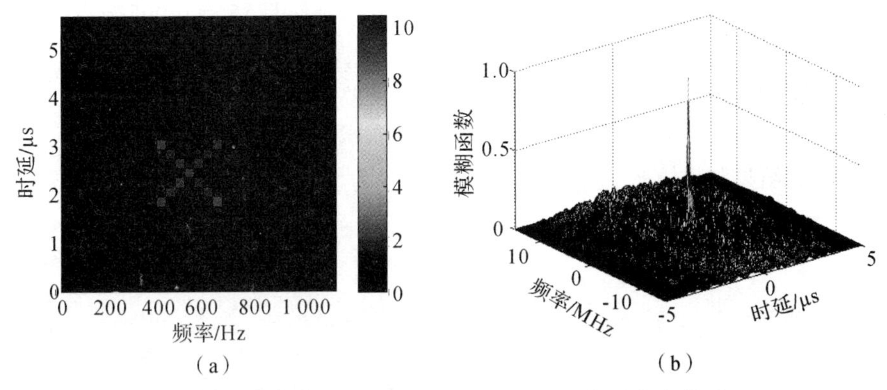

图 5.6 发射信号为跳频波时的距离-多普勒域仿真结果

(a)压缩感知恢复结果 ;(b)归一化的模糊函数

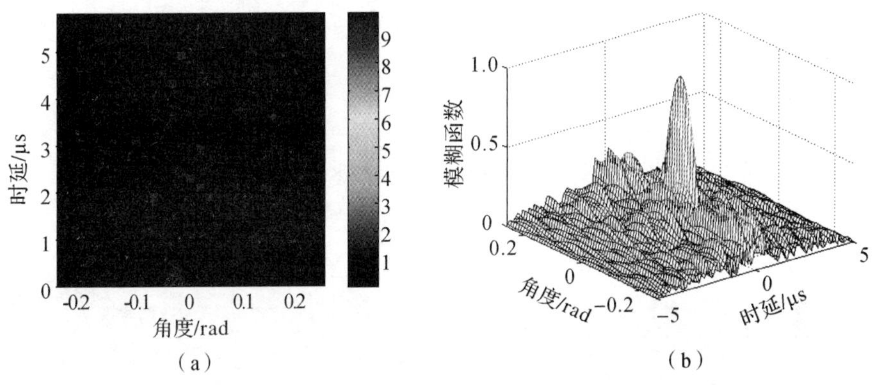

图 5.7 发射信号为跳频波时的距离-角度域仿真结果

(a)压缩感知恢复结果 ;(b)归一化的模糊函数

5.6.3 空间小角度域情况下的角度误差校正

由 5.6.1 小节和 5.6.2 小节所示仿真结果可看出,跳频信号的成像效果较好,因此下面采用跳频信号作为发射波形,在距离-角度域成像。为了便于对比不同情况下的目标位置,用距离-角度域上的三维图形来代表成像结果。图中峰值所对应的位置为反演出的目标位置,峰值的高度代表反演出的目标散射系数，点划线的位置代表真实目标位置，点划线的高度代表真实目标的散射系数。

在以下仿真中，角度单元设为 0.01 rad。假设探测区域内共有 5 个点目标，以其相邻格点为参考，各个目标对应的角度误差分别为 $\Delta\theta_1=0.005$ rad，$\Delta\theta_2=0.005$ rad，$\Delta\theta_3=-0.005$ rad，$\Delta\theta_4=-0.005$ rad，$\Delta\theta_5=0.005$ rad。模拟退火算法的温度 T 设为 100，温度下降因子 α 设为 0.9，内部循环次数 J 设为 120，内部循环次数下降因子 β 设为 0.95，角度误差容许值集合 $H=\{-0.005$ rad，-0.004 rad，…，0.004 rad，0.005 rad$\}$了。

仿真结果如图 5.8、图 5.9 所示。

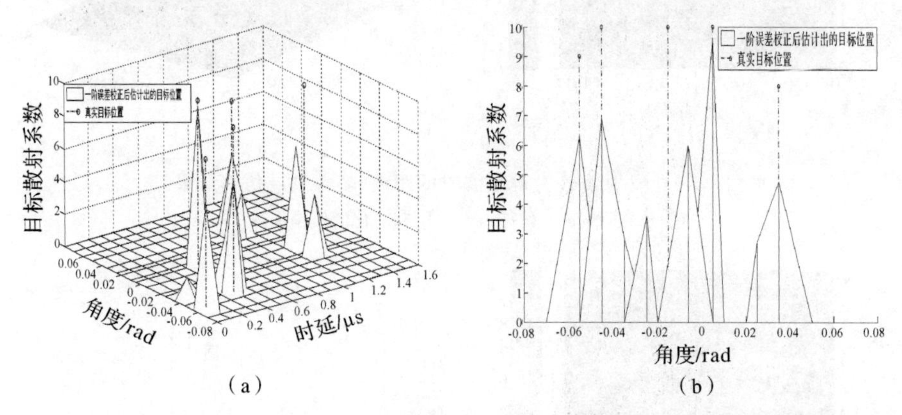

图 5.8　一阶误差校正后的反演图像

(a)距离-角度域三维图；(b)角度域侧视图

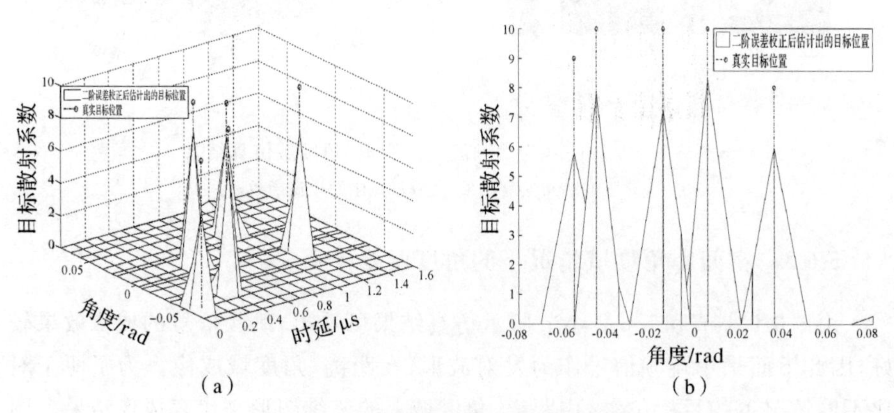

图 5.9　二阶误差校正后的反演图像

(a)距离-角度域三维图；(b)角度域侧视图

对比图5.8、图5.9的反演效果可知，对接收数据作二阶泰勒近似，估计出的角度误差比一阶近似情况（文献[235]所采用的算法）下的更加精确。在上面的仿真中，由于对接收信号作了泰勒近似，因此反演出的目标散射系数存在不同程度的衰减。

容易知道，当采用文献[235]所述的一阶误差校正算法时，运算复杂度 $2O(l)$ 为（$O(l)\approx O(NN_{\mathrm{r}}\cdot N_{\mathrm{r}}N_{\mathrm{a}}N_{\mathrm{d}})$）；当采用本书所述算法时，运算复杂度为 $3O(l)$。可见，本书算法的运算复杂度较文献[235]中的算法略有增加，但其对角度误差的补偿效果明显占优，故由此带来的运算性能损失是可以容忍的。

从以上仿真结果可以看出，本书提出的改进的SLIM算法可以有效地克服由匹配字典失配引起的成像角度误差。

5.7 本章小结

本章主要从两方面介绍了压缩感知在MIMO雷达成像中的应用：

(1)推导出了雷达模糊函数和匹配字典相关系数之间的关系；

(2)在空间小角度域情况下，结合模拟退火算法，提出了一种基于改进的SLIM算法的角度误差校正方法。

通过对以上两方面的研究得到以下结论：

(1)发射波形模糊函数的旁瓣越高，成像效果越差，因此在实际应用中，为了得到较好的成像效果，应当选择具有较低旁瓣模糊函数的发射波形；

(2)实际成像场景中由于匹配字典失配，反演出的目标位置往往存在误差，采用本章提出的改进的SLIM算法，可以准确地补偿空间小角度域情况下的角度误差。仿真结果验证了此算法的有效性。

第6章 总结与展望

6.1 内容总结

鉴于 MIMO 思想在通信领域取得的巨大成功，21 世纪初，Eran Fishler 等人借鉴 MIMO 通信理论正式提出 MIMO 雷达概念。经过十余年的发展，MIMO 雷达俨然已成为当代雷达学科中的热点研究问题，其所引入的波形分集和空间分集技术在提升传统雷达系统性能方面具有较大潜力。与传统相控阵雷达相比，MIMO 雷达使用多天线发射多重正交探测信号照射目标，并利用多天线接收目标后向散射回波信号，因而能够通过合成虚拟阵有效扩展阵列孔径，进而提高目标空间分辨率、改善参数可辨识性、灵活设计发射方向图以及改进目标检测性能。

然而 MIMO 雷达理论在日臻完善的过程中，仍须着力突破以下性能瓶颈。例如，当前 MIMO 雷达的阵列结构设计准则主要限于均匀布阵，即通过“稀”发“密”收或“密”发“稀”收合成一均匀虚拟阵(阵元间距为半波长)。虽然应用该设计准则可获得远大于实际物理阵元数的虚拟阵自由度(为发射阵元数与接收阵元数之积)，然而该设计准则仅是传统信号处理框架(即直接基于虚拟阵接收数据模型提取目标感兴趣参数，未经历前文所述的协方差矩阵向量化过程构建对应该虚拟阵的差合阵列的接收数据模型)下的最优阵型设计方法，从而使得据其构建的均匀 MIMO 雷达的可分辨信源数受限于虚拟阵元数(本质原因在于虚拟阵的 ULA 属性使其不具备自由度扩展特性，无法利用前文所述的“二次虚拟”操作获得数目多于实际虚拟阵元数的差合阵元)。此外，传统 MIMO 雷达参数估计算法和自适应波束形成算法在低信噪比、小快拍数、相干局域散射和波前失真等非理想信号环境下性能损失严重。以上所列问题均是制约 MIMO 雷达工程化、实用化的关键因素。本书以克服上述缺陷、充分发掘 MIMO 雷达的潜在性能优势为需求牵引，将嵌套阵、互质阵等新型高自由度阵列引入到 MIMO 雷达阵列结构优化问题中，以期实现欠定

DOA 估计目的。同时,鉴于稀疏重构类算法可于非理想信号环境下精确估计目标参数,本书将 SBL 准则和改进的 SLIM 算法分别引入到 MIMO 雷达高精度测向和成像领域,以突破传统技术(典型代表为子空间类技术和匹配滤波技术)在上述恶劣应用场景中的性能局限。这里需指出,本书所提出的稀疏 DOA 估计算法可较好契合嵌套 MIMO 雷达、互质 MIMO 雷达的特殊信号处理流程,因而从本质上具备欠定 DOA 估计功能。此外,本书还针对 MIMO 雷达自适应波束形成器于失配模型下的信号自消问题,提出两种旨在精确预估目标信号导向矢量、高效重构干扰-噪声协方差矩阵的稳健波束形成算法(两种算法分别契合嵌套 MIMO 雷达信号模型和传统均匀 MIMO 雷达信号模型),以克服传统稳健自适应波束形成算法在高输入 SNR 下的性能下降问题。本书的主要创新性工作和所取得的研究成果主要包括以下几方面。

(1)提出一种基于 SBL 准则的嵌套 MIMO 雷达高精度 DOA 估计算法。嵌套 MIMO 雷达的阵列结构优化方法为通过简单计算机搜索配置 MIMO 雷达的收发阵列构型,使各虚拟阵元的位置坐标符合嵌套阵的空间排布规则,从而为利用嵌套阵的高自由度特性实现欠定 DOA 估计目的扫清障碍。此外,从提高测向精度的角度出发,提出一种基于 SBL 准则的嵌套 MIMO 雷达高分辨 DOA 估计算法。该算法充分利用了嵌套 MIMO 雷达虚拟阵的潜在自由度扩展特性,同时还考虑了空域离散化过程中引入的量化误差,并利用二阶泰勒展开技术近似表示真实超完备阵列流形字典,以此提高模型拟合精度。为消除 SBL 准则对非精确噪声方差估计值的敏感性、简化 SBL 类算法的超参数迭代过程,利用一精心设计的线性变换剔除(正则化)所建立的稀疏信号模型中包含的噪声分量(协方差矩阵估计误差)。之后,基于目标真实方位与格点误差之间的一致稀疏分布特性,借助一运算复杂度较低的多项式求根过程逐个估计离散格点误差,以提高 DOA 估计精度。

(2)提出一种基于 SBL 准则的互质 MIMO 雷达高分辨测向算法。采用与第一部分类似的设计思路(即通过优化 MIMO 雷达的收发阵列结构,使虚拟阵元位置坐标符合互质阵的空间排布规则),提出互质 MIMO 雷达阵型设计方法,在物理阵元数相同的情况下,该阵型比传统均匀阵型分辨更多的目标。确定出互质 MIMO 雷达的物理阵列结构后,提出一种基于协方差向量稀疏表示的互质 MIMO 雷达高分辨 DOA 估计算法。算法实现过程中,利用一精心设计的线性变换消除协方差向量中包含的未知噪声分量,采用该预处理操作的原因在于非精确噪声方差估计值会不可避免地降低 SBL 类算法的参数估计精度。此外,根据采样协方差矩阵估计误差的概率统计特性,于上述去噪线性变换中融入一正则化操作,以单位化协方差向量估计误差,从而简化SBL迭代过程。经过数据预处理后,DOA估计可视作信号稀疏支撑集和格点误差的联合重构问题。为求解该问题,设计一迭代算法同时更新超完备字典和信号稀疏支撑集,并采用MM准则(即最小化原概率模型目标函数的上界)加快收敛速度、提高参数估计精度。

(3)研究了嵌套MIMO雷达和传统均匀MIMO雷达的稳健自适应波束形成算法设计问题。在嵌套MIMO雷达稳健自适应波束形成算法的设计过程中,干扰-噪声协方差矩阵可通过将空间平滑协方差矩阵(可等效视作嵌套MIMO雷达虚拟差合阵列接收数据所对应的协方差矩阵)投影到干扰信号空间重构出;目标真实导向矢量可通过解一新构建的优化问题精确估计出。该优化问题的目标函数为最小化波束形成器敏感度,且约束条件可避免估计出的目标导向矢量发散到干扰空间。同时指出,所设计的优化问题可利用拉格朗日乘子法高效求解(运算复杂度与传统Capon波束形成算法相当)。此外须强调,所提算法可充分利用嵌套MIMO雷达虚拟阵的高自由度特性,从而实现欠定干扰抑制功能。在均匀MIMO雷达稳健自适应波束形成算法的设计过程中,首先通过解一新构建的优化问题精确估计目标真实导向矢量。该优化问题的目标函数也为最小化波束形成器敏感度,只是约束条件既可避免所估计出的目标导向矢量发散到干扰信号空间,又充分考虑了非精确阵列构型因素。此外,与嵌套MIMO雷达稳健波束形成算法所借助的数学工具类似,利用低复杂度的拉格朗日乘子法(运算复杂度与传统Capon算法相当)求解上述优化问题。估计出目标导向矢量后,目标功率易根据现有算法求得,此后即可将目标分量从采样协方差矩阵中剔除,以重构出干扰-噪声协方差矩阵。与现有重构算法相比,所提重构算法的优势在于其无须经历功率谱积分过程,且对阵列结构误差不敏感。

(4)研究了MIMO雷达稀疏成像算法的设计问题。首先推导出MIMO雷达稀疏成像效果与发射波形模糊函数之间的对应关系,并依此确定MIMO雷达的成像波形选取原则。其次,采用二阶泰勒展开技术近似表示目标真实方位,并利用改进的SLIM算法精确估计目标真实位置与邻近格点之间的角度误差,从而减轻了经典稀疏重构算法对离散网格的依赖性,有效改善了成像质量。理论分析和仿真实验针对线性调频和跳频两种波形分集方式,建立了相应集中式MIMO雷达系统的回波模型,并对比了基于两模型的成像效果。仿真结果表明,选择具有较窄主瓣、较低旁瓣模糊函数的发射波形可获得较好的成像质量,且所提角度误差校正算法可有效补偿成像场景离散化过程中所引入的量化误差。

6.2 工作展望

本书围绕集中式 MIMO 雷达阵列结构优化及稀疏、稳健信号处理算法设计等方面的问题开展初步探索，然而因水平所限，相关研究成果远不足以支撑起一完备理论体系。具体而言，后续研究工作的重点应从以下几方面展开。

(1)如本书第 2 章、第 3 章题名所体现出的那样，所设计出的两类非均匀 MIMO 雷达(即嵌套 MIMO 雷达和互质 MIMO 雷达)的虚拟阵列均为线性阵列，因而基于该线性虚拟阵接收数据模型的信号处理算法仅可进行一维 DOA 估计，无法实现目标定位功能。从此层面讲，所设计的仅为"狭义"上的嵌套 MIMO 雷达、互质 MIMO 雷达。鉴于二维嵌套阵和二维互质阵等概念已相继由国外学者提出，下一步的研究重心将转至"广义"嵌套(互质)MIMO 雷达的阵型设计问题中，以期使 MIMO 雷达的虚拟阵符合二维嵌套(互质)阵的空间排布规则，进而利用该二维虚拟阵实现目标定位、欠定估计等功能。当然，相应的信号处理算法需进行重大革新，以充分利用二维嵌套(互质)阵的高自由度特性。

(2)本书所提出的基于 SBL 准则的高分辨测向算法采用了与实际协方差向量概率模型相矛盾的先验假设条件，即主观设定协方差向量稀疏表示模型中各空域离散格点所对应的"信号"分量之间完全独立，且服从高斯分布。然而本书也已指出，上述离散"信号"分量与各目标功率值之间呈一一对应关系，因而它们可视作传统阵列信号处理中的"相干信源"情形，对这一本质统计属性的忽视是制约所提 DOA 估计算法性能进一步提升的关键因素。因此，如何将这一"相干"信息融入 SBL 理论框架内，也是后续研究过程中应致力解决的重要问题。

(3)现有嵌套阵(嵌套 MIMO 雷达)、互质阵(互质 MIMO 雷达)信号处理算法均是基于独立信源(目标)这一理想先验假设模型推导出的，然而，此理想信号模型于实际工程应用场景中很难得到满足。若信源(目标)之间存在一定相关性，则由阵列接收数据得到的协方差矩阵中包含相当多的"信号自相关"分量，进一步，协方差向量也不再与原物理阵之差合阵列的单快拍接收数据等效，此时，嵌套(互质)阵的最大可利用自由度必然达不到理论上限。因此，如何设计充分考虑信号(目标)相关信息的嵌套阵(嵌套 MIMO 雷达)、互质阵(互质 MIMO 雷达)高分辨测向算法以及稳健波束形成算法也是值得深入探讨的问题。

(4)因时间、精力有限，本书对波形选择对基于压缩感知理论的 MIMO 雷达成像效果的影响仅是初步研究探讨，至于如何优化发射波形以提升目标场景反演质量，暂时未作深入研究。基于本书第 5 章所得理论分析成果，后续研究思路为以“尖锐化”MIMO 雷达模糊函数作为波形优化准则，以使得据此准则设计出的波形能够得到较好的成像质量(原因同第 5 章所述，即稀疏成像模型中匹配字典各列间的最大相关系数决定了图像反演质量，最大相关系数越小，成像效果越好，而匹配字典的最大相关系数恰为 MIMO 雷达模糊函数最高旁瓣的绝对值，因而 MIMO 雷达模糊函数能够影响稀疏成像效果)，这对 MIMO 雷达稀疏成像理论的丰富与完善具有相当重要的意义。

参考文献

[1] SKOLNIK M I. Introduction to radar systems[M]. Boston：McGraw - Hill，2001.

[2] MAHAFZA B R，ELSHERBENI A Z. MATLAB simulations for radar systems design[M]. Boca - Raton，FL：Chapman and Hall/CRC，2004.

[3] 丁鹭飞，耿富录. 雷达原理[M]. 西安：西安电子科技大学出版社，2006.

[4] RICHARDS M A. 雷达信号处理基础[M]. 北京：电子工业出版社，2008.

[5] RICHARDS M A. Fundamentals of radar signal processing[M]. NY：McGraw - Hill，2005.

[6] MCKINNEY J B. Radar：a case history of an invention[J]. IEEE Aerospace and Electronic Systems Magazine，2008，23(4)：45 - 45.

[7] HERTZ H R. Electric waves：being researches on the propagation of electric action with finite velocity through space(translated by David Evans Jones)[M]. New York：Cornell University Library，1893.

[8] SWORDS S S. Technical history of the beginnings of radar[M]. London：Peter Peregrinus Ltd，1986.

[9] WILLIS N J. Bistatic radar[M]. 2nd ed. MD：Technology Service Corporation，1995.

[10] CURRIE N C，RICHARDS M A，KEEL B M. Principles of modern radar[M]. North Carolina：SciTech Publishing Inc，2010.

[11] SAUNDERS W K. CW and FM radar，chapter 14 in radar handbook [M]. 2nd ed. New York：McGraw - Hill，1990.

[12] MORRIS G，HARKNESS L. Airborne pulsed doppler radar[M]. 2nd ed. Massachusetts：Artech House Inc，1996.

[13] STIMSON G W. Introduction to airborne radar[M]. 2nd ed. New Jersey：SciTech Publishing Inc，1998.

[14] MAILLOUX R. Phased array handbook[M]. 2nd ed. Fitchburg: Artech House, 2005.

[15] ENTZMINGER J N, FOWLER C A, KENNEALLY W J. Joint STARS and GMTI: past, present and future[J]. IEEE Transactions on Aerospace and Electronic Systems, 1999, 35(2): 748 - 761.

[16] TAYLOR J W, BRUNINS G. Design of a new airport surveillance radar (ASR - 9)[J]. Proceedings of the IEEE, 1985, 73(2): 284 - 289.

[17] MAYNARD R H. Radar and weather[J]. Journal of meteorology, 1945, 2(4): 214 - 226.

[18] SURGENT L V JR. Foliage penetration radar: history and developed technology[R]. Aberdeen: U. S. Land Warfare Laboratory Report AD/A000805, 1974.

[19] DAVIS J L, ANNAN A P. Ground penetrating radar for high - resolution mapping of soil and rock stratigraphy[J]. Geophysical prospecting, 1988, 37: 531 - 551.

[20] GLASER J I. Fifty years of bistatic and multistatic radar[J]. IEEE Proceedings Pt F Communications, Radar and Signal Processing, 1986, 133(7): 596 - 603.

[21] SHERWIN C W, RUINA J P, RAWELIFFE R D. Some early developments in synthetic aperture radar system [J]. IRE Transactions on Military Electronics, 1962, 6(2): 111 - 115.

[22] SISKEL M, HORWOOD D F, WILLIAMS F C. The pioneer venus orbiter radar[C]// In Western Electronic Show and Convention. Los Angeles:Western Periodicals, 1976: 14 - 17.

[23] 张光义，赵玉洁. 相控阵雷达技术[M]. 北京：电子工业出版社，2006.

[24] 谢荣. MIMO 雷达角度估计算法研究[D]. 西安：西安电子科技大学，2011.

[25] AITTOMAKI T, KOIVUNEN V. Performance of MIMO radar with angular diversity under Swerling scattering models[J]. IEEE Journal of Selected Topics in Signal Processing, 2010, 4(1): 101 - 114.

[26] XU L, LI J, STOICA P. Target detection and parameter estimation for MIMO radar systems[J]. IEEE Transactions on Aerospace and Electronic Systems, 2008, 44(3): 927 - 939.

[27] FUHRMANN D R, ANTONIO G S. Transmit beamforming for MIMO radar systems using signal cross - correlation [J]. IEEE Transactions on Aerospace and Electronic Systems, 2008, 44(1): 171 - 186.

[28] 刘波. MIMO 雷达正交波形设计及信号处理研究[D]. 成都：电子科技大学，2008.

[29] MEHRA R K. Optimal input signals for parameter estimation in dynamic systems - survey and new results[J]. IEEE Transactions on Automatical Control, 1974, 12(6): 753 - 768.

[30] FOSCHINI G J. Layered space - time architecture for wireless communication in a fading environment when using multi - element antennas[J]. Bell labs technical journal, 1996, 1(2): 41 - 59.

[31] GERSHMAN A B, SIDIROPOULOS N D. Space - Time processing for MIMO Communications[M]. Hoboken:John Wiley, 2005.

[32] FISHLER E, HAIMOVICH A, BLUM R S, et al. Spatial diversity in radars - models and detection performance[J]. IEEE Transactions on Signal Processing, 2006, 54(3): 823 - 838.

[33] TAROKH V, SESHADRI N, CALDERBANK A R. Space - time codes for high data rate wireless communication: performance criterion and code construction[J]. IEEE Transactions on Information Theory, 1998, 44(2): 744 - 765.

[34] FISHLER E, HAIMOVICH A, BLUM R, et al. Performance of MIMO radar systems: advantages of angular diversity[C]// In Proc IEEE 38th Asilomar Conference on Signals, Systems and Computer. Pacific Grove:IEEE,2004: 305 - 309.

[35] COLIN J M. Phased array radars in France: Present and future[C]// In Proc IEEE International Symposium on Phased Array Systems and Technology.Boston:IEEE, 1996: 458 - 462.

[36] CHEN B X, ZHANG S H, WU Y J, et al. Analysis and experimental results on sparse - array synthetic impulse and aperture radar[C]// In Proc IEEE CIE International Conference on Radar.Beijing:IEEE, 2001: 76 - 80.

[37] CHEN D F, CHEN B X, ZHANG S H. Multiple - input multiple - output

radar and sparse array synthetic impulse and apertureradar[C]// In Proc IEEE CIE International Conference on Radar. Shanghai: IEEE, 2006: 1-4.

[38] 周延. 稀布阵综合脉冲孔径雷达实验系统仿真信号源的研制[D]. 西安：西安电子科技大学，2001.

[39] RABIDEAU D J, PARKER P. Ubiquitous MIMO multifunction digital array radar[C]// In Proc IEEE 37th Asilomar Conference on Signals, Systems and Computers.Pacific Grove:IEEE, 2003: 1057-1064.

[40] FISHLER E, HAIMOVICH A, BLUM R, et al. MIMO radar: an idea whose time has come[C]// In Proc IEEE Radar Conference. Philadelphia:IEEE,2004: 71-78.

[41] BLISS D W, FORSYTHE K W. Multiple - input multiple - output (MIMO) radar and imaging: Degrees of freedom and resolution[C]// In Proc IEEE 37th Asilomar Conference on Signals, Systems and Computers. Pacific Grove: IEEE, 2003: 54-59.

[42] ROBEY F C, COUTTS S, WEIKLE D, et al. MIMO radar theory and experimental results[C]// In Proc IEEE 38th Asilomar Conference on Signals, Systems and Computers. Pacific Grove: IEEE, 2004: 300-304.

[43] BEKKERMAN I, TABRIKIAN J. Target detection and localization using MIMO radars and sonars[J]. IEEE Transactions on Signal Processing, 2006, 54(10): 3873-3883.

[44] XU L, LI J, STOICA P. Adaptive techniques for MIMO radar[C]// In Proc IEEE 14th Workshop on Sensor Array and Multi - channel Processing. Waltham:IEEE, 2006:258-262.

[45] LEHMANN N H, HAIMOVICH A M, BLUM R S, et al. MIMO radar application to moving target detection in homogenous clutter [C]// In Proc IEEE 14th Workshop on Sensor Array and Multi - channel Processing. Waltham:IEEE, 2006:45-50.

[46] LEHMANN N H, HAIMOVICH A M, BLUM R S, et al. High resolution capabilities of MIMO radar[C]// In Proc IEEE 40th Asilomar Conference on Signals, Systems and Computers. Pacific Grove:IEEE,2006:25-30.

[47] FORSYTHE K W, BLISS D W. Waveform correlation and optimization issues for MIMO radar[C]// In Proc IEEE 39th Asilomar Conference on Signals, Systems and Computers.Pacific Grove:IEEE, 2005: 1306 - 1310.

[48] CHEN C Y, VAIDYANATHAN P P. MIMO radar ambiguity properties and optimization using frequency - hopping waveforms [J]. IEEE Transactions on Signal Processing, 2008, 56(12): 5926 - 5936.

[49] YANG Y, BLUM R S. MIMO radar waveform design based on mutual information and minimum mean - square error estimation [J]. IEEE Transactions on Aerospace and Electronic Systems, 2007, 43(1): 330 - 343.

[50] LIU B, HE Z, ZENG J, et al. Polyphase orthogonal code design for MIMO radar systems [C] // In Proc IEEE CIE International Conference on Radar.Shanghai:IEEE, 2006:16 - 19.

[51] ANTONIO G S, FUHRMANN D R, ROBEY F C. MIMO radar ambiguity functions [J]. IEEE Journal of Selected Topics in Signal Processing, 2007, 1(1): 167 - 177.

[52] XU L, LI J, STOICA P. Radar imaging via adaptive MIMO techniques [C]// In IEEE 14th European Signal Processing Conference. Florence: IEEE, 2006: 1 - 5.

[53] LI J, STOICA P. MIMO radar—diversity means superiority[C]// In Proc 14th Annual Adaptive Sensor Array Processing Workshop, MIT Lincoln Laboratory. Lexington: Wiley - IEEE Press,2009: 1 - 6.

[54] LI J, STOICA P, XIE Y. On probing signal design for MIMO radar [C]// In Proc IEEE 40th Asilomar Conference on Signals, Systems and Computers. Pacific Grove:IEEE, 2006:31 - 35.

[55] LI J, STOICA P, XU L, et al. On parameter identifiability of MIMO radar[J]. IEEE Signal Processing Letters, 2007, 14(12): 968 - 971.

[56] XU L, LI J, STOICA P, et al. Waveform optimization for MIMO radar: A Cramer - Rao bound based study [C] // In Proc IEEE International Conference on Acoustics, Speech and Signal Processing. Honolulu:IEEE, 2007:917 - 920.

[57] CHEN C Y, VAIDYANATHAN P P. A subspace method for MIMO radar space - time adaptive processing [C] // In Proc IEEE International Conference on Acoustics, Speech and Signal Processing.

Honolulu:IEEE，2007：925 - 928.

[58] CHEN C Y，VAIDYANATHAN P P. MIMO radar space - time adaptive processing using prolate spheroidal wave functions[J]. IEEE Transactions on Signal Processing，2008，56(2)：623 - 635.

[59] MECCA V F，RAMAKRISHNAN D，KROLIK J L. MIMO radar space - time adaptive processing for multipath clutter mitigation[C]// In IEEE 4th Workshop on Sensor Array and Multichannel Processing. Waltham：IEEE，2006：249 - 253.

[60] RAMAKRISHNAN D. Adaptive radar detection in non - stationary Doppler spread clutter[D]. North Carolina：Duke University，2006.

[61] 王青. MIMO 雷达阵列设计方法研究[D]. 长沙：国防科技大学，2011.

[62] 杨杰，廖桂生. 基于空域稀疏性的嵌套 MIMO 雷达 DOA 估计算法[J]. 电子与信息学报，2014，36(11)：2698 - 2704.

[63] 杨杰，廖桂生，李军，等. 基于波形选择的 MIMO 雷达三维稀疏成像与角度误差校正方法[J]. 电子与信息学报，2014，36(2)：428 - 434.

[64] HOWARD S D，CALDERBANK A R，MORAN W. A simple signal processing architecture for instantaneous radar polarimetry[J]. IEEE Transactions on Information Theory，2007，53(4)：1282 - 1289.

[65] HAIMOVICH A M，BLUM R S，CIMINI L J. MIMO radar with widely separated antennas[J]. IEEE Signal Processing Magazine，2008，25(1)：116 - 129.

[66] LI J，STOICA P. MIMO radar with colocated antennas[J]. IEEE Signal Processing Magazine，2007，24(5)：106 - 114.

[67] YANG Y，BLUM R S. Radar waveform design using minimum mean square error and mutual information[C]// In Proc IEEE Workshop on Sensor Array and Multichannel Processing. Waltham:IEEE,2006：234 - 238.

[68] YANG Y，BLUM R S，HE Z，et al. MIMO radar waveform design via alternating projection [J]. IEEE Transactions on Signal Processing，2010，58(3)：1440 - 1445.

[69] YANG Y，BLUM R S. Minimax robust MIMO radar waveform design[J]. IEEE Journal of Selected Topics in Signal Processing，2007，1(1)：147 - 155.

[70] STOICA P, LI J, XIE Y. On probing signal design for MIMO radar[J]. IEEE Transactions on Signal Processing, 2007, 55(8): 4151 - 4161.

[71] LI J, XU L, STOICA P, et al. Range compression and waveform optimization for MIMO radar: a Cramer - Rao bound based study[J]. IEEE Transactions on Signal Processing, 2008, 56(1): 218 - 232.

[72] SEN S, NEHORAI A. OFDM MIMO radar design for low - angle tracking using mutual information[C]// In IEEE 3rd International Workshop on Computational Advances in Multi - Sensor Adaptive Processing. Aruba: IEEE, 2009: 173 - 176.

[73] GOGINENI S, NEHORAI A. Frequency - hopping code design for MIMO radar estimation using sparse modeling [J]. IEEE Transactions on Signal Processing, 2012, 60(6): 3022 - 3035.

[74] YAN H, LI J, LIAO G. Multitarget identification and localization using bistatic radar systems[J]. EURASIP Journal on Advances in Signal Processing, 2008, article ID: 283483.

[75] JIN M, LIAO G, LI J. Joint DOD and DOA estimation for bistatic MIMO radar[J]. Signal Processing, 2009, 89(2): 244 - 251.

[76] CHEN J, GU H, SU W. A new method for joint DOD and DOA estimation in bistatic MIMO radar[J]. Signal Processing, 2010, 90(2): 714 - 718.

[77] 刘晓莉，廖桂生. 双基地 MIMO 雷达多目标定位及幅相误差估计[J]. 电子学报，2011，39(3)：596 - 601.

[78] 党博，廖桂生，李军，等. 基于投影权优化的双基地 MIMO 雷达杂波抑制方法[J]. 电子与信息学报，2013，35(10)：2505 - 2511.

[79] 李军，党博，刘长赞，等. 利用发射角度的双基地 MIMO 雷达杂波抑制方法[J]. 雷达学报，2014，3(2)：208 - 216.

[80] SOUMEKH M. Synthetic aperture radar signal processing[M]. New York: Wiley, 1999.

[81] HOCTOR R T, KASSAM S A. The unifying role of the coarray in aperture synthesis for coherent and incoherent imaging [J]. Proceedings of the IEEE, 1990, 78(4): 735 - 752.

[82] PILLAI S U, BAR-NESS Y, HABER F. A new approach to array geometry for improved spatial spectrum estimation[J]. Proceedings of the IEEE, 1985, 73(10): 1522-1524.

[83] PILLAI S U, HABER F. Statistical analysis of a high resolution spatial spectrum estimator utilizing an augmented covariance matrix [J]. IEEE Transactions on Acoustics, Speech and Signal Processing, 1987, 35(11): 1517-1523.

[84] ABRAMOVICH Y I, GRAY D A, GOROKHOV A Y, et al. Positive-definite Toeplitz completion in DOA estimation for nonuniform linear antenna arrays: I: Fully augmentable arrays[J]. IEEE Transactions on Signal Processing, 1998, 46(9): 2458-2471.

[85] ABRAMOVICH Y I, SPENCER N K, GOROKHOV A Y. Positive-definite Toeplitz completion in DOA estimation for nonuniform linear antenna arrays: Ⅱ: Partially augmentable arrays [J]. IEEE Transactions on Signal Processing, 1999, 47(6): 1502-1521.

[86] MOFFET A. Minimum-redundancy linear arrays[J]. IEEE Transactions on Antennas and Propagation, 1968, 16: 172-175.

[87] CHEVALIER P, ALBERA L, FERREOL A, et al. On the virtual array concept for higher order array processing [J]. IEEE Transactions on Signal Processing, 2005, 53(4): 1254-1271.

[88] CHEVALIER P, FERREOL A. On the virtual array concept for the fourth-order direction finding problem[J]. IEEE Transactions on Signal Processing, 1999, 47(9): 2592-2595.

[89] PAL P, VAIDYANATHAN P P. Nested arrays: a novel approach to array processing with enhanced degrees of freedom [J]. IEEE Transactions on Signal Processing, 2010, 58(8): 4167-4181.

[90] VAIDYANATHAN P P, PAL P. Sparse sensing with co-prime samplers and arrays[J]. IEEE Transactions on Signal Processing, 2011, 59(2): 573-586.

[91] PAL P, VAIDYANATHAN P P. Multiple level nested array: An efficient geometry for th order cumulant based array processing[J]. IEEE Transactions on Signal Processing, 2012, 60(3): 1253-1269.

[92] BARANIUK R G. More is less：signal processing and the data deluge [J]. Science，2011，331(6018)：717－719.

[93] DONOHO D. Compressed sensing[J]. IEEE Transactions on Information Theory，2006，52(4)：1289－1306.

[94] CANDES E J. Compressive sampling[C]// In Proceedings of the International Congress of Mathematicians. Madrid：EMS Ph，2006：1433－1452.

[95] LUSTIG M，DONOHO D L，SANTOS J M，et al. Compressed sensing MRI[J]. IEEE Signal Processing Magazine，2008，25(2)：72 -82.

[96] DUARTE M F，DAVENPORT M A，TAKHAR D，et al. Single－pixel imaging via compressive sampling[J]. IEEE Signal Processing Magazine，2008，25(2)：83－91.

[97] HERMAN M A，STROHMER T. High－resolution radar via compressed sensing[J]. IEEE Transactions on Signal Processing，2009，57(6)：2275 -2284.

[98] CHEN C Y，VAIDYANATHAN P P. Compressed sensing in MIMO radar[C]// In Proc IEEE 42th Asilomar Conference on Signals，Systems and Computers.Pacific Grove：IEEE，2008：41－44.

[99] JI S，XUE Y，CARIN L. Bayesian compressive sensing[J]. IEEE Transactions on Signal Processing，2008，56(6)：2346－2356.

[100] COTTER S F，RAO B D. Sparse channel estimation via matching pursuit with application to equalization[J]. IEEE Transactions on Communications，2002，50(3)：374－377.

[101] BAJWA W U，HAUPT J，SAYEED A M，et al. Compressed channel sensing：A new approach to estimating sparse multipath channels[J]. Proceedings of the IEEE，2010，98(6)：1058－1076.

[102] DONOHO D L，ELAD M. Optimally sparse representation in general (nonorthogonal) dictionaries via l_1 minimization[J]. Proceedings of the National Academy of Sciences，2003，100(5)：2197－2202.

[103] CANDES E J. The restricted isometry property and its implications for compressed sensing[J]. Comptes Rendus Mathematique，2008，346(9)：589－592.

[104] TROPP J A. Greed is good: Algorithmic results for sparse approximation [J]. IEEE Transactions on Information Theory, 2004, 50(10): 2231 - 2242.

[105] COHEN A, DAHMEN W, DEVORE R. Compressed sensing and best k - term approximation [J]. Journal of the American mathematical society, 2009, 22(1): 211 - 231.

[106] TAYLOR H L, BANKS S C, MCCOY J F. Deconvolution with the l_1 norm[J]. Geophysics, 1979, 44(1): 39 - 52.

[107] CHAPMAN N R, BARRODALE I. Deconvolution of marine seismic data using the l_1 norm[J]. Geophysical Journal International, 1983, 72(1): 93 -100.

[108] CHEN S, DONOHO D. Basis pursuit[C]// In Proc IEEE 28th Asilomar Conference on Signals, Systems and Computers. Pacific Grove:IEEE, 1994: 41 - 44.

[109] GORODNITSKY I F, RAO B D. Sparse signal reconstruction from limited data using FOCUSS: A re - weighted minimum norm algorithm [J]. IEEE Transactions on Signal Processing, 1997, 45(3): 600 - 616.

[110] FENG P. Universal minimum - rate sampling and spectrum - blind reconstruction for multi - band signals [D]. Urbana, IL: Univ Illinois Urbana - Champaign, 1997.

[111] SCHMIDT R. Multiple emitter location and signal parameter estimation[J]. IEEE Transactions on Antennas and Propagation, 1986, 34(3): 276 - 280.

[112] MALLAT S G, ZHANG Z. Matching pursuits with time - frequency dictionaries[J]. IEEE Transactions on Signal Processing, 1993, 41(12): 3397 - 3415.

[113] TIBSHIRANI R. Regression shrinkage and selection via the LASSO [J]. Journal of the Royal Statistical Society, Series B, 1996, 58(1): 267 - 288.

[114] DONOHO D L, HUO X. Uncertainty principles and ideal atomic decomposition [J]. IEEE Transactions on Information Theory, 2001, 47(7): 2845 - 2862.

[115] CANDES E J, TAO T. Decoding by linear programming[J]. IEEE Transactions on Information Theory, 2005, 51(12): 4203 - 4215.

[116] CANDES E J, ROMBERG J, TAO T. Robust uncertainty

principles: Exact signal reconstruction from highly incomplete frequency information [J]. IEEE Transactions on Information Theory, 2006, 52(2): 489 - 509.

[117] DONOHO D, TANNER J. Neighborlyness of randomly - projected simplices in high dimensions [J]. Proceedings of the National Academy of Sciences, 2005, 102(27): 9452 - 9457.

[118] WAINWRIGHT M J. Sharp thresholds for high - dimensional and noisy sparsity recovery using - constrained quadratic programming (Lasso)[J]. IEEE Transactions on Information Theory, 2009, 55(5): 2183 - 2202.

[119] AKCKAYA M, TAROKH V. Shannon - theoretic limits on noisy compressive sampling [J]. IEEE Transactions on Information Theory, 2010, 56(1): 492 - 504.

[120] TANG G, NEHORAI A. Performance analysis for sparse support recovery[J]. IEEE Transactions on Information Theory, 2010, 56(3): 1383 - 1399.

[121] TROPP J A. Greed is good: Algorithmic results for sparse approximation [J]. IEEE Transactions on Information Theory, 2004, 50(10): 2231 - 2242.

[122] TIPPING M E. Sparse Bayesian learning and the relevance vector machine[J]. The Journal of Machine Learning Research, 2001, 1: 211 - 244.

[123] YANG J, LIAO G S, LI J. An efficient off - grid DOA estimation approach for nested array signal processing by using sparse Bayesian learning strategies[J]. Signal Processing, 2016, 128: 110 - 122.

[124] YANG J, YANG Y X, LIAO G S, et al. A Super Resolution Direction of Arrival Estimation Algorithm for Coprime Array via Sparse Bayesian Learning Inference[J]. Circuits, Systems & Signal Processing, 2018, 37(5), 1907 - 1934,

[125] TROPP J A, GILBERT A C, STRAUSS M J. Algorithms for simultaneous sparse approximation: Part I: Greedy pursuit [J]. Signal Processing, 2006, 86(3): 572 - 588.

[126] CHEN J, HUO X. Theoretical results on sparse representations of multiple - measurement vectors[J]. IEEE Transactions on Signal

Processing, 2006, 54(12): 4634 - 4643.

[127] WIPF D P, RAO B D. An empirical Bayesian strategy for solving the simultaneous sparse approximation problem [J]. IEEE Transactions on Signal Processing, 2007, 55(7): 3704 - 3716.

[128] OBOZINSKI G, WAINWRIGHT M J, JORDAN M I. Support union recovery in high - dimensional multivariate regression[J]. The Annals of Statistics, 2011,39(1): 1 - 47.

[129] MONZINGO R A, MILLER T W. Introduction to adaptive arrays [M]. New York: Wiley, 1980.

[130] JOHNSON D H, DUDGEON D E. Array signal processing: concepts and techniques [M]. Englewood Cliffs: Prentice - Hall, 1993.

[131] CAPON J. High - resolution frequency - wavenumber spectrum analysis[J]. Proceedings of the IEEE, 1969, 57(8): 1408 - 1418.

[132] REED I S, MALLETT J D, BRENNAN L E. Rapid convergence rate in adaptive arrays [J]. IEEE Transactions on Aerospace and Electronic Systems, 1974 (6): 853 - 863.

[133] VAN TREES H L. Optimum array processing: part Ⅳ of detection, estimation and modulation theory [M]. NY: John Wiley and Sons, 2004.

[134] APPLEBAUM S P, CHAPMAN D J. Adaptive arrays with main beam constraints [J]. IEEE Transactions on Antennas and Propagation, 1976, 24(5): 650 - 662.

[135] TAKAO K, FUJITA M, NISHI T. An adaptive antenna array under directional constraint[J]. IEEE Transactions on Antennas and Propagation, 1976, 24(5): 662 - 669.

[136] FELDMAN D D, GRIFFITHS L J. A constraint projection approach for robust adaptive beamforming[C]// In Proc IEEE International Conference on Acoustics, Speech and Signal Processing. Toronto: IEEE, 1991: 1381 - 1384.

[137] CHANG L, YEH C C. Performance of DMI and eigenspace - based beamformers[J]. IEEE Transactions on Antennas and Propagation, 1992, 40(11): 1336 - 1347.

[138] CARLSON B D. Covariance matrix estimation errors and diagonal loading in adaptive arrays[J]. IEEE Transactions on Aerospace and Electronic Systems, 1988, 24(4): 397 - 401.

[139] VOROBYOV S A, GERSHMAN A B, LUO Z Q. Robust adaptive beamforming using worst - case performance optimization: a solution to the signal mismatch problem[J]. IEEE Transactions on Signal Processing, 2003, 51(2): 313 - 324.

[140] LI J, STOICA P, WANG Z. On robust Capon beamforming and diagonal loading[J]. IEEE Transactions on Signal Processing, 2003, 51(7): 1702 - 1715.

[141] KHABBAZIBASMENJ A, VOROBYOV S A, HASSANIEN A. Robust adaptive beamforming based on steering vector estimation with as little as possible prior information[J]. IEEE Transactions on Signal Processing, 2012, 60(6): 2974 - 2987.

[142] GU Y, LESHEM A. Robust adaptive beamforming based on interference covariance matrix reconstruction and steering vector estimation[J]. IEEE Transactions on Signal Processing, 2012, 60 (7): 3881 - 3885.

[143] KRIM H, VIBERG M. Two decades of array signal processing research: the parametric approach [J]. IEEE Signal Processing. Magazine, 1996, 13(4): 67 - 94.

[144] MIN S, SEO D, LEE K B, et al. Direction - of - arrival tracking scheme for DS/CDMA systems: direction lock loop [J]. IEEE Transactions on Wireless Communications, 2004, 3(1): 191 - 202.

[145] STOICA P, MOSES R L. Introduction to spectral analysis[M]. Upper Saddle River: Prentice - Hall, 1997.

[146] HUANG X, GUO Y J, BUNTON J D. A hybrid adaptive antenna array[J]. IEEE Transactions on Wireless Communications, 2010, 9(5): 1770 - 1779.

[147] GERSHMAN A B, RUBSAMEN M, PESAVENTO M. One and two - dimensional direction - of - arrival estimation: an overview of search - free techniques [J]. Signal Processing, 2010, 90 (5): 1338 -1349.

[148] ROY R, KAILATH T. ESPRIT - estimation of signal parameters via rotational invariance techniques [J]. IEEE Transactions on Acoustics, Speech and Signal Processing, 1989, 37(7): 984 - 995.

[149] LEE M S, KIM Y H. Robust L1 - norm beamforming for phased array with antenna switching[J]. IEEE Communications Letters, 2008, 12(8): 566 - 568.

[150] MALIOUTOV D, CETIN M, WILLSKY A S. A sparse signal reconstruction perspective for source localization with sensor arrays [J]. IEEE Transactions on Signal Processing, 2005, 53 (8): 3010 -3022.

[151] LIU Z, HUANG Z, ZHOU Y. Direction - of - arrival estimation of wideband signals via covariance matrix sparse representation[J]. IEEE Transactions on Signal Processing, 2011, 59(9): 4256 - 4270.

[152] YIN J, CHEN T. Direction - of - arrival estimation using a sparse representation of array covariance vectors[J]. IEEE Transactions on Signal Processing, 2011, 59(9): 4489 - 4493.

[153] STOICA P, BABU P. SPICE and LIKES: two hyperparameter - free methods for sparse - parameter estimation [J]. Signal Processing, 2012, 92(7): 1580 - 1590.

[154] STOICA P, ZACHARIAH D, LI J. Weighted SPICE: a unifying approach for hyperparameter - free sparse estimation[J]. Digital Signal Processing, 2014, 33: 1 - 12.

[155] LIU Z, HUANG Z, ZHOU Y. Array signal processing via sparsity - inducing representation of the array covariance matrix [J]. IEEE Transactions on Aerospace and Electronic Systems, 2013, 49 (3): 1710 -1724.

[156] LIU Z, HUANG Z, ZHOU Y. An efficient maximum likelihood method for direction - of - arrival estimation via sparse Bayesian learning [J]. IEEE Transactions on Wireless Communications, 2012, 11(10): 1 - 11.

[157] LIU Z, HUANG Z, ZHOU Y. Sparsity - inducing direction finding for narrowband and wideband signals based on array covariance vectors[J]. IEEE Transactions on Wireless Communications, 2013,

12(8)：1 - 12.

[158] LIU Z，ZHOU Y. A unified framework and sparse Bayesian perspective for direction - of - arrival estimation in the presence of array imperfections[J]. IEEE Transactions on Signal Processing，2013，61(15)：3786 - 3798.

[159] WIPF D P，RAO B D，NAGARAJAN S. Latent variable Bayesian models for promoting sparsity [J]. IEEE Transactions on Information Theory，2011，57(9)：6236 - 6255.

[160] HE L，CARIN L. Exploiting structure in wavelet - based Bayesian compressive sensing[J]. IEEE Transactions on Signal Processing，2009，57(9)：3488 - 3497.

[161] CHI Y，SCHARF L L， PEZESHKI A. Sensitivity to basis mismatch in compressed sensing[J]. IEEE Transactions on Signal Processing，2011，59(5)：2182 - 2195.

[162] AUSTIN C D，MOSES R L，ASH J N，et al. On the relation between sparse reconstruction and parameter estimation with model order selection [J]. IEEE Journal of Selected Topics in Signal Processing，2010，4(3)：560 - 570.

[163] STOICA P，BABU P. Sparse estimation of spectral lines：Grid selection problems and their solutions[J]. IEEE Transactions on Signal Processing，2012，60(2)：962 - 967.

[164] MA W K，HSIEH T H，CHI C Y. DOA estimation of quasi - stationary signals with less sensors than sources and unknown spatial noise covariance：a khatri - rao subspace approach[J]. IEEE Transactions on Signal Processing，2010，58(4)：2168 - 2180.

[165] CHEN C Y，VAIDYANATHAN P P. Minimum redundancy MIMO radars[C] // In IEEE International Symposium on Circuits and Systems. Seattle：IEEE，2008：45 - 48.

[166] 张娟，张林让，刘楠. 阵元利用率最高的 MIMO 雷达阵列结构优化算法[J]. 西安电子科技大学学报，2010，37(1)：86 - 90.

[167] YEREDOR A. Non - orthogonal joint diagonalization in the least - squares sense with application in blind source separation[J]. IEEE Transactions on Signal Processing，2002，50(7)：1545 - 1553.

[168] 王凌，李国林，谢鑫. 互耦效应下用单快拍数据实现相干信源完全解相干和解耦合[J]. 电子与信息学报，2012，34(10)：2532 - 2536.

[169] OTTERSTEN B，STOICA P，ROY R. Covariance matching estimation techniques for array signal processing applications[J]. Digital Signal Processing，1998，8(3)：185 - 210.

[170] LAUB A J. Matrix Analysis for Scientists and Engineers[M]. Philadephia：SIAM，2005.

[171] STOICA P，ARYE N. MUSIC，maximum likelihood，and Cramer - Rao bound[J]. IEEE Transactions on Acoustics，Speech and Signal Processing，1989，37(5)：720 - 741.

[172] DEMPSTER A P，LAIRD N M，RUBIN D B. Maximum likelihood from incomplete data via the EM algorithm[J]. Journal of the Royal Statistical Society，Series B (methodological)，1977，5(3)：1 - 38.

[173] YANG Z，XIE L，ZHANG C. Off - grid direction of arrival estimation using sparse Bayesian inference[J]. IEEE Transactions on Signal Processing，2013，61(1)：38 - 43.

[174] STOICA P，MOSES R L. Spectral Analysis of Signals[M]. Upper Saddle River：Pearson/Prentice - Hall，2005.

[175] NAGATA Y，FUJIOKA T，ABE M. Two - dimensional DOA estimation of sound sources based on weighted wiener gain exploiting two - directional microphones[J]. IEEE Transactions on Audio，Speech，and Language Processing，2007，15(2)：416 - 429.

[176] CHANDRAN S. Advances in Direction - of - Arrival Estimation [M]. Norwood：Artech House，2006.

[177] TUNCER T E，FRIEDLANDER B. Classical and Modern Direction - of - Arrival Estimation[M]. Boston：Academic Press，2009.

[178] KAILATH T. A performance analysis of subspace - based methods in the presence of model errors：I：The MUSIC algorithm[J]. IEEE Transactions on Signal Processing，1992，40(7)：1758 - 1774.

[179] GAO F，GERSHMAN A. A generalized ESPRIT approach to direction - of - arrival estimation [J]. IEEE Signal Processing Letters，2005，12(3)：254 - 257.

[180] PILLAI S. Array Signal Processing[M]. New York：Springer，1989.

[181] PAL P, VAIDYANATHAN P P. On application of LASSO for sparse support recovery with imperfect correlation awareness[C]// In Proc IEEE 46th Asilomar Conference on Signals, Systems and Computers. Pacific Grove:IEEE, 2012:958-962.

[182] PAL P, VAIDYANATHAN P P. Correlation - aware sparse support recovery: Gaussian sources [C] // In Proc IEEE International Conference on Acoustics, Speech and Signal Processing. Vancouver: IEEE,2013:26-31.

[183] PAL P, VAIDYANATHAN P P. Correlation-aware techniques for sparse support recovery[C]// In IEEE Statistical Signal Processing Workshop. Ann Arbor:IEEE, 2012: 5-8.

[184] BLOOM G S, GOLOMB S W. Applications of numbered undirected graphs[J]. Proceedings of the IEEE, 1977, 65(4): 562-570.

[185] PAL P, VAIDYANATHAN P P. Coprime sampling and the MUSIC algorithm [C] // In Proc IEEE Digital Signal Process Workshop and IEEE Signal Process Educat Workshop (DSP/SPE). Sedona:IEEE, 2011: 289-294.

[186] JOHNSON B, ABRAMOVICH Y, MESTRE X. MUSIC, G - MUSIC, and maximum - likelihood performance breakdown [J]. IEEE Transactions on Signal Processing, 2008, 56(8): 3944-3958.

[187] FUCHS J. On the application of the global matched filter to DOA estimation with uniform circular arrays[J]. IEEE Transactions on Signal Processing, 2001, 49(4): 702-709.

[188] HYDER M M, MAHATA K. Direction - of - arrival estimation using a mixed norm approximation[J]. IEEE Transactions on Signal Processing, 2010, 58(9): 4646-4655.

[189] BILIK I. Spatial compressive sensing for direction - of - arrival estimation of multiple sources using dynamic sensor arrays[J]. IEEE Transactions on Aerospace and Electronic Systems, 2011, 47(3): 1754-1769.

[190] MALIOUTOV D M, CETIN M, WILLSKY A S. Homotopy continuation for sparse signal representation[C]// In Proc IEEE International Conference on Acoustics, Speech and Signal

Processing. Philadelphia:IEEE, 2005:18-23.

[191] CANDES E J, FERNANDEZ G C. Towards a Mathematical Theory of Super resolution [J]. Communications on Pure and Applied Mathematics, 2014, 67(6): 906-956.

[192] STOICA P, BABU P, LI J. New method of sparse parameter estimation in separable models and its use for spectral analysis of irregularly sampled data [J]. IEEE Transactions on Signal Processing, 2011, 59(1): 35-47.

[193] STOICA P, BABU P, LI J. SPICE: A sparse covariance - based estimation method for array processing[J]. IEEE Transactions on Signal Processing, 2011, 59(2): 629-638.

[194] HU L, SHI Z, ZHOU J, et al. Compressed sensing of complex sinusoids: An approach based on dictionary refinement[J]. IEEE Transactions on Signal Processing, 2012, 60(7), 3809-3822.

[195] FANNJIANG A, LIAO W. Coherence pattern - guided compressive sensing with unresolved grids [J]. SIAM Journal on Imaging Sciences, 2012, 5(1): 179-202.

[196] ZHU H, LEUS G, GIANNAKIS G B. Sparsity - cognizant total least - squares for perturbed compressive sampling [J]. IEEE Transactions on Signal Processing, 2011, 59(5): 2002-2016.

[197] SHAN T J, WAX M, KAILATH T. On spatial smoothing for direction - of - arrival estimation of coherent signals [J]. IEEE Transactions on Acoustics, Speech, and Signal Processing, 1985, 33(4): 806-811.

[198] FRIEDLANDER B, WEISS A J. Direction finding using spatial smoothing with interpolated arrays [J]. IEEE Transactions on Aerospace and Electronic Systems, 1992, 28(2): 574-587.

[199] PILLAI S U, KWON B H. Forward/backward spatial smoothing techniques for coherent signal identification[J]. IEEE Transactions on Acoustics, Speech and Signal Processing, 1989, 37(1): 8-15.

[200] SIDIROPOULOS N D, BRO R, GIANNAKIS G B. Parallel factor analysis in sensor array processing[J]. IEEE Transactions on Signal Processing, 2000, 48(8): 2377-2388.

[201] VAIDYANATHAN P P, PAL P. Direct - MUSIC on sparse arrays [C]// In IEEE International Conference on Signal Processing and Communications (SPCOM). Bangalore:IEEE, 2012: 1 - 5.

[202] VAIDYANATHAN P P, PAL P. Why does direct - MUSIC on sparsearrays work[C]// In Proc IEEE 47th Asilomar Conference on Signals, Systems and Computers. Pacific Grove:IEEE, 2013:3 - 6.

[203] FIGUEIREDO M A T. Adaptive sparseness for supervised learning [J]. IEEE Transactions on Pattern Analysis and Machine Intelligence, 2003, 25(9): 1150 - 1159.

[204] TZIKAS D G, LIKAS A C, GALATSANOS N P. The variational approximation for Bayesian inference[J]. IEEE Signal Processing Magazine, 2008, 25(6): 131 - 146.

[205] ELAD M. Sparse and Redundant Representations[M]. New York: Springer - Verlag, 2010.

[206] STOICA P, SELEN Y. Cyclic minimizers, majorization techniques, and the expectation - maximization algorithm: a refresher[J]. IEEE Signal Processing Magazine, 2004, 21(1): 112 - 114.

[207] HUNTER D R, LANGE K. A tutorial on MM algorithms[J]. The American Statistician, 2004, 58(1): 30 - 37.

[208] VAN V B, BUCKLEY K. Beamforming: A versatile approach to spatial filtering[J]. IEEE ASSP Magazine, 1988, 5(2): 4 - 24.

[209] FELDMAN D, GRIFFITHS L. A projection approach for robust adaptive beamforming[J]. IEEE Transactions on Signal Processing, 1994, 42(4): 867 - 876.

[210] YANG J,LIAO G S, LI J. Robust adaptive beamforming in nested array[J]. Signal Processing, 2015, 114: 143 - 149.

[211] YANG J,LIAO G S,LI J,et al. Robust beamforming with imprecise array geometry using steering vector estimation and interference covariance matrix reconstruction[J]. Multidimensional Systems & Signal Processing, 2017, 28(2): 451 - 469.

[212] LI J, STOICA P. Robust adaptive beamforming[M]. New York: Wiley, 2005.

[213] VOROBYOV S A. Principles of minimum variance robust adaptive

beamforming design[J]. Signal Processing, 2013, 93(12): 3264 - 3277.

[214] TU L, NG B P. Exponential and generalized Dolph - Chebyshev functions for flat - top array beampattern synthesis[J]. Multidimensional Systems and Signal Processing, 2014, 25(3): 541 - 561.

[215] COX H, ZESKIND R M, OWEN M H. Robust adaptive beamforming[J]. IEEE Transactions on Acoustics, Speech, and Signal Processing, 1987, 35(10): 1365 - 1376.

[216] HASSANIEN A, VOROBYOV S A, WONG K M. Robust adaptive beamforming using sequential quadratic programming: an iterative solution to the mismatch problem [J]. IEEE Signal Processing Letters, 2008, 15: 733 - 736.

[217] GU Y J, GOODMAN N A, HONG S H, et al. Robust adaptive beamforming based on interference covariance matrix sparse reconstruction[J]. Signal Processing, 2014, 96: 375 - 381.

[218] RUBSAMEN M, PESAVENTO M. Maximally robust capon beamformer[J]. IEEE Transactions on Signal Processing, 2013, 61(5- 8): 2030 - 2041.

[219] VAIDYANATHAN P P, CHEN C Y. Beamforming issues in modem MIMO Radars with Doppler [C] // In Proc IEEE 40th Asilomar Conference on Signals, Systems and Computers. Pacific Grove:IEEE, 2006: 41 - 45.

[220] XIANG C, FENG D Z, LV H, et al. Robust adaptive beamforming for MIMO radar[J]. Signal processing, 2010, 90(12): 3185 - 3196.

[221] ZHANG W, WANG J, WU S. Robust minimum variance multiple input multiple output radar beamformer[J]. IET Signal Processing, 2013, 7(9): 854 - 862.

[222] ZHUANG J, MANIKAS A. Interference cancellation beamforming robust to pointing errors[J]. IET Signal Processing, 2013, 7(2): 120 - 127.

[223] OLINER A A, KNITTEL G H. Phased Array Antennas [M]. Norwood: Artech House, 1972.

[224] BROOKNER E. Phased array radars[J]. Scientific American, 1985, 252(2): 94 - 102.

[225] FORSYTHE K, BLISS D, FAWCETT G. Multiple - input multiple - output (MIMO) radar: performance issues[C]// In Proc IEEE 38th Asilomar Conference on Signals, Systems and Computers. Pacific Grove: IEEE, 2004: 310 - 315.

[226] LI J, STOICA P. An adaptive filtering approach to spectral estimation and SAR imaging [J]. IEEE Transactions on Signal Processing, 1996, 44(6): 1469 - 1484.

[227] YU Y, PETROPULU A P, VINCENT H P. CSSF MIMO radar: low - complexity compressive sensing based MIMO radar that uses step frequency[J]. IEEE Transactions on Aerospace and Electronic Systems, 2012, 48(2): 1490 - 1504.

[228] TAN X, ROBERTS W, LI J, et al. Sparse learning via iterative minimization with application to MIMO radar imaging[J]. IEEE Transactions on Signal Processing, 2011, 59(3): 1088 - 1101.

[229] 丁丽. MIMO 雷达稀疏成像的失配问题研究[D]. 合肥：中国科学技术大学，2014.

[230] HERMAN M A, STROHMER T. High resolution radar via compressed sensing[J]. IEEE Transactions on Signal Processing, 2009, 57(6): 2275 - 2284.

[231] 江海，林月冠，张冰尘，等. 基于压缩感知的随机噪声成像雷达[J]. 电子与信息学报,2011, 33(3):672 - 676.

[232] STROHMER T, FRIEDLANDER B. Compressed sensing for MIMO radar - algorithms and performance[C]// In Proc IEEE 43th Asilomar Conference on Signals, Systems and Computers. Pacific Grove:IEEE, 2009: 464 - 468.

[233] 顾福飞，池龙，张群，等. 基于压缩感知的稀疏阵列 MIMO 雷达成像方法[J]. 电子与信息学报，2011，33(10)：2452 - 2457.

[234] GUEY J C, BELL M R. Diversity waveform sets for delay - doppler imaging[J]. IEEE Transactions on Information Theory, 1998, 44(4): 1504 - 1522.

[235] HE X Z, LIU C C, LIU B, et al. Sparse frequency diverse MIMO radar imaging for off - grid target based on adaptive iterative MAP [J]. Remote Sensing, 2013, 5(2): 631 - 647.

[236] FRIEDLANDER B. On the relationship between MIMO and SIMO radars[J]. IEEE Transactions on Signal Processing，2009，57(1)：394－398.

[237] BADRINATH S，SRINIVAS A，REDDY V U. Low－complexity design of frequency－hopping codes for MIMO radar for arbitrary Doppler[J]. EURASIP Journal on Advances in Signal Processing，2010，2(1)：1－14.